湖北高职规划教材

HUBEI GAOZHI GUIHUA JIAOCAI

U0267095

电工技术与实践

主　编　徐国洪　李晶骅　彭先进

副主编　印成清　陈祖新　胡耀军

编　者　（按姓氏笔画排序）

卢厚元　印成清　光　明

刘竹林　李晶骅　张汉飞

陈祖新　陈　敏　胡耀军

费子俊　倪　红　徐国洪

彭先进　雷红华

湖北长江出版集团

湖北科学技术出版社

图书在版编目（ＣＩＰ）数据

电工技术与实践/ 徐国洪，李晶骅，彭先进主编. —武汉 ：湖北
科学技术出版社，（2022.8 重印）
ISBN 978-7-5352-4177-1

Ⅰ．①电… Ⅱ．①徐…②李…③彭… Ⅲ．①电工
技术—高等学校：技术学校--教材　　Ⅳ.TM

中国版本图书馆 CIP 数据核字(2008)第 118438 号

责任编辑：宋志阳 　　　　　　　　　　　　　　封面设计：喻　　杨

出版发行：湖北科学技术出版社　　　　　　　　电话：　027-87679468

地　　　址：武汉市雄楚大街 268 号　　　　　　邮编：430070

　　　　　　（湖北出版文化城 B 座 13-14 层）

网　　　址：http ://www.hbstp.com.cn

印　　　刷：湖北星艺彩数字出版印刷技术有限公司　　邮编：430070

787×1092　　　　　1/16　　　　　16.5 印张　　　　　408 千字
2008 年 8 月第 1 版　　　　　　　　　2022 年 8 月第 10 次印刷
定价：39.00 元

前　言

为认真贯彻教育部《关于全面提高高等职业教育教学质量的若干意见》的文件精神，不断提高电类专业高技能型人才的培养质量，在湖北省高等教育学会高职专委会的指导下，通过对电路、电路分析、电工基础、电工技术等课程的整合，研制出这本高等职业技术教育电类专业核心课程的通用教材《电工技术与实践》。

本教材在体例结构和内容的选取上，突出了课程本身的通用性、基础性、实践性、应用性和先进性的特点，突出了对电类专业学生应用能力的培养。

教材采用模块化结构，将电工技术基础知识、电工技术基础训练、电工技术技能训练和电工技术岗位训练四个模块有机整合在一起，实现了理论实践的一体化，有利于"教、学、做"相结合。

电工技术基础知识模块以"必须、够用"为度，以掌握概念、突出应用、培养技能为重点。这既为后续课程服务，又为学生工程技术应用能力培养服务。主要内容包括电阻电路分析、正弦稳态电路的分析、三相交流电路、三相异步电机控制、电工测量等。考虑到教材的通用性和不同专业的教学需求，本模块的内容注意到了知识的深度与广度的结合，力求概念准确、内容精练、重点突出；讲解上尽量减少理论推导，力求通俗易懂、便于自学。每部分后面的小结、典型例题和习题，能帮助学习者加深对知识的理解，提高分析问题和解决问题的能力。

实践模块的内容突出理论和实践的结合，把立足点放在操作能力和电工技术应用能力的培养上，同时充分考虑了各院校的实验实训条件，能适应相关院校的实践教学。内容包括7个项目、20个训练任务。每个训练任务包括训练目标、训练器材、相关知识、操作训练、思考与实践报告，通过科学地、规范地训练逐渐形成专业技能。结合电工职业技能考证要求，实践模块中充实了大量的电工职业技能考证训练项目，使考证和训练有机结合。附录中收录了维修电工的工作要求与知识结构，便于师生了解相关领域的知识与技能要求。

教材中标有（﹡）号的内容，属于加深加宽的内容，供不同学校和专业教学选用。

本教材可作为高等职业技术院校、高等工程专科学校、成人高等学校的机电类、电气类、电子类、通信类、自动化类各专业以及非电类专业的教材，可作为中等职业学校、社会培训和考证机构的教材和参考用书，也可作为工程技术人员、相近专业的本科学生、自学考试者的参考用书。

本教材的大纲由仙桃职业学院机电学院徐国洪制定；模块一的第一部分由十堰职业技术学院刘竹林编写，第二、第四部分由徐国洪编写，第三、第六部分由十堰职业技术学院李晶骅编写，第五部分由仙桃职业学院光明编写，第七部分由武汉软件工程职业学院陈敏编写，第八、第十部分由襄樊职业技术学院彭先进编写，第九部分由武汉软件工程职业学院陈祖新编写；模块二由十堰职业技术学院胡耀军、仙桃职业学院张汉飞编写；模块三的项目二、模块四的项目二由仙桃职业学院印成清编写，模块三中的项目一由十堰职业技术学院卢厚元编写；模块四中的项目一由襄樊职业技术学院雷红华、仙桃职业学院印成清编写，模块四中的项目三由恩施职业技术学院倪红、仙桃职业学院费子俊编写。全书由徐国洪修改定稿。印成清、张汉飞、光明对统稿做了大量的工作。

仙桃职业学院机电学院吕刚、胡进德、胡华文、向凡等老师也参与了部分内容的修改和校对工作。郑猛、刘雯、陈露曼参与了全书的绘图和文字编辑工作。本教材的研制中参考了国内外近年来出版的有关教科书,也得到了各参编人员所在院校的大力支持和帮助,在此一并表示感谢。

限于作者水平有限,书中疏漏不妥之处,敬请读者,尤其是使用本书的教师和同学批评指正!

《电工技术与实践》研制组

目　　录

模块一　电工技术基础知识

1　电路的基本概念和定律

1.1　电路模型与基本物理量

1.1.1　电路及电路模型

1. 电路及其功能

如图 1-1 是一个手电筒的电路示意图，图中，电池是产生电能的元件（设备），它将化学能转变成电能，称为电源；电灯泡是消耗电能的电路元件，它将电能转变成光能和热能，称为负载；开关是控制元件，控制电路的接通与断开，导线起传输电能的作用，开关和导线称为中间环节。

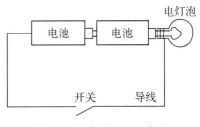

图 1-1　手电筒的实际电路

由电气器件相互连接所构成的电流通路称为电路。

任何实际电路必须包含电源、负载和中间环节三部分。

电路按其功能可分为两大类。

第一类是能量的产生、传输、分配电路，其典型例子是电力系统的输电线路。在电力电路中，发电厂将各种不同形式的能量（热能或水的势能或原子能或光能等）转变成电能；负载将电能转变为机械能或光能或热能等；中间环节（如变压器、高低压输电线路）起控制、传输和分配电能以及保护电路中电器设备的作用。

第二类是信息的传递与处理电路，在这一类电路中，起电源作用的常称信号源，又称激励；起负载作用的是各种终端设备（如计算机的打印机、收音机的扬声器、电话系统的电话机等）。在这类电路中，传递的是各种信息，电路的输出信号又称响应。此类电路的中间环节由电子设备组成，比较复杂，主要起信号的处理、放大、传输和控制等作用。

2. 电路模型

构成电路的设备、元器件和导线的电磁性质都比较复杂，不便于分析与计算。因此，为了分析电路的方便，在一定条件下往往忽略实际器件的次要性质，按其主要性质将其理想化，从而得到一系列理想化元件。这种理想化的元件也称为实际器件的"器件模型"。

几种常见的理想化元件（器件模型），如图 1-2 所示。

（1）理想电阻元件：只消耗电能，如电阻器、灯泡、电炉等，可以用理想电阻来反映其消耗电能的这一主要特征。

（2）理想电容元件：只储存电能，如各种电容器，可以用理想电容来反映其储存电能的特征。

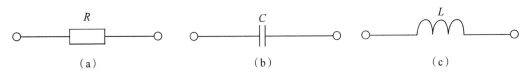

图 1-2 常见的理想化元件

(a)理想电阻模型符号　(b)理想电容模型符号　(c)理想电感模型符号

（3）理想电感元件：只储存磁能，如各种电感线圈，可以用理想电感来反映其储存磁能的特征。

用理想化元件表示实际元件，并按实际电路的连接方式连接起来的电路图称为电路模型。

图 1-1 的电路模型如图 1-3 所示，图中理想电压源 U_S 表示干电池的电动势，R_0 表示干电池的内阻，R_L 表示电灯泡，S 表示开关，连接元件的细实线是理想导线。

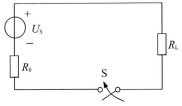

图 1-3 最简单的电路模型

1.1.2 电路的基本物理量

1. 电流

1）电流的形成

在电场力作用下，电荷有规则的定向移动形成电流。

2）电流的大小

电流的强弱用电流强度来描述。单位时间内通过导体横截面的电荷量称为电流强度。用 i 表示，即

$$i = \frac{\mathrm{d}q}{\mathrm{d}t} \tag{1-1}$$

电流可以是恒定的，也可能是随时间变化的。若单位时间内通过导体横截面的电荷量为常数，则这种电流叫做恒定电流，简称直流电流，用大写字母 I 表示。随时间变化的电流，称为交流电流，用小写字母 i 表示。

3）电流的单位

国际单位制（SI）中，电荷的单位是库仑（C），时间的单位是秒（s），电流的单位是安培，简称安（A），电流的常用单位还有毫安（mA）和微安（μA）等。它们的换算关系为

$$1\text{A} = 10^3\,\text{mA} = 10^6\,\mu\text{A}$$

4）电流的方向

电流的实际方向：规定正电荷定向移动的方向为电流的实际方向。

电流的参考方向：在较复杂的电路中，某一段电路里电流的实际方向有时是难以确定的，在交流电路中电流的实际方向又是随时间变化的，也难以确定其真实方向，于是引入参考方向的概念来解决这一困难。即人为设定某一段电路电流的正方向，这种人为设定的电流的正方向称为电流的参考方向。

引入电流参考方向后，实际中通常用箭头在电路图上标出电流的参考方向。当电流的实际方向与参考方向一致时，$i > 0$；当电流的实际方向与参考方向相反时，$i < 0$。电流的参考方向与实际方向的关系如图 1-4 所示。

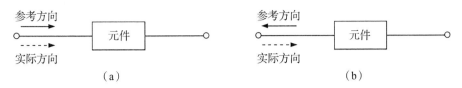

图 1-4 电流的实际方向与参考方向

(a)$i>0$ (b)$i<0$

实际中,还可以用双下标表示电流的参考方向,如 i_{ab} 表示电流的参考方向从 a 指向 b,显然 $i_{ab}=-i_{ba}$ 。

在没有设定参考方向的情况下,讨论电流的正负毫无意义。本书电路图上所标出的电流方向都是指参考方向。

【例 1-1】 在图 1-5 中,各电流的参考方向已设定。已知 $I_1=10A$,$I_2=-2A$,$I_3=8A$。试确定 I_1,I_2,I_3 的实际方向。

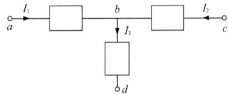

【解】 如图 1-5 所示。

$I_1>0$,故 I_1 的实际方向与参考方向相同,I_1 由 a 点流向 b 点;

图 1-5 例 1-1 图

$I_2<0$,故 I_2 的实际方向与参考方向相反,I_2 由 b 点流向 c 点;

$I_3>0$,故 I_3 的实际方向与参考方向相同,I_3 由 b 点流向 d 点。

2. 电压

1)电压的定义

两点之间的电位之差即是两点间的电压。从电场力做功的概念定义,电压就是将单位正电荷从电路中一点移至电路中另一点电场力做功的大小,如图 1-6 所示。电压用符号 u 表示,即

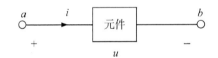

图 1-6 电压定义示意图

$$u=\frac{\mathrm{d}W}{\mathrm{d}q} \tag{1-2}$$

如果电压的大小和极性都不随时间而变动,这样的电压称为恒定电压或直流电压,用符号 U 表示。

如果电压的大小和方向都随时间变化,则称为交变电压或交流电压,用符号 u 表示。

2)电压的单位

式(1-2)中 $\mathrm{d}W$ 为电路吸收的能量,$\mathrm{d}q$ 为通过的电荷,国际单位制(SI)中,能量单位是焦耳(J),电荷的单位是库仑(C),电压的单位是伏特(V),电压常用的单位还有千伏(kV)、毫伏(mV)和微伏(μV)。它们的换算关系为。

$$1kV=10^3V, \quad 1mV=10^{-3}V, \quad 1\mu V=10^{-6}V$$

3)电压的方向

实际方向:电路中,规定电位真正降低的方向为电压的实际方向。

参考方向:所谓电压参考方向,就是所假设的电位降低的方向,在电路图中用"+"、"-"号表示,"+"号表示高电位端,即正极;"-"号表示低电位端,即负极,如图 1-7(a)、(b)所示。

电压的参考方向也可以用带下脚标的字母表示。如电压 u_{ab}，a 表示电压参考方向的正极性端，b 表示电压参考方向的负极性端。

电压参考方向还可以用一个箭头表示，如图 1-7(c) 所示，箭头方向表示电压降的方向。即箭头始端表示电压正极，箭头尾端表示电压负极。

在设定电压参考方向以后，若经计算得电压值为正，即 $u>0$，说明电压的实际方向与它的参考方向一致；若电压值为负值，即 $u<0$，说明电压的实际方向与它的参考方向相反。电压的参考方向与实际方向的关系如图 1-7(a)、(b) 所示。

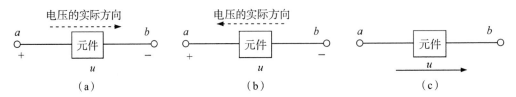

图 1-7 电压的实际方向与参考方向

(a)$u>0$ (b)$u<0$ (c)用箭头表示电压参考方向

同样，在未标电压参考方向的情况下，谈论电压的正负也是毫无意义的。

3. 电压、电流的关联参考方向

为了分析电路方便，对一个元件或一段电路，常指定其电流从电压的"＋"极性端流入，"－"极性端流出，这种电流和电压取一致的参考方向，叫关联参考方向，如图 1-8(a) 所示；否则即为非关联参考方向，如图 1-8(b) 所示。

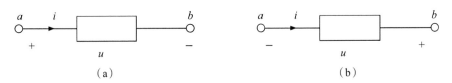

图 1-8 电压、电流的参考方向

(a)电压、电流的关联参考方向 (b)电压、电流的非关联参考方向

参考方向在电路分析中起着十分重要的作用：它是分析电路的前提；各种关系式都是在一定参考方向下表示的；电路方程是以参考方向为准而建立的。因此参考方向一旦选定，不容更改。

4. 电位

1)电位的定义

为了分析电路方便，常指定电路中任意一点为参考点。

定义：电场力把单位正电荷从电路中某点移到参考点所做的功称为该点的电位，用大写字母 V 表示。电路中某点的电位即该点与参考点之间的电压。

为了确定电路中各点的电位，就必须在电路中选取一个参考点。它们之间的关系如下：取参考点的电位为零电位，用符号"⊥"表示，比该点高的电位为正，比该点低的电位为负；其他各点的电位为该点与参考点之间的电压。

电位的单位与电压相同，用伏(V)表示。

2)电位与电压的关系

如果已知 a,b 两点的电位分别为 V_a,V_b,则 a,b 两点间的电压为

$$U_{ab} = V_a - V_b \tag{1-3}$$

电路中各点的电位数值会随所选参考点的不同而改变,但是电路中任意两点之间的电压数值不会因所选参考点的不同而改变。

【例 1-2】 图 1-9 所示电路,求:

(1)取 $V_G=0$,求各点电位和电压 U_{AF},U_{CE},U_{BE},U_{CA};

(2)取 $V_D=0$,重解此题。

【解】 1)取 G 点为参考点,如图 1-9 所示。

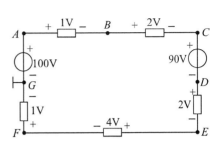

图 1-9 例 1-2 图(以 G 为参考点)

$V_A=100(\text{V})$,$V_B=-1+100=99(\text{V})$

$V_C=-2-1+100=97(\text{V})$

$V_D=-90-2-1+100=7(\text{V})$

$V_E=4+1=5(\text{V})$,$V_F=1(\text{V})$

$U_{AF}=V_A-V_F=100-1=99(\text{V})$

$U_{CE}=V_C-V_E=97-5=92(\text{V})$

$U_{BE}=V_B-V_E=99-5=94(\text{V})$

$U_{CA}=V_C-V_A=97-100=-3(\text{V})$

2)取 D 点为参考点,如图 1-10 所示。

$V_A=1+2+90=93(\text{V})$,$V_B=2+90=92(\text{V})$

$V_C=90(\text{V})$,$V_E=-2(\text{V})$

$V_F=-4-2=-6(\text{V})$

$V_G=-1-4-2=-7(\text{V})$

$U_{AF}=V_A-V_F=93-(-6)=99(\text{V})$

$U_{CE}=V_C-V_E=90-(-2)=92(\text{V})$

$U_{BE}=V_B-V_E=92-(-2)=94(\text{V})$

$U_{CA}=V_C-V_A=90-93=-3(\text{V})$

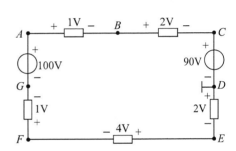

图 1-10 例 1-2 图(以 D 为参考点)

3)电位概念在电子线路中的应用

利用电位的概念,可以简化电子线路的做图。在一个直流电路中,习惯于选择直流电源的一端为参考点,这样电源另一端的电位就是一个确定值,作图时可以不画电源,只在简化电路中标出参考点和已经确定的电位值即可。图 1-11 是电路的一般画法与电子线路的习惯画法示例。

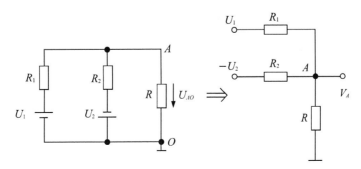

图 1-11 电路的一般画法与电子线路的习惯画法

5. 电功率和能量

1)电功率的定义

单位时间内某段电路所吸收或释放的电能称为该段电路的电功率,即

$$p = \frac{\mathrm{d}W}{\mathrm{d}t} \tag{1-4}$$

式中,$\mathrm{d}W$ 为吸收或释放的电能;$\mathrm{d}t$ 为吸收或释放电能所需的时间。国际单位制(SI)中,电功率的单位是瓦特(W),常用的单位还有千瓦(kW)、毫瓦(mW)等。

电路吸收电能也称其吸收电功率,电路释放电能也称其发出电功率。

通常说的 1 度电就是 1 千瓦小时,即

$$1\,度 = 1\mathrm{kW} \cdot \mathrm{h} = 1000\mathrm{W} \times 3600\mathrm{s} = 3.6 \times 10^6 \mathrm{J}$$

2)功率与电压 u、电流 i 的关系

如图 1-12 所示电路元件的 u 和 i 取关联方向,由于 $u = \dfrac{\mathrm{d}W}{\mathrm{d}q}$,$i = \dfrac{\mathrm{d}q}{\mathrm{d}t}$

故电路吸收的功率为

$$p = ui \tag{1-5}$$

在直流电路中

$$P = UI \tag{1-6}$$

功率为代数量,其数值的正、负表示相应的电路(或元件)的性质,即该电路是吸收还是发出功率。

当 u 和 i 取关联参考方向时,如图 1-12 所示,用 $p = ui$ 计算功率,当 $p > 0$ 时,元件吸收(消耗)功率,是负载;当 $p < 0$ 时,元件发出功率,是电源。

当 u 和 i 取非关联方向时,如图 1-13 所示,若仍用 $p = ui$ 计算,则当 $p > 0$ 时,元件发出功率,是电源;$p < 0$ 时,元件吸收(消耗)功率,是负载。

图 1-12 u 和 i 取关联方向

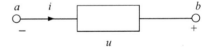

图 1-13 u 和 i 取非关联方向

3)能量的计算

若一段电路的 u 和 i 为已知时,在关联参考方向下,该段电路在 t_1 到 t_2 的一段时间内,吸收的能量为

$$W = \int_{t_1}^{t_2} p \cdot \mathrm{d}t = \int_{t_1}^{t_2} ui\,\mathrm{d}t \tag{1-7}$$

若 $W = \int_{t_1}^{t_2} ui\,\mathrm{d}t \geq 0$,则称该段电路(或元件)为无源的,否则为有源的。

直流电路中,元件上的电压为 U,电流为 I,则在 t 时间内,该元件吸收的能量为

$$W = Pt = UIt \tag{1-8}$$

【例 1-3】 计算图 1-14 中各元件的功率,指出是产生功率还是吸收功率。

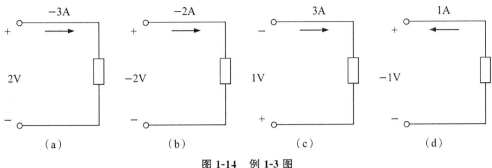

图 1-14 例 1-3 图

【解】 如图 1-14 所示：

图(a)：U，I 为关联参考方向，由 $P = UI$ 得

$$P = 2 \times (-3) = -6(W) < 0，元件发出功率。$$

图(b)：U，I 为关联参考方向，故

$$P = (-2) \times (-2) = 4(W) > 0，元件吸收功率。$$

图(c)：U，I 为非关联参考方向，故

$$P = 1 \times 3 = 3(W) > 0，元件发出功率。$$

图(d)：U，I 为非关联参考方向，故

$$P = (-1) \times 1 = -1(W) < 0，元件吸收功率。$$

1.2 电阻、电容、电感元件及特性

1.2.1 电阻元件

1. 电阻元件及其 VCR

电路中最简单、最常用的元件是二端电阻元件，它是实际二端电阻器件的理想模型。图 1-15(a)是电阻元件的符号。

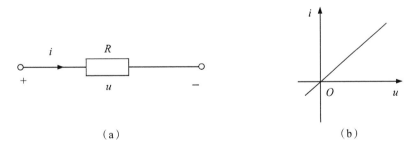

图 1-15 电阻元件及其外特性

电阻元件的概念：

若一个二端元件在任一时刻其电压与电流的关系可以唯一地用 u-i 平面上一条曲线所表征，则此二端元件称为电阻元件。

如果电阻元件的电压电流关系(简称 VCR)在任何时候都是通过 u-i 平面坐标原点的一条直线，如图 1-15(b)所示，该电阻称为线性电阻，用 R 表示。

对线性电阻，其 VCR 由欧姆定律决定。

在电流和电压的关联参考方向下,如图 1-16(a)所示。欧姆定律的表达式为

$$u = Ri \tag{1-9}$$

国际单位制(SI)中,电压单位用伏(V),电流单位用安(A),则电阻的单位为欧姆,简称欧(Ω),常用的单位还有千欧(kΩ)或兆欧(MΩ)。其换算关系为

$$1k\Omega = 10^3\Omega, \quad 1M\Omega = 10^6\Omega$$

2. 电导

电阻的倒数叫做电导,用 G 表示。即

$$G = \frac{1}{R} \tag{1-10}$$

在国际单位制(SI)中,电导的单位是西门子,简称西(S)。

用电导表征电阻时,欧姆定律可写成

$$i = Gu \quad 或\ u = \frac{i}{G} \tag{1-11}$$

如果电阻的端电压和电流为非关联方向时,如图 1-16所示。则欧姆定律应写为

$$u = -Ri \quad 或\ i = -Gu \tag{1-12}$$

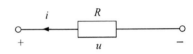

图 1-16 u 和 i 参考方向非关联

3. 电阻元件的功率

在任意时刻,电阻上消耗的功率为

$$P = ui = Ri^2 = \frac{u^2}{R} = Gu^2 = \frac{i^2}{G} \tag{1-13}$$

R 和 G 是正实常数,故功率 P 恒为非负值。因此它在任一时刻吸收的能量也为非负值,即

$$W = \int_{t_1}^{t_2} Ri^2 \, \mathrm{d}t \geqslant 0$$

因此,线性电阻元件是耗能元件,也是一种无源元件。

4. 一段有源支路(元件)的欧姆定律

一段有源支路(元件)的欧姆定律,实际上是电压降的准则,满足以下三条原则。

(1)总电压降等于各分段电压降的代数和。

(2)各分段电压降的正方向的规定:电源电压降从电源正极指向电源负极;电阻电压降与电阻上电流方向相同。

(3)与总电压降方向一致的分电压降取"+"号,不一致者取"-"号。

按照上述准则在图 1-17,所示的有源支路中有

$$U_{ad} = U_{ab} + U_{bc} + U_{cd} = 3 + (-RI) + (-6) = -3 - RI$$

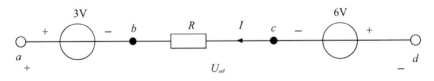

图 1-17

电压降准则,是电路分析中建立电压方程的依据,一定要熟练掌握。

1.2.2 电容元件

1. 电容元件的基本概念

实际电容器是一种能聚集电荷的元件,电荷聚集的过程也是电场建立的过程。因此电容器具有存储电场能量的本领。如果忽略电容器在实际工作时的漏电和磁场影响等次要因素,就可以用理想电容元件作为实际电容元件的模型,它是一个储存电荷和储存电场能量的理想电路元件。图 1-18(a)是电容元件的图形符号。

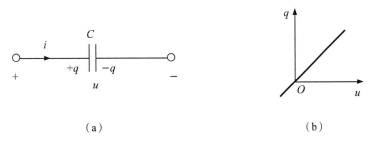

图 1-18 电容元件及其库伏特性曲线

电容元件的概念:

一个二端元件,如果在任一时刻 t,它的电荷 q 与电压 u 的关系可以唯一地用 u-q 平面上一条曲线所表征,即有代数关系 $f(u, q) = 0$,则此二端元件称为电容元件。

如果电容元件的电荷 q 与电压 u 的关系在任何时候都是通过 u-q 平面坐标原点的一条直线,如图 1-18(b)所示,则该电容称为线性电容,简称为电容,用 C 表示。

如图 1-18(a)所示,当电压参考极性与极板储存电荷的极性一致时,线性电容元件的元件特性为

$$q = Cu \tag{1-14}$$

式中,C 是电容元件的参数,称为电容,在国际单位制(SI)中,电容的单位为法拉,简称法(F)。电容较小时,常用微法(μF)或皮法(pF)作为电容的单位,它们和 F 的换算关系是

$$1\mu F = 10^{-6} F, \quad 1pF = 10^{-12} F$$

2. 电容元件的 VCR

当电压 u 和电流 i 的参考方向一致时

$$i = \frac{\mathrm{d}q}{\mathrm{d}t} = C \frac{\mathrm{d}u}{\mathrm{d}t} \tag{1-15}$$

当 u、i 为非关联参考方向时,有

$$i = -C \frac{\mathrm{d}u}{\mathrm{d}t} \tag{1-16}$$

式(1-15)表明,在任一时刻,电容电流与其电压的变化率成正比。对于直流电压,由于 $\frac{\mathrm{d}u}{\mathrm{d}t} = 0$,故电流 $i = 0$,即电容在直流稳态电路中相当于开路。

若电容上的电流 i 为已知,则在时刻 t 由式(1-15)可得电容上的电压为

$$u(t) = \frac{1}{C} \int_{-\infty}^{t} i(t) \mathrm{d}t \tag{1-17}$$

在实际计算中,电路常从某一时刻 $t = 0$ 算起,即从某一初始电压 $u(0)$ 开始,则

$$u(t) = \frac{1}{C}\int_{-\infty}^{t} i(t)\,\mathrm{d}t$$

$$= \frac{1}{C}\int_{-\infty}^{0} i(t)\,\mathrm{d}t + \frac{1}{C}\int_{0}^{t} i(t)\,\mathrm{d}t$$

$$= u(0) + \frac{1}{C}\int_{0}^{t} i(t)\,\mathrm{d}t \tag{1-18}$$

上式表明,某一时刻 t 电容上电压的值与 t 时刻以前的全部历史有关。即使 t 时刻的电流为零时,电容上的电压仍可能存在,这说明电容有记忆作用,因而电容为记忆元件。

3. 电容元件的储能

在 u,i 参考方向一致时,电容元件的功率

$$P(t) = u(t) \cdot i(t) = Cu\,\frac{\mathrm{d}u(t)}{\mathrm{d}t} \tag{1-19}$$

在 t 时刻电容元件储存的电场能量为

$$W_C(t) = \int_{-\infty}^{t} p\,\mathrm{d}t = \int_{-\infty}^{t} Cu\,\mathrm{d}u$$

在 $t = -\infty$ 时刻,电容储能为 0,故

$$W_C(t) = \frac{1}{2}Cu^2 \tag{1-20}$$

当电压为直流时

$$W_C = \frac{1}{2}CU^2 \tag{1-21}$$

上式说明:电容元件在某时刻储存的电场能量与元件在该时刻所承受的电压的平方成正比。故电容元件不能消耗能量,是一种具有储存电场能量的元件。

1.2.3 电感元件

1. 电感元件的基本概念

由物理学已知,当导线中有电流通过时,在它的周围就建立起磁场,工程中,广泛应用各种线圈建立磁场,储存磁能。图 1-19(a)为实际线圈的示意图。当电流 i 通过线圈时,它就激发自感磁通 Φ_L,如果电感线圈的匝数为 N,则电流通过线圈时产生的自感磁链为 $\Psi_L = N\Phi_L$,但同时也在导线电阻中消耗能量。如果忽略耗能等次要因素,就可以用电感元件作为实际线圈的模型。

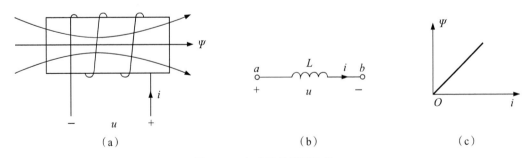

(a)   (b)   (c)

图 1-19 电感元件及其特性

电感元件中电流 i 与自感磁链 Ψ_L 的关系最能反映该元件的性质,所以电感元件的概念可叙述如下。

一个二端元件,如果在任一时刻,通过它的电流 i 与其磁链 Ψ_L 之间的关系可用 $\Psi_L\text{-}i$ 平面上的一条曲线所确定,则此二端元件称为电感元件,简称电感。其电路模型如图 1-19(b)所示。

如果电感的磁链为电流的线性函数,即

$$\Psi_L = Li \tag{1-22}$$

式中,L 为常数,则此电感元件称为线性的,它的特性如图 1-19(c)所示,其斜率即为电感量 L。

电感的单位为亨利,简称亨(H)。电感量较小时,常用毫亨(mH)或微亨(μH)作单位。

$$1\text{mH} = 10^{-3}\text{H}, \quad 1\mu\text{H} = 10^{-6}\text{H}$$

2. 电感的 VCR

在电路分析中,电感上电流和电压的关系是人们常常关心的问题。当电流变化时,电感中的磁链也发生变化,从而产生感应电压。在电流与电压的关联参考方向下,如果电压的参考方向与磁链的方向符合右手法则,根据电磁感应定律,感应电压与磁链的变化率成正比。即

$$u(t) = \frac{\mathrm{d}\Psi(t)}{\mathrm{d}t} \tag{1-23}$$

对线性电感,因 $\Psi_L = Li$,故在 u, i 为关联参考方向时,有

$$u = L\frac{\mathrm{d}i}{\mathrm{d}t} \tag{1-24}$$

$$i(t) = \frac{1}{L}\int_{-\infty}^{t} u(t)\,\mathrm{d}t$$

式(1-24)表明,某一时刻的电感电压与该时刻电流的变化率成正比。对于直流,由于 $\frac{\mathrm{d}i}{\mathrm{d}t} = 0$,故电压 u 也为零,即电感对直流相当于短路。另一方面,电感在 t 时刻的电流,与 t 时刻以前所有电压历史有关,这说明电感也是一个记忆元件。若电感上电压与电流方向是非关联的,则关系如下

$$u = -L\frac{\mathrm{d}i}{\mathrm{d}t} \tag{1-25}$$

3. 电感的储能

电感的记忆特性是它储存磁场能量的反映。由于在 t 时刻电感的功率为

$$P = ui = Li\frac{\mathrm{d}i}{\mathrm{d}t}$$

所以在任一时刻,电感的储能为

$$W_L(t) = \int_{-\infty}^{t} P\,\mathrm{d}t = \int_{-\infty}^{t} Li\,\mathrm{d}i$$

设 $t = -\infty$ 时,$i(-\infty) = 0$ 时,可得

$$W_L = \frac{1}{2}Li^2 \tag{1-26}$$

由式(1-26)可知,对于线性电感($L > 0$)来说,其储能为非负值,故电感也为无源元件。

1.3　电压源与电流源

电源是能将其他形式的能量转换为电能的装置。任何一个实际的电源(或信号源)对外

电路所呈现的特性(即电源端电压与输出电流之间的关系)可以用电压源模型或电流源模型来表示。

1.3.1 电压源

1. 理想电压源

1)定义

独立产生电压,其端电压不随输出电流而变化的二端元件,称为理想电压源,简称电压源。端电压为常数的称为直流电压源,其电压的符号常用大写字母 U_S 来表示,图形符号如图 1-20(a)所示。电压源的伏安特性表示在 u-i 平面上是一条与 i 轴平行的直线,如图 1-20(b)所示。

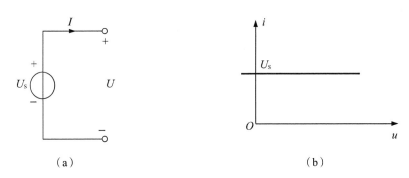

图 1-20 电压源的符号与特性

2)特点

(1)其端电压是定值或是一定的时间函数,与流过的电流无关;

(2)电压源的电压是由它本身决定的,流过它的电流则是任意的,由电压源与外电路共同决定。

电压源连接外电路时有以下几种特殊工作情况,如图 1-21 所示。

(1)当外电路的电阻 $R = \infty$ 时,电压源处于开路状态,$I = 0$,其对外提供的功率为 $P = U_S I = 0$。

(2)当外电路的电阻 $R = 0$ 时,电压源处于短路状态,$I = \infty$,其对外提供的功率为 $P = U_S I = \infty$。这样短路电流可能使电源遭受过热损伤或毁坏,因此电压源短路通常是一种严重事故,应该杜绝。

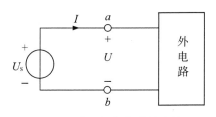

图 1-21 电压源与负载的连接

2. 实际电压源

理想电压源实际上并不存在,实际电压源本身有一定的内阻。因此,当实际电压源与负载 R_L 连接,电源中有电流通过时,电源内阻将产生电压降,于是电源两端的电压要降低,而不能保持定值。流过电源内阻的电流越大,电压降得越多。因此,实际电压源可以用一个理想电压源 U_S 和内阻 R_S 串联的电路模型来表示,如图 1-22(a)中的虚线框内所示为实际电压源的电路模型,图中 R_L 为外接负载,即电源的外电路。在端子 a,b 处的电压 U 与(输出)电流 I 的关系为

$$U = U_S - R_S I \tag{1-27}$$

图 1-22(b)为实际直流电压源的伏安特性,可见,实际电压源的内阻越小,外电路取用电流越小,其特性越接近理想电压源。如果一实际电压源的内阻很小,它的作用可以忽略,该实际电压源近似为一个理想电压源。

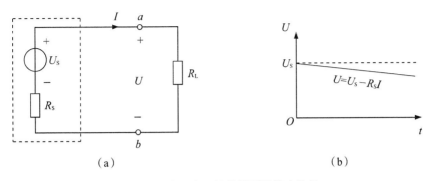

（a）　　　　　　　　　　（b）

图 1-22　实际电压源的模型及伏安特性

【**例 1-4**】　某电压源的开路电压为 30V,当外接电阻 R 后,其端电压为 25V,此时流经的电流为 5A,求 R 及电压源内阻 R_s。

【**解**】　用实际电压源模型表征该电压源,可得电路如图 1-23 所示。

设电流及电压的参考方向如图中所示,根据欧姆定律可得

$$U = RI$$

即

$$R = \frac{U}{I} = \frac{25}{5} = 5(\Omega)$$

根据

$$U = U_s - R_s I$$

可得

$$R_s = \frac{U_s - U}{I} = \frac{30 - 25}{5} = 1(\Omega)$$

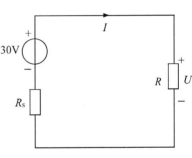

图 1-23　例 1-4 图

1.3.2　电流源

1. 理想电流源

1)定义

独立产生电流,其输出电流不随端电压而变化的二端元件,称为理想电流源,简称电流源。输出电流为常数的称为直流电流源,其电流的符号常用 I_s 来表示,图形符号如图 1-24(a)所示。电流源的伏安特性表示在 u-i 平面上是一条与 u 轴平行的直线,如图 1-24(b)所示。

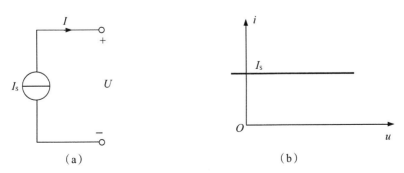

（a）　　　　　　　　　　（b）

图 1-24　电流源的符号与特性

2）特点

（1）其输出电流 I_s 是定值或是一定的时间函数，与所连接的外电路无关。

（2）电流源的端电压随外接电路的不同而改变。

2. 实际电流源

理想电流源实际上并不存在。由于内电阻 R_s（内电导 G_s）的存在，电流源中的电流并不能全部输出，有一部分在电源内部分流，实际电流源可以用一个理想电流源 I_s 与内电阻 R_s（内电导 G_s）并联的电路模型来表示，如图 1-25（a）中的虚线框内所示为实际电流源的电路模型。很显然，该实际电流源输出到外电路中的电流 I 小于电源电流 I_s。在端子 a，b 处的输出电流 I 与电压 U 的关系为

$$I = I_s - \frac{U}{R_s}$$
$$= I_s - G_s U \tag{1-28}$$

图 1-25（b）为实际电流源的伏安特性，如果一实际的电流源的内电阻（内电导）很小，它的分流作用可以忽略，该实际电流源便可近似为一个理想电流源。

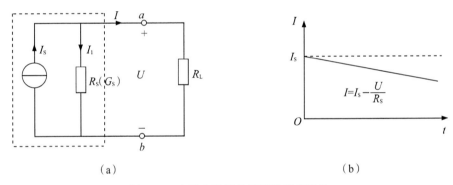

（a）   （b）

图 1-25　实际电流源的模型及伏安特性

综上所述，电压源的输出电压及电流源的输出电流都不随外电路的变化而变化，它们都是一个独立量，因此常被称为独立电源。

1.4　基尔霍夫定律

由若干电路元件按一定的连接方式构成电路后，电路中各部分的电压、电流必然受到两类约束，其中一类约束来自元件本身的性质，即元件的伏安关系；另一类约束来自元件的相互连接方式，即基尔霍夫定律。

基尔霍夫定律是电路中电压和电流所遵循的基本规律，也是分析和计算电路的基础。在介绍基尔霍夫定律之前，先介绍几个有关的电路名词：支路、节点、回路、网孔。

1.4.1　电路的几个名词

1. 支路

电路中流过同一电流的一个分支称为一条支路。如图 1-26 所示的电路中，共有 abc，

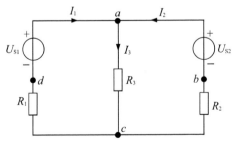

图 1-26　节点、支路和回路

ac, adc 三条支路。

2. 节点

三条或三条以上支路的连接点称为节点。如图 1-26 所示的电路中有 a, c 两个节点，而 b, d 不是节点。

3. 回路

由若干支路组成的闭合路径称为回路。如图 1-26 所示的电路中，$abca$, $acda$, $abcda$ 都是回路，此电路有三个回路。

4. 网孔

网孔是回路的一种。将电路画在平面上，在回路内部不含有支路的回路称为网孔。图 1-26 所示的电路中，回路 $abca$, $acda$ 就是网孔，而回路 $abcda$ 平面内含有 ac 支路，不是网孔。

1.4.2 基尔霍夫电流定律(KCL)

基尔霍夫电流定律也称基尔霍夫第一定律，简称 KCL。

1. KCL 与 KCL 方程

KCL 叙述如下。

在任一时刻，流出(或流入)任一节点的各支路电流的代数和恒等于零。即

$$\sum i = 0 \tag{1-28}$$

方程中，电流的正负值是根据电流是流出节点还是流入节点来判断的。若规定流出节点的电流前面取"＋"号，则流入节点的电流前面取"－"号，当然也可以做相反的规定。

式(1-28)称为节点电流方程，简写为 KCL 方程。

例如，以图 1-26 所示电路为例，对节点 a 应用 KCL，有(各支路电流的参考方向见图)

$$-I_1 - I_2 + I_3 = 0$$

上式还可写为

$$I_3 = I_1 + I_2$$

此式表明，流出节点 a 的电流之和等于流入该节点的电流之和。

因此，KCL 也可理解为：在任一时刻，流出任一节点的支路电流等于流入该节点的支路电流。即

$$\sum i_{出} = \sum i_{入} \tag{1-29}$$

2. KCL 的推广

KCL 通常用于节点，但对于包围几个节点的闭合面即广义节点，也是适用的。即通过一个闭合面的支路电流的代数和总等于零。如图 1-27 中，虚线画出的三个节点 1，2，3 的封闭面，分别列出这些节点的 KCL 方程有

节点 1：$-I_1 + I_4 - I_6 = 0$

节点 2：$I_2 - I_4 + I_5 = 0$

节点 3：$-I_3 - I_5 + I_6 = 0$

以上三个方程相加得

$$-I_1 + I_2 - I_3 = 0$$

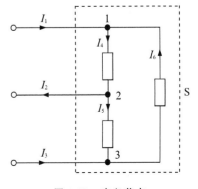

图 1-27　广义节点

可见,任一时刻流入(或流出)电路中任一封闭面的电流的代数和恒等于零。

此封闭面称为广义节点。

上述电流定律实质上是电荷守恒原理的体现。也就是说,到达任何节点的电荷既不能增生,也不可能消灭,电流必须连续流动。

【**例 1-5**】 在图 1-28 所示电路中,已知 $R_1 = 2\Omega$, $R_2 = 5\Omega$, $U_S = 10V$,求各支路电流。

【**解**】 首先设定各支路电流的参考方向如图 1-28 所示,由于 $U_{ab} = U_S = 10V$,根据欧姆定律,有

$$I_1 = \frac{U_{ab}}{R_1} = \frac{10}{2} = 5(\text{A})$$

$$I_2 = -\frac{U_{ab}}{R_2} = -\frac{10}{5} = -2(\text{A})$$

对节点 a 有

$$I_1 - I_2 - I_3 = 0$$

$$I_3 = I_1 - I_2 = 5 - (-2) = 7(\text{A})$$

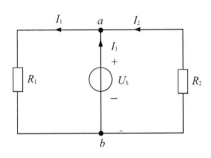

图 1-28 例 1-5 图

1.4.3 基尔霍夫电压定律(KVL)

基尔霍夫电压定律也称基尔霍夫第二定律,简称 KVL。

1. KVL 与 KVL 方程

KVL 叙述如下。

在任一时刻,沿任一回路绕行一周,各元件电压的代数和恒等于零。即

$$\sum u = 0 \qquad (1\text{-}30)$$

式(1-30)称为回路的电压方程,简写为 KVL 方程。

在列 KVL 方程时,具体方法如下:

(1)首先规定各支路的电压参考方向;

(2)标出各回路的绕行方向;

(3)凡支路电压方向与绕行方向相同者取正,反之取负。

如在图 1-29 所示的电路中,设回路沿逆时针绕行,则回路电压方程为

$$U_1 + U_2 - U_3 + U_{S2} - U_{S1} = 0$$

上式还可以写成

$$R_1 I_1 + R_2 I_2 - R_3 I_3 = U_{S1} - U_{S2}$$

此式表明,回路中各段电阻上电压降的代数和等于各电源电压升的代数和。因此,KVL 也可理解为:在任一时刻,沿任一回路绕行一周,各段电阻上电压降的代数和等于各电源电压升的代数和。即

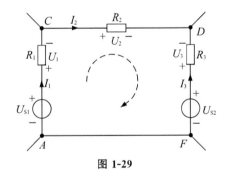

图 1-29

$$\sum U_R = \sum U_S \qquad (1\text{-}31)$$

用式(1-31)列回路的电压方程的方法:

(1)先设定回路的绕行方向和电流的参考方向;

(2)沿回路的绕行方向顺次求电阻上的电压降,当绕行方向与电阻上的电流参考方向一致时,该电压方向取正号,相反取负号;

（3）当回路的绕行方向从电源的负极指向正极时，等号右边的电源电压取正，否则取负。

2. KVL 的推广

KVL 不仅适用于实际回路，同样可以推广至电路中
的假想回路。如图 1-30 中的 $abcda$，虽然没有构成电流流
通路径，但顺时针绕行一周，根据 KVL，则有

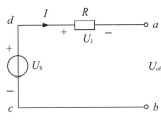

图 1-30　电路中的一个回路

$$U_1 + U_{ab} - U_S = 0$$

由此可得

$$U_{ab} = U_S - U_1$$

KVL 方程反映了任一回路中各元件的电压关系，但
与各元件的性质无关，KVL 既适用于线性电路，也适用于非线性电路。

小　　结

（1）任何一个完整的电路都由电源、负载、中间环节三部分组成。用理想电路元件代替
实际元件构成的电路称为电路模型。实际电路模型化的意义在于简化电路的分析和计算。

（2）电流的实际方向是正电荷运动的方向；电压的实际方向是指电位降的方向；在分析
计算电路时，当电路中电流、电压的实际方向无法确定时，可以用参考方向，参考方向是任意
选定的电流或电压的正方向，当实际方向与参考方向一致时，其值为正，反之为负。在未标
出参考方向的情况下，其值的正负是无意义的。

（3）某点的电位等于该点与参考点之间的电位差，计算电位必须选择参考点，一般选取
参考点的电位为零。当参考点不同时，各点的电位也不同，而各点之间的电压不变。

（4）在电路元件上电流、电压为关联参考方向条件下，功率 $p = ui$ 看成元件吸收的功
率，当 $p > 0$ 时，该元件吸收功率，属于负载性质；当 $p < 0$ 时，该元件发出功率，属于电源性
质。在电流、电压为非关联参考方向时，$p = ui$ 则看成是元件发出的功率，当 $p > 0$ 时，该元件发
出功率，属于电源性质；当 $p < 0$ 时，该元件吸收功率，属于负载性质。整个电路的功率平衡。

（5）电路模型的理想电路元件包括电阻、电感、电容和理想电压源、理想电流源等几种。
电阻为耗能元件，电感、电容为储能元件，这三种元件均不产生能量，称为无源元件；理想电
压源、理想电流源在电路中提供能量，称为有源元件。

理想电压源的电压恒定不变，而电流随外电路而变；理想电流源的电流恒定不变，而电
压随外电路而变。

（6）实际电源的电路模型有两种，即理想电压源 U_S 与电阻 R_S 串联的电压源模型，理想
电流源 I_S 与电阻 R_S 并联的电流源模型。

（7）基尔霍夫定律是电路的基本定律之一，它分为电流定律（KCL）和电压定律（KVL）。
基尔霍夫电流定律通常应用于节点 $\sum i = 0$，也可推广应用于任一假设的闭合面即广义节
点。基尔霍夫电压定律通常应用于闭合回路 $\sum u = 0$，也可推广应用于任何假想回路电路。

习　题　一

1.1　图 1-31 所示电路中元件 P 产生功率为 10W，则电流 I 应为多少？

1.2　图 1-32 所示电路由 5 个元件组成。其中 $U_1 = 9V$，$U_2 = 5V$，$U_3 = -4V$，$U_4 =$

$6V, U_5 = 10V, I_1 = 1A, I_2 = 2A, I_3 = -1A$。试求：

(1)各元件消耗的功率；

(2)全电路消耗功率多少？说明规律。

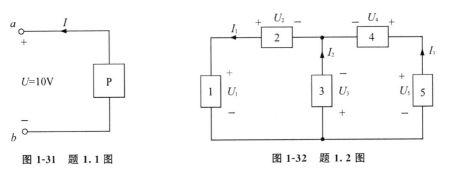

图 1-31 题 1.1 图　　　　　图 1-32 题 1.2 图

1.3　求图 1-33 所示电路的电位 U_A, U_B, U_C。

1.4　求 1-34 图所示电路中的电压 U_{ab}。

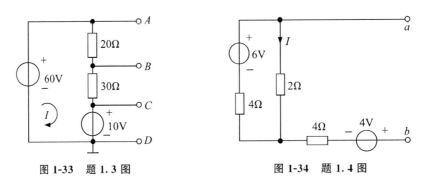

图 1-33 题 1.3 图　　　　　图 1-34 题 1.4 图

1.5　图 1-35 所示电路，(1)求图(a)中电压 U_{AB}；(2)在图(b)中，若 $U_{AB}=6V$，求电流 I。

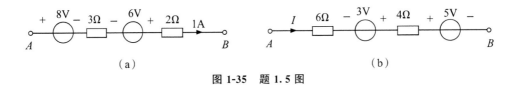

图 1-35 题 1.5 图

1.6　求图 1-36 所示各支路中的未知量。

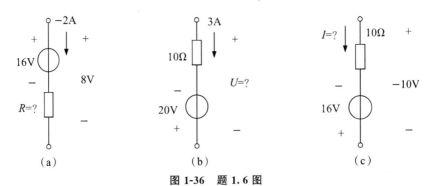

图 1-36 题 1.6 图

1.7 有一个电感线圈,其电感量 $L=0.1H$,线圈中的电流 $i=2\sin(5000t)$A。求线圈的自感电压(电压和电流取关联方向)。

1.8 求图 1-37 所示电路(a)中的电流 I 和(b)中 I_1 和 I_2。

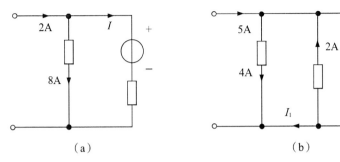

图 1-37 题 1.8 图

1.9 图 1-38 所示的电路中,已知电压 $U_1=U_2=U_4=5V$,求 U_3 和 U_{CA}。

1.10 欲使图 1-39 所示电路中的电流 $I=0$,U_s 应为多少?

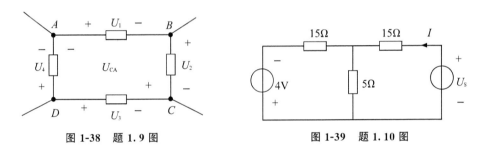

图 1-38 题 1.9 图   图 1-39 题 1.10 图

1.11 求图 1-40 电路中的未知电流。

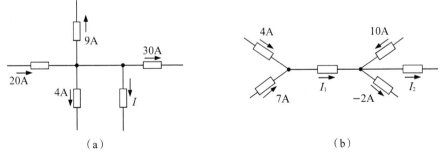

图 1-40 题 1.11 图

1.12 电路如图 1-41 所示,已知:$U_1=U_3=1V$,$U_2=4V$,$U_4=U_5=2V$,求 U_x。

1.13 在图 1-42 所示电路中,已知 $I_1=0.01A$,$I_2=0.3A$,$I_5=9.61A$。试求电流 I_3,I_4 和 I_6。

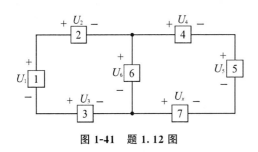

图 1-41 题 1.12 图

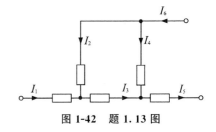

图 1-42 题 1.13 图

1.14 求图 1-43(a),(b)所示电路中的未知量。

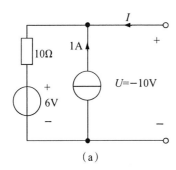

(a)

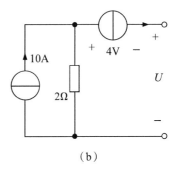

(b)

图 1-43 题 1.14 图

1.15 求图 1-44 所示电路的各未知电流或电压,并检验功率是否平衡,

1.16 求图 1-45 所示电路的 I, U_{ab}, U_{ac}。

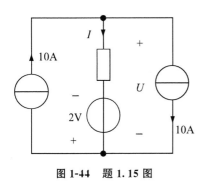

图 1-44 题 1.15 图

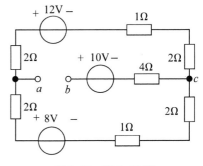

图 1-45 题 1.16 图

2 电路的等效变换

2.1 电阻的串联、并联等效变换

2.1.1 电阻的串联

如果电路中有两个或更多个电阻一个接一个地顺序相连,并且在这些电阻中通过同一电流,则这种连接方式就称为电阻的串联。图 2-1(a)所示为 n 个电阻串联的电路。n 个电阻串联可用一个等效电阻 R 来代替,如图 2-1(b)所示。

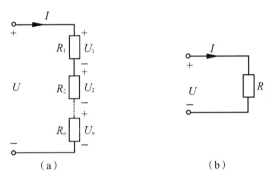

(a)   (b)

图 2-1 电阻的串联等效电路

1. 串联电阻的性质

(1)串联电路中流过每个电阻的电流都相等,即

$$I = I_1 = I_2 = \cdots = I_n \tag{2-1}$$

(2)串联电路的等效电阻等于各串联电阻之和,即

$$R = R_1 + R_2 + \cdots + R_n \tag{2-2}$$

(3)串联电阻两端的电压与其阻值成正比,即

$$\frac{U_1}{R_1} = \frac{U_2}{R_2} = \cdots = \frac{U_n}{R_n} \tag{2-3}$$

当两个电阻 R_1,R_2 串联时,各电阻上的电压 U_1,U_2 和总电压 U 的关系分别为

$$U_1 = \frac{R_1}{R_1 + R_2}U \qquad U_2 = \frac{R_2}{R_1 + R_2}U \tag{2-4}$$

(4)串联电路的总功率等于各串联电阻的功率之和,即

$$P = UI = U_1 I_1 + U_2 I_2 + \cdots + U_n I_n \tag{2-5}$$

2. 串联电阻的应用

串联电阻的应用十分广泛。如电子线路中常用电位器实现可调串联分压电路;串联电阻分压还可以用来扩大电压表的量程。

【例 2-1】 一个量程为 10V 电压表,其内阻为 $20k\Omega$,为了将电压表量程扩大为 100V,问所需串联的电阻应为多大?

【解】 这是典型的电阻串联分压的例子。由题意可知,电压表的内阻 R_g 上的电压为 U_g,其最大值只能为 10V,其余的电压由外接电阻分压,设 R 上的电压为 U_R,根据式(2-3)得

$$\frac{U_g}{R_g} = \frac{U_R}{R}$$

如需将量程扩大为 100V,则有

$$\frac{10}{20 \times 10^3} = \frac{100 - 10}{R}$$

$$R = 180\text{k}\Omega$$

即在表头一端串联一个 180kΩ 的分压电阻,可将量程扩大至 100V。

2.1.2 电阻的并联

如果电路中有两个或更多个电阻连接在两个公共的结点之间,并且各电阻承受相同电压,则这种连接方式就称为电阻的并联。图 2-2(a)所示为 n 个电阻并联的电路。n 个电阻并联可用一个等效电阻 R 来代替,如图 2-2(b)所示。

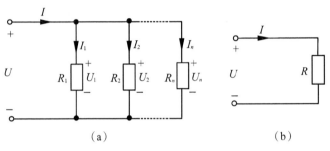

图 2-2 电阻的并联等效电路

1. 并联电阻的性质

(1)并联电路中各电阻两端的电压相等,且等于电路两端的电压,即

$$U = U_1 = U_2 = \cdots = U_n \qquad (2\text{-}6)$$

(2)并联电路中的等效电阻的倒数等于各并联电阻的倒数之和,即

$$\frac{1}{R} = \frac{1}{R_1} + \frac{1}{R_2} + \cdots + \frac{1}{R_n} \qquad (2\text{-}7)$$

当两个电阻 R_1,R_2 并联时的等效电阻 R 为

$$R = \frac{R_1 R_2}{R_1 + R_2} \qquad (2\text{-}8)$$

(3)并联电路中,电流的分配与电阻成反比,即阻值越大的电阻所分配的电流越小,反之电流越大,即

$$I_1 R_1 = I_2 R_2 = \cdots = I_n R_n \qquad (2\text{-}9)$$

当两个电阻 R_1,R_2 并联时,各电阻上的电流 I_1,I_2 和总电流 I 的关系分别为

$$I_1 = \frac{R_2}{R_1 + R_2} I \qquad I_2 = \frac{R_1}{R_1 + R_2} I \qquad (2\text{-}10)$$

(4)并联电路消耗的总功率等于相并联各电阻消耗功率之和,即

$$P = UI = \frac{U^2}{R_1} + \frac{U^2}{R_2} + \cdots + \frac{U^2}{R_n} \qquad (2\text{-}11)$$

2. 并联电阻的应用

并联电阻的应用也非常广泛。如家用电器都是采用并联进行工作;在电工测量中,经常

利用电阻的并联来扩大电流表的量程。

【例2-2】 如图2-3所示的电路中，$I_s = 20\text{mA}$，$R_s = 2\text{k}\Omega$，$R_1 = 40\text{k}\Omega$，$R_2 = 10\text{k}\Omega$，求 I_1，I_2。

【解】 由于电流源为恒流源，R_s 并不影响 R_1，R_2 中的电流分配。根据式(2-10)得

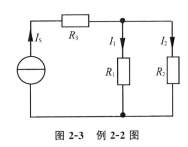

$$I_1 = I_s \frac{R_2}{R_1 + R_2} = 20 \times \frac{10}{40+10} = 4(\text{mA})$$

$$I_2 = I_s \frac{R_1}{R_1 + R_2} = 20 \times \frac{40}{40+10} = 16(\text{mA})$$

图2-3 例2-2 图

2.1.3 电阻的混联

电路中，若既有电阻的串联，又有电阻的并联，则这种连接方式称为混联。混联电路经过串并联化简仍可等效为一个电阻。

【例2-3】 求如图2-4所示电路的等效电阻，$R_1 = 4\Omega$，$R_2 = 5\Omega$，$R_3 = 5\Omega$，$R_4 = 15\Omega$。

【解】 如图2-4所示电路中，R_3，R_4 串联后再和 R_2 并联的等效电阻为

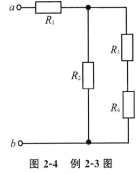

$$R' = \frac{R_2(R_3 + R_4)}{R_2 + R_3 + R_4} = \frac{5 \times (5+15)}{5+5+15} = 4(\Omega)$$

R' 再和 R_1 串联，整个电路的等效电阻为

$$R = R' + R_1 = 4 + 4 = 8(\Omega)$$

【例2-4】 求如图2-5(a)所示混联电路的等效电阻。

图2-4 例2-3 图

【解】 根据串并联的等效关系，将图2-5(a)逐步化简，得图2-5 图(b)，(c)，(d)，最终求得等效电阻 $R_{ab} = 8\Omega$。

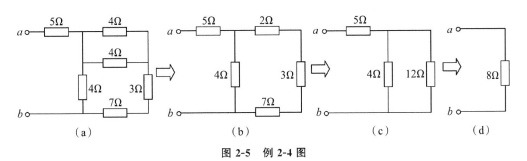

| (a) | (b) | (c) | (d) |

图2-5 例2-4 图

在混联电路的求解中，首先要认清电阻的连接关系，再根据串、并联电路的基本性质，对电路进行等效简化。

*2.2 电阻星形联结与三角形联结的等效变换

2.2.1 电阻的星形(Y形)联结与三角形(△形)联结

1. 电阻的星形(Y形)联结

如图2-6所示的电路，三个电阻的一端接在公共节点上，而另一端分别接在电路的其他三个节点上，这种联结方式称为星形联结，简称 Y 形联结。

2. 电阻的三角形(△形)联结

如图 2-7 所示的电路,三个电阻首尾相连,并且三个联结点又分别与电路的其他部分相连时,这种联结方式称为三角形联结,简称△形联结。

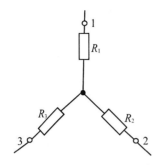

图 2-6 电阻的星形(Y 形)联结

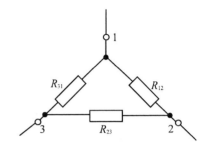

图 2-7 电阻的三角形(△形)联结

2.2.2 Y 形联结与△形联结之间的等效变换

在电路分析中,往往需要将上述两种电阻网络作等效变换。而在这两种电阻网络进行等效变换时,必须遵循对外部电路等效的原则,即要求它们对应的三个端子 1,2,3 之间具有相同的电压 U_{12},U_{23},U_{31},同时,流入对应端子的电流应分别相等,即 $I_1 = I_1'$,$I_2 = I_2'$,$I_3 = I_3'$,这便是 Y-△电阻网络等效变换的条件。

1. Y 形联结变换成△形联结

如图 2-8 所示 Y-△之间的等效变换电路,由 KCL 和 KVL 可以证明,从电阻的 Y 形联结变换成△形联结,各电阻之间的变换关系为

$$\left.\begin{array}{l} R_{12} = \dfrac{R_1 R_2 + R_2 R_3 + R_3 R_1}{R_3} \\[2mm] R_{23} = \dfrac{R_1 R_2 + R_2 R_3 + R_3 R_1}{R_1} \\[2mm] R_{31} = \dfrac{R_1 R_2 + R_2 R_3 + R_3 R_1}{R_2} \end{array}\right\} \tag{2-12}$$

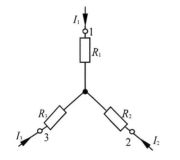
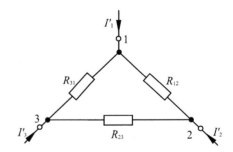

图 2-8 Y-△之间的等效变换

如果电路对称,当

$$R_1 = R_2 = R_3 = R_Y$$

时,它们之间的变换关系为

$$R_{\triangle} = 3R_Y \tag{2-13}$$

2. △形联结变换成 Y 形联结

从电阻的△形联结变换成电阻的 Y 形联结时,如图 2-8 所示的电路,各电阻之间的变换关系为

$$
\left.\begin{array}{l}
R_1 = \dfrac{R_{12}R_{31}}{R_{12}+R_{23}+R_{31}} \\[3mm]
R_2 = \dfrac{R_{23}R_{12}}{R_{12}+R_{23}+R_{31}} \\[3mm]
R_3 = \dfrac{R_{31}R_{23}}{R_{12}+R_{23}+R_{31}}
\end{array}\right\} \tag{2-14}
$$

如果电路对称,即当

$$
R_{12} = R_{23} = R_{31} = R_\triangle
$$

时,它们之间的变换关系为

$$
R_Y = \frac{1}{3}R_\triangle \tag{2-15}
$$

【例 2-5】　如图 2-9(a)所示为一桥式电路,已知 $R_1 = 50\Omega$,$R_2 = 40\Omega$,$R_3 = 15\Omega$,$R_4 = 26\Omega$,$R_5 = 10\Omega$,试求此桥式电路的等效电阻。

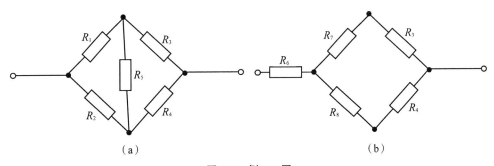

图 2-9　例 2-5 图

【解】　如图 2-9(b)所示,将 R_1,R_2,R_5 组成的△形联结等效成由 R_6,R_7,R_8 组成的 Y 形联结,由式(2-14),可得

$$
R_6 = \frac{R_1R_2}{R_1+R_5+R_2} = \frac{50\times40}{50+10+40} = 20(\Omega)
$$

$$
R_7 = \frac{R_5R_1}{R_1+R_5+R_2} = \frac{10\times50}{50+10+40} = 5(\Omega)
$$

$$
R_8 = \frac{R_2R_5}{R_1+R_5+R_2} = \frac{40\times10}{50+10+40} = 4(\Omega)
$$

应用电阻串联、并联公式,可求得整个电路的等效电阻为

$$
R = R_6 + \frac{(R_7+R_3)(R_8+R_4)}{(R_7+R_3)+(R_8+R_4)} = 20 + \frac{(5+15)(4+26)}{(5+15)+(4+26)} = 32(\Omega)
$$

2.3　电源等效变换

2.3.1　含独立电源的串、并联单口网络的等效变换

1. 电压源的串联、并联

如图 2-10(a)所示为 n 个电压源的串联,根据 KVL 很容易证明这些电压源的串联组合

可以用一个等效电压源来替代,如图 2-10(b)所示,这个等效电压源的电压为

$$U_{\mathrm{S}} = U_{\mathrm{S}1} + U_{\mathrm{S}2} + \cdots + U_{\mathrm{S}n} = \sum_{k=1}^{n} U_{\mathrm{S}k} \tag{2-16}$$

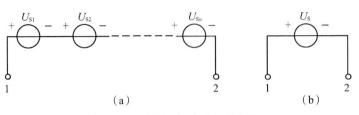

图 2-10　电压源的串联等效电路

式(2-16)中,$U_{\mathrm{S}k}$ 的参考方向与图 2-10(b)中的 U_{S} 的参考方向一致时取"+"号,不一致时则取"−"号。

注意:只有电压相等,极性一致的电压源才允许并联,否则违背 KVL,其等效电路为其中任一电压源。

【例 2-6】　如图 2-11(a)所示的电路中,已知 $U_{\mathrm{S}1} = 10\mathrm{V}$, $U_{\mathrm{S}2} = 20\mathrm{V}$, $U_{\mathrm{S}3} = 5\mathrm{V}$, $R_1 = 2\Omega$, $R_2 = 4\Omega$, $R_3 = 6\Omega$、$R_{\mathrm{L}} = 3\Omega$。求电阻 R_{L} 的电流和电压。

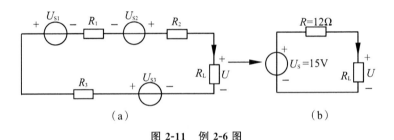

图 2-11　例 2-6 图

【解】　为求电阻 R_{L} 的电压和电流,可将三个串联的电压源等效为一个电压源,其电压为

$$U_{\mathrm{S}} = U_{\mathrm{S}2} - U_{\mathrm{S}1} + U_{\mathrm{S}3} = 20 - 10 + 5 = 15(\mathrm{V})$$

将三个串联的电阻等效为一个电阻,其电阻为

$$R = R_1 + R_2 + R_3 = 2 + 4 + 6 = 12(\Omega)$$

因此,可将图 2-11(a)等效为图 2-11(b)进行计算

$$I = \frac{U_{\mathrm{S}}}{R + R_{\mathrm{L}}} = \frac{15}{12 + 3} = 1(\mathrm{A}) \qquad U = R_{\mathrm{L}}I = 3 \times 1 = 3(\mathrm{V})$$

2. 电流源的串联、并联

如图 2-12(a)所示为 n 个电流源的并联,根据 KCL,这一电流源的并联组合可以用一个等效电流源来替代,如图 2-12(b)所示,这个等效电流源的电流为

$$I_{\mathrm{S}} = I_{\mathrm{S}1} + I_{\mathrm{S}2} + \cdots + I_{\mathrm{S}n} = \sum_{k=1}^{n} I_{\mathrm{S}k} \tag{2-17}$$

式(2-17)中,$I_{\mathrm{S}k}$ 的参考方向与图 2-12(b)中 I_{S} 的参考方向一致时取"+"号,不一致时取"−"号。

注意:只有电流相等且方向一致的电流源才允许串联,否则违背 KCL,其等效电路为其

中任一电流源。

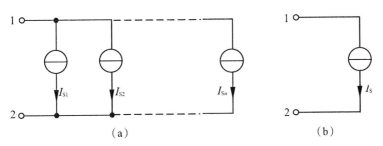

图 2-12　电流源的并联的等效电路

【例2-7】　如图 2-13(a)所示的电路中,已知 $I_{S1}=10A$, $I_{S2}=5A$, $I_{S3}=1A$, $G_1=1S$, $G_2=2S$, $G_3=3S$,求电流 I_1 和 I_3 。

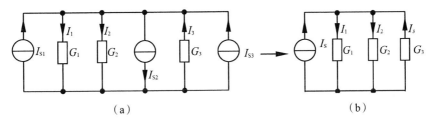

图 2-13　例 2-7 图

【解】　为求电流 I_1 和 I_3,可将三个并联的电流源等效为一个电流源,其电流为

$$I_S = I_{S1} - I_{S2} + I_{S3} = 10-5+1=6(A)$$

因此可将图 2-13(a)等效为图 2-13(b)所示电路,根据电阻并联的分流关系可得

$$I_1 = \frac{G_1}{G_1+G_2+G_3}I_S = \frac{1}{1+2+3}\times 6=1(A)$$

$$I_3 = \frac{-G_3}{G_1+G_2+G_3}I_S = \frac{-3}{1+2+3}\times 6=-3(A)$$

3. 电压源与电流源的串联、并联

1)电压源与电流源的串联

如图 2-14(a)所示为一电压源和电流源串联的单口网络,可将其等效为如图 2-14(b)所示的单口网络。其端口电流为 I_S,而端口电压 U 取决于外电路。

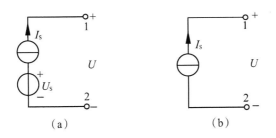

图 2-14　电压源与电流源串联的等效电路

2)电压源与电流源的并联

如图 2-15(a)所示为一电压源和电流源相并联的单口网络,可将其等效为如图 2-15(b)所示的单口网络。其端口电压为 U_s,而端口电流 I 则取决于外电路。

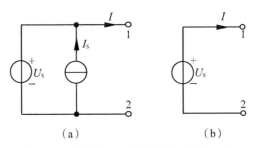

(a)   (b)

图 2-15 电压源与电流源并联的等效电路

【例 2-8】   求如图 2-16(a)所示含源单口网络的等效电路。

【解】   首先,删除多余的元件,即与 2A 电流源相串联的 3V 电压源是多余元件,将其短路,得到图 2-16(b);与 2V 电压源相并联的 2A 电流源是多余元件,将其开路,得到图 2-16(c)。其次,是两个电压源的串联,得到图 2-16(d)。故图 2-16(a)可等效为一个 2V 的电压源。

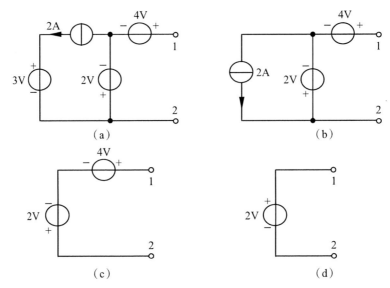

(a)   (b)

(c)   (d)

图 2-16 例 2-8 图

2.3.2 实际电源模型的等效变换

如图 2-17(a)所示为电压源 U_s 与电阻 R 相串联的组合,其端子 1-1′处的电压 U 与电流 I 的关系为

$$U = U_s - RI \tag{2-18}$$

图 2-17(b)是按式(2-18)画出的伏安特性曲线。

如图 2-17(c)所示为电流源 I_s 与电导 G 相并联的组合,其端子 2-2′处的电压 U 与电流 I 的关系为

$$I = I_s - GU \tag{2-19}$$

图 2-17(d)是按式(2-19)画出的伏安特性曲线。

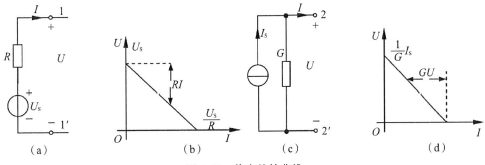

图 2-17 伏安特性曲线

将式(2-19)进行变换得

$$U = \frac{I_s}{G} - \frac{I}{G} \tag{2-20}$$

比较式(2-18)和式(2-20)可知,若满足下列条件

$$\left. \begin{array}{c} G = \dfrac{1}{R} \\[2mm] I_s = GU_s \end{array} \right\} \tag{2-21}$$

则两式完全等同,也就是说在端子 1-1′处和端子 2-2′处的 U 和 I 的伏安特性完全一样。由此可得出结论,在满足式(2-21)的条件下,电压源和电阻串联的组合与电流源和电导并联的组合可以相互等效变换(注意 U_s 和 I_s 的参考方向,I_s 的参考方向由 U_s 的负极指向正极)。

【**例 2-9**】 用电源等效变换求如图 2-18(a)所示单口网络的等效电路。

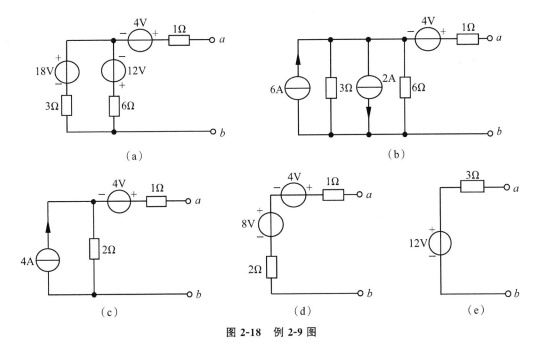

图 2-18 例 2-9 图

【**解**】 将图 2-18(a)中电压源与电阻的串联等效变换为电流源与电阻的并联,得到如图 2-18(b)所示电路。

将图 2-18(b)中电流源的并联和电阻的并联进行化简,得到如图 2-18(c)所示电路。

将图 2-18(c)中电流源与电阻的并联变换为电压源与电阻的串联,得到如图 2-18(d)所示电路。

将图 2-18(d)中电压源的串联和电阻的串联进行化简,得到如图 2-18(e)所示电路。

*2.4 受控源及其等效变换

前面讨论了独立电源(电压源和电流源),它们通常作为电路的输入,代表外界对电路的作用或对电路的激励,其变化规律由独立电源本身决定,不受其他支路的控制。而下面要讨论的非独立电源,其电压或电流受电路中其他部分的电压或电流的控制,或者说非独立电源的电压或电流是电路中其他部分的电压或电流的函数,因此,称之为受控电源。受控电源在电子线路中的应用十分广泛。例如,晶体管的集电极电流受基极电流控制,运算放大器的输出电压受输入电压控制,在含这类器件的电路中,都要用受控源模型进行分析。

受控源一般由两条支路对外引出两个端口(四个端子)构成。其中一个为输入端口,另一个为输出端口。加在输入端的是控制量,它可以是电压也可以是电流,而在输出端得到的则是被控制的电压或电流。因此,受控电源(模型)可分为四种类型。

2.4.1 受控源的类型

1. 电压控制电压源(VCVS)

如图 2-19 所示的电压控制电压源的电路中,μ 为受控端电压(u_2)与控制端电压(u_1)之比,即

$$\mu = \frac{u_2}{u_1}$$

它是一个无量纲的常数,称为电压控制电压源的转移电压比(或称电压放大系数)。

2. 电压控制电流源(VCCS)

如图 2-20 所示的电压控制电流源的电路中,g 为受控电流 i_2 与控制端电压 u_1 之比,即

$$g = \frac{i_2}{u_1}$$

它具有电导的量纲,称为电压控制电流源的转移电导。

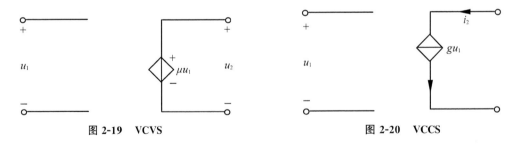

图 2-19　VCVS　　　　　　　　　　图 2-20　VCCS

3. 电流控制电压源(CCVS)

如图 2-21 所示的电流控制电压源的电路中,r 为受控端电压 u_2 与控制电流 i_1 之比,即

$$r = \frac{u_2}{i_1}$$

它具有电阻的量纲,称为电流控制电压源的转移电阻。

4. 电流控制电流源(CCCS)

如图 2-22 所示的电流控制电流源的电路中,β 为受控电流 i_2 与控制电流 i_1 之比,即

$$\beta = \frac{i_2}{i_1}$$

它是一个无量纲的常数,称为电流控制电流源的转移电流比(或称电流放大系数)。

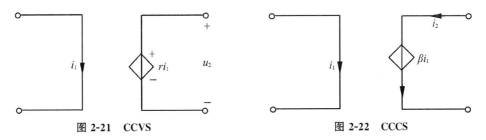

图 2-21 CCVS   图 2-22 CCCS

2.4.2 含受控源单口网络的等效电阻

由线性电阻和线性受控源构成的单口网络,就端口特性而言,也可等效为一个线性电阻,其等效电阻值常用外加独立电源计算单口 VCR 方程的方法求得。现举例加以说明。

【例 2-10】 求如图 2-23(a)所示单口网络的等效电阻。

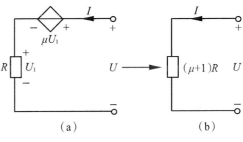

(a)   (b)

图 2-23 例 2-10 图

【解】 设想在端口外加电流源 I,写出端口电压 U 的表达式

$$U = \mu U_1 + U_1 = (\mu + 1)U_1 = (\mu + 1)RI = R_0 I$$

求得单口网络的等效电阻

$$R_0 = \frac{U}{I} = (\mu + 1)R$$

由于受控电压源的存在,使端口电压增加了 $\mu U_1 = \mu RI$,导致单口网络等效电阻增大到 $\mu + 1$ 倍。若控制系数 $\mu = -2$,则单口等效电阻 $R_0 = -R$,这表明该电路可将正电阻变换为一个负电阻。

2.4.3 含受控源电路的等效变换

实际独立源模型之间的等效变换,可以简化电路分析。与此相似,一个受控电压源(仅指其受控支路,以下同)和电阻串联组合,也可与一个受控电流源和电阻并联组合进行等效变换,如图 2-24 所示。利用这种等效变换也可以简化电路分析。下面举例说明其变换的方法。

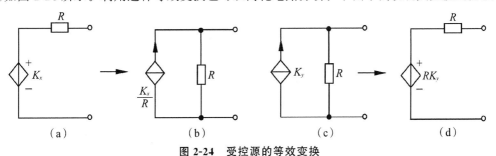

(a)   (b)   (c)   (d)

图 2-24 受控源的等效变换

【例 2-11】 如图 2-25(a)所示电路中,已知转移电阻 $r=3\Omega$,求单口网络的等效电阻。

【解】 先将受控电压源 rI 和 2Ω 电阻的串联组合等效变换为受控电流源 $0.5rI$ 和 2Ω 电阻的并联组合,如图 2-25(b)所示。2Ω 和 3Ω 并联的等效电阻为 1.2Ω,再将 1.2Ω 电阻和 $0.5rI$ 受控电流源并联组合,等效变换为 1.2Ω 电阻和 $0.6rI$ 受控电压源的串联组合,如图 2-25(c)所示。由此求得单口网络的 VCR 方程为

$$U = (5 + 1.2 + 0.6r)I = 8I$$

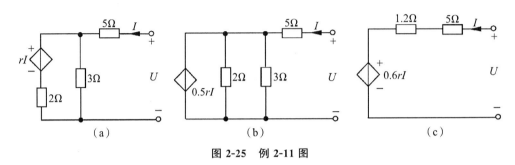

图 2-25 例 2-11 图

单口网络的等效电阻为

$$R_0 = \frac{U}{I} = 8\Omega$$

小　结

(1)等效变换是分析电路的一种方法。电路等效变换的特点是外特性不变而内部性能发生改变。

(2)对电阻性网络,一般采用电阻的串并联和 Y-△ 变换对电路进行化简。

(3)实际电压源和实际电流源模型之间可以等效变换。受控源电源模型的等效变换与实际电源电路的等效变换方法完全相同,只是在变换过程中,必须保证受控源的控制量能够用正确的表达式写出。

(4)含受控源的无源单口网络对外部电路来讲相当于一个电阻。在单口网络端口处外加一个电压源(或电流源),产生一个流过端子的电流(或在端口处产生电压),则外加电压(或外加电流)与产生的电流(或电压)之比为无源单口网络的输入电阻(或电导)。

习　题　二

2.1　求如图 2-26 所示的电路中的 U_1 和 U_2。

2.2　求如图 2-27 所示的电路中的 I_1 和 I_2。

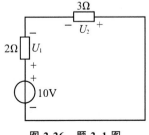

图 2-26 题 2.1 图

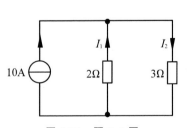

图 2-27 题 2.2 图

2.3　四个电阻均为 6.0Ω 的灯泡,工作电压为 12V,把它们并联起来接到一个电动势为 12V,内阻为 0.20Ω 的电源上,问:

(1)开一盏灯时,此灯两端的电压为多大?

(2)四盏灯全开时,此灯两端的电压为多大?

2.4　求如图 2-28 所示电路中 AB 两端的总电阻 R_{AB}。

2.5　电路如图 2-29 所示。已知 $R_1 = 6\Omega, R_2 = 15\Omega, R_3 = R_4 = 5\Omega$。试求 ab 两端和 cd 两端的等效电阻。

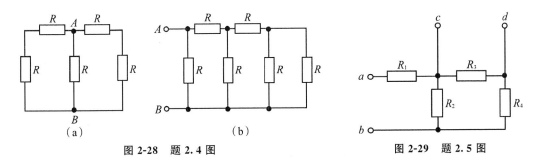

图 2-28　题 2.4 图　　　　　　　　　　　　　　图 2-29　题 2.5 图

2.6　如图 2-30 所示的电路中,已知 a,b 两端的电压为 9V,试求:

(1)通过每个电阻的电流强度;

(2)每个电阻两端的电压。

2.7　求如图 2-31 所示电路中的电流 I。

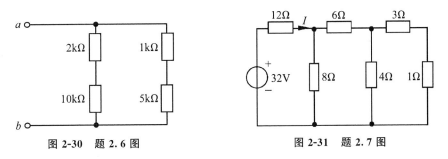

图 2-30　题 2.6 图　　　　　　　　　　　　图 2-31　题 2.7 图

2.8　有两个电阻,并联时总电阻是 2.4kΩ,串联时总电阻是 10kΩ。问这两个电阻的阻值各是多少?

2.9　电阻的分布如图 2-32 所示。

(1)求 R_{ab};

(2)若 4Ω 电阻中的电流为 1A,求 U_{ab}。

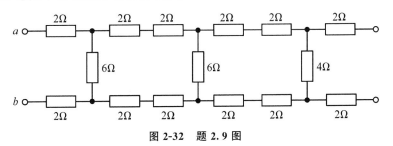

图 2-32　题 2.9 图

2.10　求如图 2-33 中的电流 I。

2.11　如图 2-34 所示的电桥电路,应用 Y-△等效变换求:

(1)对角线电压 U;

(2)电压 U_{ab}。

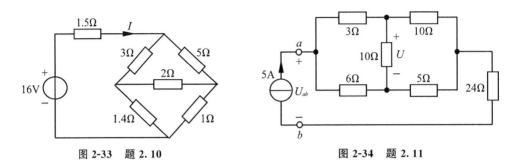

图 2-33　题 2.10　　　　　　　　图 2-34　题 2.11

2.12　求图 2-35(a),(b),(c),(d)所示电路的等效电源模型。

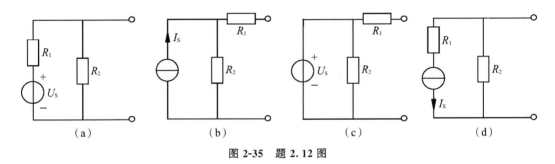

图 2-35　题 2.12 图

2.13　将图 2-36 所示电路中(a),(b)两图的电压源与电阻串联组合等效变换为电流源与电阻并联组合;将(c),(d)两图的电流源与电阻并联组合等效变换为电压源与电阻的串联组合。

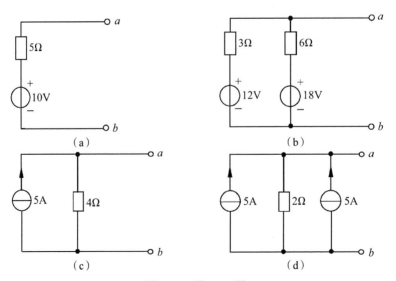

图 2-36　题 2.13 图

2.14　化简如图 2-37 所示的单口网络。

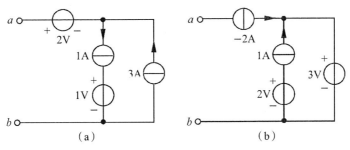

图 2-37　题 2.14 图

2.15　化简如图 2-38 所示电路为电压源和电阻串联的组合以及电流源与电阻并联的组合。

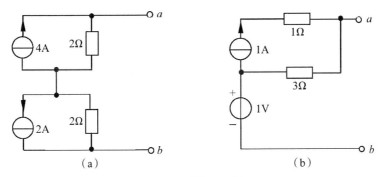

图 2-38　题 2.15 图

2.16　利用电源的等效变换，求如图 2-39 所示电路的电流 I。

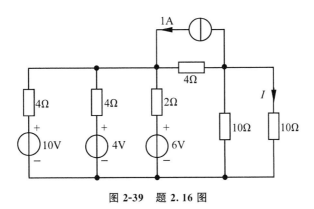

图 2-39　题 2.16 图

2.17　如图 2-40(a)所示的电路中，$U_{S1}=45V$，$U_{S2}=20V$，$U_{S4}=20V$，$U_{S5}=50V$；$R_1=R_3=15\Omega$，$R_2=20\Omega$，$R_4=50\Omega$，$R_5=8\Omega$；如图 2-40(b)所示的电路中，$U_{S1}=20V$，$U_{S5}=30V$，$I_{S2}=8A$，$I_{S4}=17A$，$R_1=5\Omega$，$R_3=10\Omega$，$R_5=10\Omega$。试利用电源的等效变换求电压 U_{AB}。

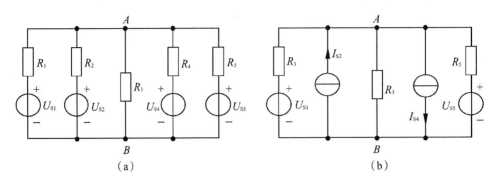

图 2-40　题 2.17 图

2.18　求如图 2-41(a)和(b)所示电路的输入电阻 R_{ab} 。

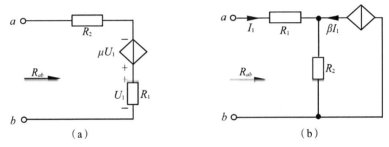

图 2-41　题 2.18 图

3 线性电路的基本定理与基本分析方法

3.1 线性电路的叠加定理与替代定理

3.1.1 叠加定理

叠加定理是线性电路的一个基本定理。

1. 叠加定理

在线性电路中,当有两个或两个以上的独立电源作用时,则任一支路的电压或电流都可以看成是电路中各个独立电源(电压源或电流源)单独作用时,在该支路所产生的电压或电流的代数和。

2. 运用叠加定理解题的方法和步骤

(1)给出电路中各待求电压、电流和中间变量的参考方向。

(2)每次选取一个独立电源作用于电路,将其余独立电源置零,若置电压源为零,则用短路代替原有电压源;若置电流源为零,则用开路代替原有电流源。分别画出各独立源单独作用于电路时的等效电路。

(3)在各独立源单独作用下的等效电路中,求出相应的待求支路的电压、电流或中间变量。

(4)将各电源单独作用时求出的分电压或分电流求代数和(叠加)。

各电源单独作用下各分电压和分电流的参考方向与原支路中各电压和电流参考方向一致时取正号,相反时取负号。

由此,运用叠加定理的解题步骤可归纳为:先分解,后归纳;先分量,后总量。

注意:叠加定理仅可用于线性电路中计算电压和电流,不可用来计算功率,因为功率是非线性量。功率可用叠加定理求出元件的电压或电流后再进行计算。

3. 叠加定理的运用

【**例 3-1**】 如图 3-1(a)所示电路,求 R_L 上的电流 I_L 和功率 P_L

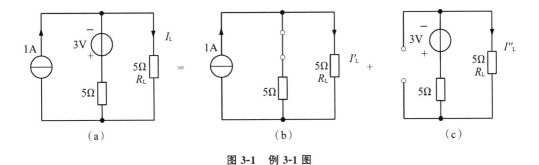

图 3-1 例 3-1 图

【**解**】 图 3-1(a)所示的电路中共有两个电源。根据叠加定理,只要分别求出电流源与电压源单独作用的电流 I'_L,I''_L 后,叠加即可求出 I_L。

(1)首先选取电流源单独作用于电路,将电压源置零,此时电压源视为短路,如图 3-1(b)所示,计算 I'_L。

$$I'_L = \frac{5}{5+5} \times 1 = 0.5(A)$$

(2)当电压源单独作用时,将电流源置零。此时电流源视为开路,如图 3-1(c)所示,求 I''_L

$$I''_L = -\frac{3}{5+5} = -0.3(A)$$

(3)两个电源同时作用时,根据叠加定理,得

$$I = I'_L + I''_L = 0.5 - 0.3 = 0.2(A)$$

计算功率 P_L

$$P_L = I_L^2 R_L = (0.2)^2 \times 5 = 0.2(W)$$

【例 3-2】 用叠加定理求图 3-2(a)所示电路中的 I_1 和 U。

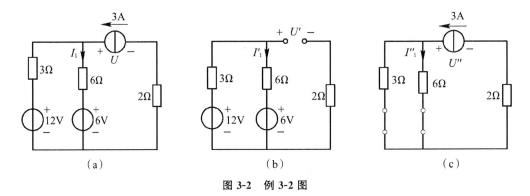

图 3-2 例 3-2 图

【解】 因图 3-2(a)中独立源数目较多,每一独立源单独作用一次,需要做 3 次计算,比较麻烦。故可采用独立源"分组"作用的办法求解。

(1)先取两个电压源同时作用于电路,可将电流源置零,即将电流源视为开路,如图 3-2(b)所示。有

$$I'_1 = \frac{12-6}{3+6} = \frac{2}{3}(A)$$

$$U' = 6I' + 6 = 10(V)$$

(2)再将电流源单独作用于电路,将两电压源置零,即将电压源视为短路。如图 3-2(c)所示。有

$$I'' = \frac{3}{3+6} \times 3 = 1(A)$$

$$U'' = 6I'' + 2 \times 3 = 12(V)$$

(3)当所有电源同时作用时,根据叠加定理

$$I = I' + I'' = \frac{2}{3} + 1 \approx 1.67(A)$$

$$U = U' + U'' = 10 + 12 = 22(V)$$

应用叠加定理时,叠加的方式是任意的,一次可以是一个独立源作用,也可以是两个或几个独立源同时作用,这要根据电路结构的复杂程度而定。

在应用叠加定理解题时,受控源不能被看作独立源,即不存在"受控源单独作用"的问题。

3.1.2　替代定理(置换定理)

1. 替代定理

替代定理可表述为:具有唯一解的线性或非线性电路中,若已知某支路 k 的电压为 U_k,电流为 I_k,且该支路与其他支路无耦合关系,则无论该支路是由什么元件组成的,均可以用下列任一元件替代:电压为 U_k 的理想电压源,电流为 I_k 的理想电流源,阻值等于 $\dfrac{U_k}{I_k}$ 的电阻。替换后其他支路的电压、电流、功率等均保持不变。替代定理可以用图 3-3 作形象的描述。

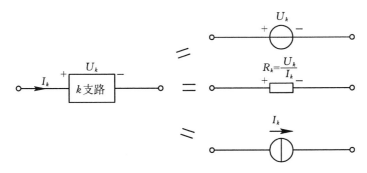

图 3-3　替代定理的形象描述

2. 替代定理的应用

【例 3-3】 已知图 3-4(a)所示电路中, $I_S=1\text{A}$, $U_S=2\text{V}$, $R_1=5\Omega$, $R_2=3\Omega$, $R_3=4\Omega$, $R_4=12\Omega$,求 R_4 上流过的电流 I。

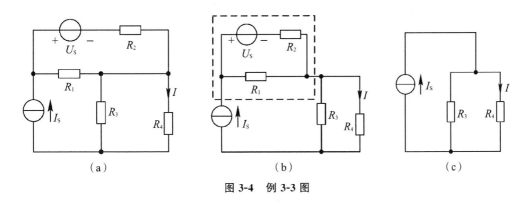

图 3-4　例 3-3 图

【解】 该电路是一个复杂电路,用叠加定理计算较烦琐,若将其改画成图 3-4(b)所示形式,则其连接关系没有发生变化, R_4 支路的电流也保持不变。由于虚线框内的电路与电流源串联,因此,流入的电流为 I_S,流出的电流也为 I_S,应用替代定理将其等效成图 3-4(c)形式,在图 3-4(c)中,一目了然地可以看出 R_3 与 R_4 并联分流,故

$$I = \frac{R_3}{R_3+R_4}I_S = \frac{4}{4+12}\times 1 = 0.25(\text{A})$$

3.2　戴维南定理和诺顿定理

在线性电路分析中,往往只需计算某一支路的电压、电流、功率等物理量。为了简化计算过程,可以把待求支路以外的部分电路等效成一个实际电压源或实际电流源模型,这种等

效分别称做戴维南定理和诺顿定理。

在线性电路中,待求支路以外的部分电路若含有独立电源就称其为有源二端线性网络,又叫做一端口网络,用字母 N 表示。戴维南定理和诺顿定理的含义可以用图 3-5 表示。下面介绍这两个定理的具体概念和应用。

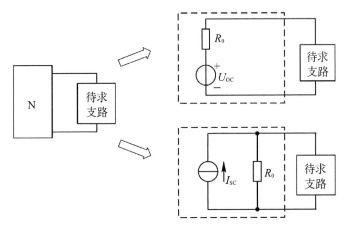

图 3-5　戴维南定理和诺顿定理的含义

3.2.1　戴维南定理

1. 定理内容

任何线性有源电阻性二端网络 N,可以用电压为 U_{OC} 的理想电压源与阻值为 R_0 的电阻串联的电路模型来替代。其电压 U_{OC} 等于该网络 N 端口开路时的端电压,R_0 等于该网络 N 中所有独立电源置零时从端口看进去的等效电阻。这就是戴维南定理。

关于戴维南定理,可用图 3-6 作进一步说明:设 N 为线性有源电阻性二端网络,N_0 为 N 中所有独立电源置零后的线性电阻网络。对 N,求出 a,b 间开路时的电压 U_{OC},如图 3-6(a)所示。对 N_0,求出 a,b 间等效电阻 R_0,如图 3-6(b)所示。则网络 N 被等效为图 3-6(c)所示的电压源模型。

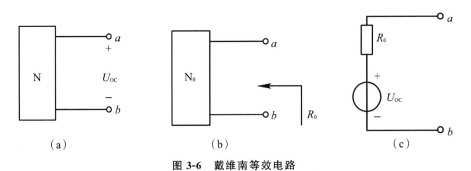

图 3-6　戴维南等效电路

2. 应用戴维南定理分析电路的一般步骤

(1)将待求支路从原电路中移开,在其两端标以字母 a 和 b。

(2)求有源二端网络 a,b 端的开路电压 U_{OC}。

(3)求等效电阻 R_0。

（4）画戴维南等效电路，并将待求支路接入等效电路。

（5）求待求量。

在一般情况下，应用戴维南定理分析电路，要画出三个电路，即求开路电压 U_{OC} 电路，求等效电阻 R_0 电路和戴维南等效电路，并注意电路变量的标注。

3. 戴维南定理的应用

【例 3-4】　如图 3-7（a）中所示，$U_{S1}=50V$，$U_{S2}=20V$，$R_1=R_2=10\Omega$，$R=30\Omega$，试用戴维南定理求解通过电阻 R 的电流 I。

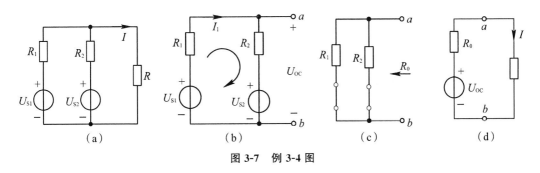

图 3-7　例 3-4 图

【解】　（1）该电路中 R 为待求支路，则断开待求支路电阻 R，在其两端标以字母 a 和 b，如图 3-7（b）所示。

（2）求 U_{OC}。

U_{OC} 为 a，b 两端的开路电压，如图 3-7（b）所示。

$$I_1 = \frac{U_{S1}-U_{S2}}{R_1+R_2} = \frac{50-20}{10+10} = 1.5(A)$$

故　　　　　　　　$$U_{OC} = R_2 I_1 + U_{S2} = 10 \times 1.5 + 20 = 35(V)$$

（3）求 R_0。

将图 3-7（b）中的电压源置零，即将 U_{S1}，U_{S2} 用短路替代，如图 3-7（c）所示。求得

$$R_0 = R_1 \mathbin{/\mkern-5mu/} R_2 = \frac{R_1 R_2}{R_1+R_2} = \frac{10 \times 10}{10+10} = 5(\Omega)$$

（4）画戴维南等效电路，连接 R 到等效电路的 a，b 两端，如图 3-7（d）所示。求得 I 为

$$I = \frac{U_{OC}}{R_0+R} = \frac{35}{5+30} = 1(A)$$

【例 3-5】　求图 3-8（a）所示电路中 R_2 上通过的电流 I_2。

【解】　（1）该电路 R_2 为待求支路。从 a，b 间断开 R_2 后的电路如图 3-8（b）所示。

（2）求 U_{OC}。

在图 3-8（b）中，R_1 通过的电流为 I_{S1}，R_3 通过的电流为 I_{S4}，故 $U_{OC} = R_1 I_{S1} - U_{S3} - R_3 I_{S4}$。

（3）将图 3-8（b）中所有独立电流置零后的电路如图 3-8（c）所示，求等效电阻 R_0。

$$R_0 = R_1 + R_3$$

（4）画由 U_{OC} 和 R_0 构成的电压源模型如图 3-8（d）所示，并接入 R_2。求得 I_2 为

$$I_2 = \frac{U_{OC}}{R_0+R_2} = \frac{R_1 I_{S1} - U_{S3} - R_3 I_{S4}}{R_1+R_3+R_2}$$

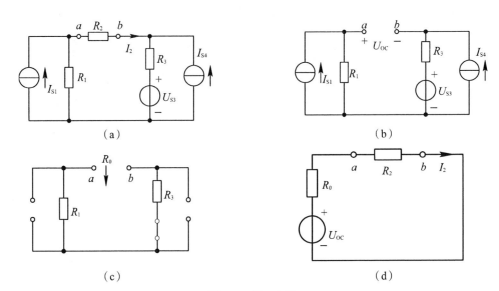

图 3-8 例 3-5 图

注意：

(1)如果等效电路中含有受控源,则应使控制量也在等效电路中;如果外电路中含有受控源,则应使控制量也在外电路中,即应使等效电路与外电路没有耦合。

(2)等效电阻 R_0 的计算,通常有下面 3 种方法。

①电源置零法:对于不含受控源的二端网络,将独立电源置零后,可以用电阻的串并联等效方法计算。

②开路短路法:即求出网络开路电压 U_{OC} 后,将网络端口短路,再计算短路电流 I_{SC},则等效电阻 $R_0 = \dfrac{U_{OC}}{I_{SC}}$。

③ 外加电源法:即将网络中所有独立电源置零后,在网络端口加电压源 U'_s(或电流源 I'_s),求出电压源输出给网络的电流 I(或电流源的端电压 U),则 $R_0 = \dfrac{U'_s}{I}$(或 $R_0 = \dfrac{U}{I'_s}$)。

一般情况下,无论网络是否有受控源均可用后两种方法。

【**例 3-6**】 已知图 3-9(a)所示电路中, $U_s = 18V$, $I_s = 3A$, $R_1 = 3\Omega$, $R_2 = 2\Omega$, $R_3 = 2\Omega$,求电流 I。

【**解**】 (1)从 a,b 间断开 R_2 与 U_s 串联的待求支路后的电路如图 3-9(b)所示。

(2)求 U_{OC}。

在图 3-9(b)中,此时, I_s 只能通过 R_1, $0.5I'_x$ 只能通过 R_3,且 $I'_x = I_s$,故 U_{OC} 为

$$U_{OC} = R_3 \times (-0.5I'_x) + R_1 I_s = 2 \times (-0.5 \times 3) + 3 \times 3 = 6(V)$$

(3)求等效电阻 R_0。

该电路含有受控电流源,计算等效电阻只能使用第 2 种或第 3 种方法。

将图 3-9(b)中的 I_s 置零后,在 a,b 间加电流源 I'_s,如图 3-9(c)所示则

$$I''_x = I'_s$$

$$U = R_3 \times (I'_s - 0.5I''_x) + R_1 I''_x = 2 \times (I'_s - 0.5I'_s) + 3 \times I'_s = 4I'_s$$

$$R_0 = \frac{U}{I'_s} = 4(\Omega)$$

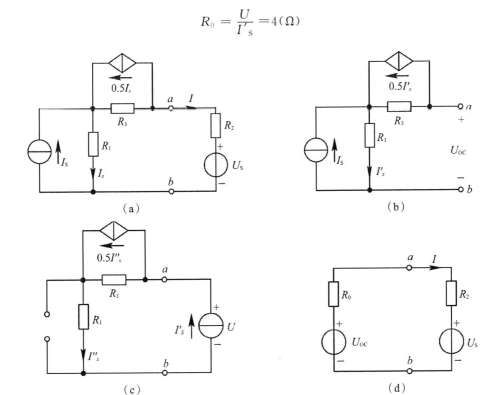

图 3-9　例 3-6 图

（4）画戴维南等效电路，并接入待求支路，如图 3-9(d)所示。求得 I 为

$$I = \frac{U_{OC} - U_S}{R_0 + R_2} = \frac{6-18}{4+2} = -2(A)$$

3.2.2　诺顿定理及其应用

诺顿定理可表述为：任何线性有源电阻性二端网络 N，可以用一个电流为 I_{SC} 的理想电流源和阻值为 R_0 的电阻并联的电路模型来替代。其电流 I_{SC} 等于该网络 N 端口短路时的短路电流，R_0 等于该网络 N 中所有独立电源置零时，从端口看进去的等效电阻。

诺顿定理可以用图 3-10 作进一步说明。

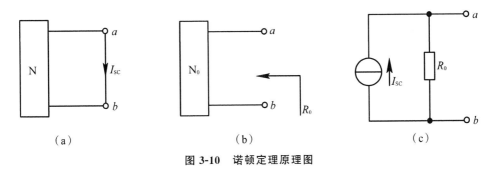

图 3-10　诺顿定理原理图

设图 3-10 中的 N 为线性有源电阻性二端网络，N_0 为 N 中所有独立电源置零后的电阻网络。对 N，求出 a,b 间短路时的电流 I_{SC}，如图 3-10(a)所示；对 N_0，求出 a,b 间的等效电

阻 R_0,如图 3-10(b)所示;则网络 N 被等效为图 3-10(c)所示的电流源模型。

应用诺顿定理分析电路时,短路电流 I_{SC} 的计算可采用已学过的任何一种方法,等效电阻 R_0 的计算与戴维南定理完全相同,这里不再赘述。

【例 3-7】 求图 3-11(a)所示电路的等效电流源模型。

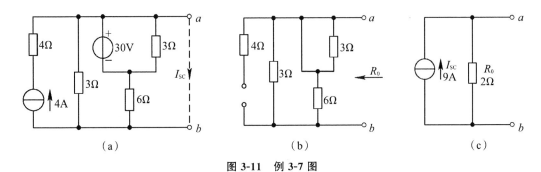

（a）　　　　　　　　　　　（b）　　　　　　　　　　　（c）

图 3-11 例 3-7 图

【解】 在图 3-11(a)中,将 a,b 短路(图中用虚线表示),则 I_{SC} 为

$$I_{SC}=4+\frac{30}{6}=9(A)$$

将图 3-11(a)中的电流源与电压源置零后的电路如图 3-11(b)所示,其等效电阻 R_0 为

$$R_0=\frac{3\times 6}{3+6}=2(\Omega)$$

等效电流源模型如图 3-11(c)所示。

3.3 负载获得最大功率条件

在电子技术中,常常要求负载从给定电源(或信号源)获得最大功率,即最大功率传输问题。

3.3.1 最大功率传输条件

图 3-12(a)是电源与负载的一般连接框图。假设电源为线性有源电阻性二端网络 N,负载为纯线性电阻电路 N_R,根据戴维南定理和置换定理,图 3-12(a)可以等效成图 3-12(b)。

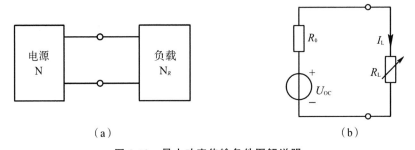

（a）　　　　　　　　　　　　　　　　（b）

图 3-12 最大功率传输条件图解说明

由于电源或信号源给定,所以戴维南等效电路中的独立电压源 U_{OC} 和电阻 R_0 为定值,负载电阻 R_L 所吸收的功率 P_L 只随电阻 R_L 的变化而变化。

如图 3-12(b)的电路所示,负载 R_L 吸收的功率为

$$P_L = R_L I^2 = R_L \left(\frac{U_{OC}}{R_0 + R_L} \right)^2 \tag{3-1}$$

为求得负载 R_L 上吸收的功率为最大的条件,对上式求导,并令其等于零,即

$$\frac{\mathrm{d} p_L}{\mathrm{d} R_L} = U_{OC}^2 \times \frac{(R_0 + R_L)^2 - R_L \times 2(R_0 + R_L)}{(R_0 + R_L)^4} = 0$$

求得

$$R_L = R_0 \tag{3-2}$$

即当负载满足 $R_L = R_0$ 时,负载就能获得最大功率。将式(3-2)代入式(3-1),求得最大功率为

$$P_{Lmax} = \frac{U_{OC}^2}{4R_0} \tag{3-3}$$

若将有源二端网络等效为诺顿电路,如图 3-13 所示。不难得出,在 $R_L = R_0$ 时,网络给负载传输最大功率,其值为:

$$P_{Lmax} = \frac{R_0}{4} I_{SC}^2 \tag{3-4}$$

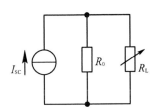

图 3-13 诺顿等效电路接负载电路

由上可见,当负载电阻 R_L 等于电源内阻 R_0 时,负载获得最大功率,这种工作状态称为负载与电源匹配。此时电源内阻上消耗的功率和负载上获得的功率相等,故电源效率只有 50%。

在电力系统中,传输的功率大,要求的效率高,能量损失小,所以不能工作在匹配状态。而在电讯系统中,传输的功率小,效率居于次要地位,常设法达到匹配状态,使负载获得最大功率。

3.3.2　最大功率传输定理应用举例

【例 3-8】 如图 3-14(a)所示电路,已知 $R_1 = 6\Omega$, $R_2 = 4\Omega$, $R_3 = 12\Omega$, $U_s = 12V$。若负载 R_L 可以任意改变,问 R_L 为何值时其上获得最大功率? 并求出该最大功率值。

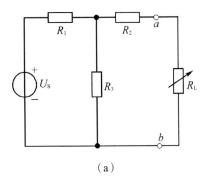

(a)

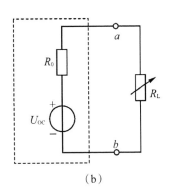

(b)

图 3-14　例 3-8 图

【解】 把负载支路在 a, b 处断开,其余二端网络用戴维南等效电路代替,如图 3-14(b)所示。图中等效电压源电压

$$U_{OC} = \frac{R_3}{R_1 + R_3} \times U_S = \frac{12}{6+12} \times 12 = 8(V)$$

等效电阻

$$R_0 = R_2 + (R_1 /\!/ R_3) = R_2 + \frac{R_1 R_3}{R_1 + R_3} = 4 + \frac{6 \times 12}{6+12} = 8(\Omega)$$

根据最大功率传输条件,当 $R_L = R_0 = 8\Omega$ 时,负载 R_L 将获得最大功率,其值由式(3-3)确定,即

$$P_{Lmax} = \frac{U_{OC}^2}{4R_0} = \frac{8^2}{4 \times 8} = 2(W)$$

3.4 线性电路的一般分析方法

3.4.1 支路电流法

1. 支路电流法

若以支路电流为电路变量,通过 KCL,KVL 和 VCR 列方程,解方程求出各支路电流的方法,称为支路电流法。

在图 3-15 中,设定每条支路电流 I_1, I_2, I_3 的参考方向和网孔的绕行方向。

图中有两个节点,独立节点只有一个,故只对其中一个节点列节点电流方程;独立回路有两个,故只要对网孔列电压方程即可。

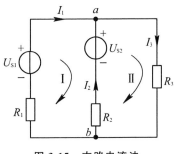

图 3-15 支路电流法

对 a 节点有 $\quad I_1 + I_2 - I_3 = 0 \quad$ (3-5)

对网孔 I 可得 $\quad R_1 I_1 - U_{S1} + U_{S2} - R_2 I_2 = 0 \quad$ (3-6)

对网孔 II 可得 $\quad R_2 I_2 - U_{S2} + R_3 I_3 = 0 \quad$ (3-7)

联立方程组,解得 I_1, I_2, I_3。

若电路中有 n 个节点,b 条支路,可以证明,由 KCL 可列出 $n-1$ 个独立的电流方程;由 KVL 可列出 $b-(n-1)$ 个独立的电压方程。联立可得 b 个独立方程。若把 $b-(n-1)$ 个独立的电压方程中的电压用支路电流来表示,则可得 b 个独立的电流方程,然后解方程组就可求出各支路的电流。

2. 支路电流法的解题步骤

(1)设出各支路电流,标明参考方向。

(2)任取 $n-1$ 个节点,依 KCL 列独立节点电流方程。

(3)选取 $b-(n-1)$ 个独立回路(平面电路一般选网孔),并选定绕行方向,依 KVL 列写出所选独立回路电压方程。

(4)将独立结点的 KCL 方程和独立回路的 KVL 方程联立后求解,求得各支路电流。

(5)由支路电流,根据元件特性及功率公式算出支路电压及功率等量。

3. 应用举例

【例 3-9】 电路如图 3-16 所示。已知 $U_{S1} = 4V, R_1 = 10\Omega, U_{S2} = 2V, R_2 = 10\Omega, I_S = 1A$。求电路中各支路电流及电流源的电压。

【解】 假定各支路电流及电流源端电压的参考方向如图 3-16 所示。

对 a 节点有
$$I_1 + I_S - I_2 = 0$$
选定回路 Ⅰ 和回路 Ⅱ 的绕行方向如图 3-16 所示。

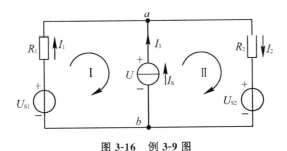

图 3-16 例 3-9 图

当电路存在纯电流源支路,在列写 KVL 方程时,理想电流源的端电压无法用支路电流表示,可以设电流源的端电压为变量,同时补充一个相应的辅助方程。

根据基尔霍夫电压定律得

回路 Ⅰ
$$R_1 I_1 + U - U_{S1} = 0$$
回路 Ⅱ
$$R_2 I_2 + U_{S2} - U = 0$$
辅助方程为
$$I_3 = I_S$$
代入数据后得

$$I_1 - I_2 = -1$$
$$10I_1 + U = 4$$
$$10I_2 - U = -2$$

解得
$$I_1 = -0.4\text{A}, I_2 = 0.6\text{A}, I_3 = 1\text{A}, U = 8\text{V}$$

3.4.2 网孔电流法

当电路的支路数较多时,用支路电流法计算电路时,所列方程数也就越多,计算不方便。网孔电流法与支路法相比,省去了 $n-1$ 个节点电流方程。

1. 网孔电流

所谓网孔电流,实际上是一个假想电流,即假想在电路的每一个网孔中,都有一个电流 I_m 沿网孔边界环流,该电流的大小与相应网孔边缘支路流过的电流相等(边缘支路指某网孔独自拥有的支路,即与相邻网孔不共用支路)。

在图 3-17 中,假若两个网孔电流分别为 I_{m1},I_{m2},设其参考方向如图 3-17 所示,各网孔电流与各支路电流之间的关系为

$$I_1 = I_{m1}$$
$$I_2 = -I_{m1} + I_{m2}$$
$$I_3 = -I_{m2}$$

在假设网孔电流参考方向时,原则上可以任意假设,即顺时针或逆时针方向。

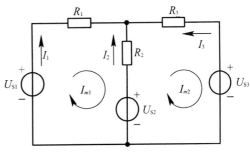

图 3-17 网孔分析法说明图

2. 网孔电流法

1）网孔电流法的概念

对平面电路，以假想的网孔电流作未知量，依 KVL 列出网孔电压方程式，求解出网孔电流，进而求得各支路电流、电压、功率等，这种求解电路的方法称网孔电流法（简称网孔法）。

2）网孔电流方程的一般形式

如图 3-17 所示，列出两个回路的电压方程，把各支路电流用网孔电流表示，有

$$\left. \begin{array}{l} (R_1 + R_2)I_{m1} - R_2 I_{m2} = U_{S1} - U_{S2} \\ - R_2 I_{m1} + (R_2 + R_3)I_{m2} = U_{S2} - U_{S3} \end{array} \right\} \tag{3-8}$$

整理得

$$\left. \begin{array}{l} R_{11} I_{m1} + R_{12} I_{m2} = U_{S11} \\ R_{21} I_{m1} + R_{22} I_{m2} = U_{S22} \end{array} \right\} \tag{3-9}$$

式（3-9）就是当电路具有两个网孔时网孔电流方程的一般形式，有如下规律。

R_{11}，R_{22} 分别称为网孔 1、2 的自电阻，$R_{11} = R_1 + R_2$，$R_{22} = R_2 + R_3$，其值等于各网孔中所有支路的电阻之和，它们总取正值。

R_{12}，R_{21} 称为网孔 1，2 之间的互电阻，$R_{12} = R_{21} = -R_2$，其绝对值等于这两个网孔的公共支路的电阻。当流过互电阻的两个相邻网孔电流的参考方向一致时，互电阻取正号，相反时取负。若两个网孔之间没有公共电阻，则互电阻为零。如果令所有的网孔电流方向均为顺（逆）时针方向，互电阻将总是负的。

U_{S11}，U_{S22} 分别称为网孔 1，2 中所有电源电压的代数和，$U_{S11} = U_{S1} - U_{S2}$、$U_{S22} = U_{S2} - U_{S3}$。即沿网孔电流方向绕行，从电源负极"走"向正极（即电源的电压升）时取正号，从电源正极"走"向负极（即电源电压降）时取负号。

注意："电源的电压升（降）"包括电压源的电压升（降）、电流源的电压升（降）以及受控源的电压升（降）。

式（3-9）可推广到具有 m 个网孔电路的网孔电流方程的一般形式

$$\left. \begin{array}{l} R_{11} I_{m1} + R_{12} I_{m2} + \cdots + R_{1m} I_{mn} = U_{S11} \\ R_{21} I_{m1} + R_{22} I_{m2} + \cdots + R_{2m} I_{mn} = U_{S22} \\ \cdots \\ R_{m1} I_{m1} + R_{m2} I_{m2} + \cdots + R_{mn} I_{mn} = U_{Smn} \end{array} \right\} \tag{3-10}$$

3. 网孔电流法的解题步骤

网孔电流法的解题步骤可归纳如下。

（1）选定网孔电流的参考方向，标明在电路图上，并以此方向作为网孔的绕行方向，m 个网孔就有 m 个网孔电流。

（2）按网孔电流方程的一般形式列出网孔电流方程。

（3）解方程求得各网孔电流。

（4）根据网孔电流与支路电流的关系式，求得各支路电流或其他需求的电量。

（5）选外网孔，如满足 $\sum U = 0$，则分析正确。

4. 应用举例

【例 3-10】 用网孔法求图 3-18 所示电路的各支路电流。

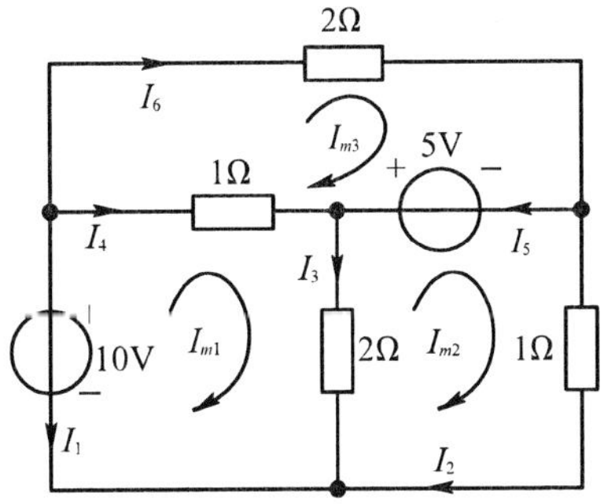

【解】 (1)选择各网孔电流的参考方向,如图3-18所示。计算各网孔的自电阻和相邻网孔的互电阻及每一网孔的电源电压。

$$R_{11} = 1 + 2 = 3\Omega, R_{12} = R_{21} = -2\Omega$$
$$R_{22} = 1 + 2 = 3\Omega, R_{23} = R_{32} = 0$$
$$R_{33} = 1 + 2 = 3\Omega, R_{13} = R_{31} = -1\Omega$$
$$U_{S11} = 10V, U_{S22} = -5V$$
$$U_{S33} = 5V$$

(2)按式(3-10)列网孔方程组。

$$\left.\begin{array}{l} 3I_{m1} - 2I_{m2} - I_{m3} = 10 \\ -2I_{m1} + 3I_{m2} = -5 \\ -I_{m1} + 3I_{m3} = 5 \end{array}\right\}$$

(3)求解网孔方程组。

解之可得

$$I_{m1} = 6.25A, I_{m2} = 2.5A, I_{m3} = 3.75A$$

(4)任选各支路电流的参考方向,如图3-18所示。由网孔电流求出各支路电流。

$$I_1 = -I_{m1} = -6.25A$$
$$I_2 = I_{m2} = 2.5A$$
$$I_3 = I_{m1} - I_{m2} = 3.75A$$
$$I_4 = I_{m1} - I_{m3} = 2.5A$$
$$I_5 = I_{m3} - I_{m2} = 1.25A$$
$$I_6 = I_{m3} = 3.75A$$

图3-18 例3-10图

【例 3-11】 如图 3-19 所示电路,$R_1 = 50\Omega$,$R_2 = 30\Omega$,$R_3 = 20\Omega$,$I_S = 2A$,$U_S = 40V$。求电流 I。

【解】 本例中含有理想电流源支路,理想电流源仅处于一个网孔,此时,让该网孔电流等于电流源电流为已知,其他网孔电流方程则按常规列写。

(1)设网孔电流 I_{m1},I_{m2} 参考方向如图 3-19 所示,则网孔电流方程为

网孔 1 $\qquad I_{m1} = 2$

网孔 2 $\qquad -30I_{m1} + 50I_{m2} = -40$

解得

$$I_{m2} = \frac{-40 + 60}{50} = 0.4(A)$$

故 $\qquad I = I_{m1} - I_{m2} = 2 - 0.4 = 1.6(A)$

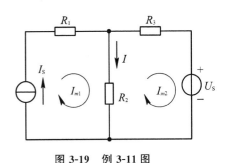

图3-19 例3-11图

【例 3-12】 求图 3-20 所示的电路中的电流 I 和电流源的电压 U。

【解】 (1)设网孔电流的绕行方向如图 3-20 所示。本例也中含有理想电流源支路,且该电流源处于 1,3 两个网孔的公共支路上,可以设电流源的端电压为 U,同时补充相应的方程。

（2）据以上分析，列网孔方程如下

$$
\left.\begin{array}{l}
12I_{m1} - 2I_{m2} - 2I_{m3} = U \\
-2I_{m1} + 5I_{m2} - 3I_{m3} = 1 \\
-2I_{m1} - 3I_{m2} + 7I_{m3} = -U
\end{array}\right\}
$$

辅助方程

$$
I_{m1} - I_{m3} = 2
$$

联立求解得：

$$
I_{m1} = 0.5\text{A}, I_{m2} = -0.5\text{A},
$$
$$
I_{m3} = -1.5\text{A}, U = 10\text{V}
$$

由图 3-20 可知：

$$
I = I_{m2} - I_{m3} = 1\text{A}
$$

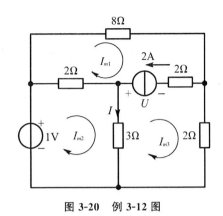

图 3-20 例 3-12 图

当电路中存在受控源时，可以将受控源按独立源一样处理，其后将受控源的控制量用网孔电流表示出来，然后移项。

3.4.3 节点电压法

1. 节点电压

在电路 n 个节点中，任意选择某一节点为参考节点，其他 $n-1$ 个节点与此参考节点间的电压称为"节点电压"。

如图 3-21 所示，电路中有 3 个节点，分别为 1、2、3。设节点 3 为参考节点，节点 1 和节点 2 到参考节点的电压分别为 U_1 和 U_2。

节点电压的参考极性规定参考节点为负，其余独立节点为正。即各节点电压的参考方向是由该节点指向参考节点。

参考节点原则上是可以任意选定，参考节点一经选定，不允许再作变更，且用接地符号"⊥"予以标示。

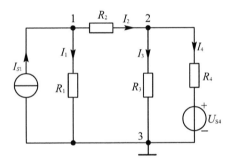

图 3-21 节点电压法说明图

2. 节点电压法

1）节点电压法的基本概念

节点电压法是以节点电压作为独立变量，在独立节点上，对各个独立节点列写电流 KCL 方程，得到含 $n-1$ 个变量的 $n-1$ 个独立电流方程（简称节点方程），联立求解出各节点电压，借此再计算其他各待求量的一种电路分析方法。

2）节点电压方程的一般形式

如图 3-21 所示，节点电压分别为 U_1 和 U_2，根据 KCL，可以列两个独立的电流方程

$$
\left.\begin{array}{l}
I_1 + I_2 = I_{S1} \\
-I_2 + I_3 + I_4 = 0
\end{array}\right\} \tag{3-11}
$$

各支路根据 VCR 可得

$$
I_1 = \frac{U_1}{R_1}, I_2 = \frac{U_1 - U_2}{R_2}, I_3 = \frac{U_2}{R_3}, I_4 = \frac{U_2 - U_{S4}}{R_4} \tag{3-12}
$$

将式（3-12）代入式（3-11）整理得

$$\left.\begin{array}{l}\left(\dfrac{1}{R_1}+\dfrac{1}{R_2}\right)U_1-\dfrac{1}{R_2}U_2=I_{S1}\\[2mm]-\dfrac{1}{R_2}U_1+\left(\dfrac{1}{R_2}+\dfrac{1}{R_3}+\dfrac{1}{R_4}\right)U_2=\dfrac{U_{S4}}{R_4}\end{array}\right\} \tag{3-13}$$

式(3-13)也可写成

$$\left.\begin{array}{l}(G_1+G_2)U_1-G_2U_2-I_{S1}\\(-G_2U_1+(G_2+G_3+G_4)U_2=G_4U_{S4}\end{array}\right\} \tag{3-14}$$

式(3-14)可以概括为如下形式

$$\left.\begin{array}{l}G_{11}U_1+G_{12}U_2=I_{S11}\\G_{21}U_1+G_{22}U_2=I_{S22}\end{array}\right\} \tag{3-15}$$

式(3-15)具有两个独立节点的节点电压方程的一般形式,有如下规律。

G_{11},G_{22}分别称为节点1,2的自电导,其数值等于与该节点相连的各支路的电导之和,它们总取正值,$G_{11}=G_1+G_2$,$G_{22}=G_2+G_3+G_4$。

G_{12},G_{21}称为节点1,2间的互电导,其数值等于两个节点之间的各支路电导之和,它们总取负值。$G_{12}=G_{21}=-G_2$。

I_{S11},I_{S22}分别称为流入节点1,2的电源电流的代数和,若是电压源与电阻串联的支路,则看成是已变换了的电流源与电导相并联的支路。当电源电流的参考方向指向相应节点时取正号,反之,则取负号。$I_{S11}=I_{S1}$,$I_{S22}=G_1U_{S4}$。

式(3-15)可推广到具有n个节点的电路,应该有$n-1$个独立节点,可写出节点电压方程的一般形式为

$$\left.\begin{array}{l}G_{11}U_1+G_{12}U_2+\cdots+G_{1(n-1)}U_{(n-1)}=I_{S11}\\G_{21}U_1+G_{22}U_2+\cdots+G_{2(n-1)}U_{(n-1)}=I_{S22}\\\quad\cdots\\G_{(n-1)1}U_1+G_{(n-1)2}U_{(n-1)2}+\cdots+G_{(n-1)(n-1)}U_{(n-1)}=I_{S(n-1)(n-1)}\end{array}\right\} \tag{3-16}$$

3. 弥尔曼定理

若电路中仅有两个节点,如图3-22所示电路,应用节点电压法最为简单,该电路的电压方程为

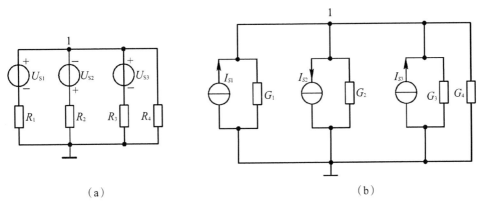

（a）　　　　　　　　　　　　（b）

图 3-22　弥尔曼定理举例

$$U_1\left(\frac{1}{R_1}+\frac{1}{R_2}+\frac{1}{R_3}+\frac{1}{R_4}\right)=\frac{U_{S1}}{R_1}-\frac{U_{S2}}{R_2}+\frac{U_{S3}}{R_3}$$

$$U_1=\frac{\dfrac{U_{S1}}{R_1}-\dfrac{U_{S2}}{R_2}+\dfrac{U_{S3}}{R_3}}{\dfrac{1}{R_1}+\dfrac{1}{R_2}+\dfrac{1}{R_3}+\dfrac{1}{R_4}}=\frac{G_1U_{S1}-G_2U_{S2}+G_3U_{S3}}{G_1+G_2+G_3+G_4} \tag{3-17}$$

写成一般形式

$$U_1=\frac{\sum(G_kU_{Sk})}{\sum G_k} \tag{3-18}$$

式(3-18)称为弥尔曼定理。

4. 节点电压法的解题步骤

节点电压法的解题步骤可归纳如下:

(1)选定参考节点,用"⊥"符号表示,并以独立节点的节点电压作为电路变量;

(2)按节点电压方程的一般形式列出节点电压方程;

(3)联立并求解方程组,求得各节点电压;

(4)依据 KCL,KVL 或元件伏安关系求其余待求量;

(5)对参考节点,如满足 $\sum I=0$ 则分析正确。

【例 3-13】 电路如图 3-23 所示,若已知 $R_1=3\Omega$,$R_2=6\Omega$,$R_3=9\Omega$,$R_4=18\Omega$,$I_{S1}=4A$,$U_{S4}=81V$。试用节点电压法求各支路电流。

【解】 (1)电路有 3 个节点,选节点 3 为参考节点,设节点电压分别为 U_1,U_2

(2)节点 1,2 的电压方程为

$$\left.\begin{aligned}\left(\frac{1}{R_1}+\frac{1}{R_2}\right)U_1-\frac{1}{R_2}U_2=I_{S1}\\-\frac{1}{R_2}U_1+\left(\frac{1}{R_2}+\frac{1}{R_3}+\frac{1}{R_4}\right)U_2=\frac{U_{S4}}{R_4}\end{aligned}\right\}$$

将已知条件代入得

$$\left.\begin{aligned}\left(\frac{1}{3}+\frac{1}{6}\right)U_1-\frac{1}{6}U_2=4\\-\frac{1}{6}U_1+\left(\frac{1}{6}+\frac{1}{9}+\frac{1}{18}\right)U_2=\frac{81}{18}\end{aligned}\right\}$$

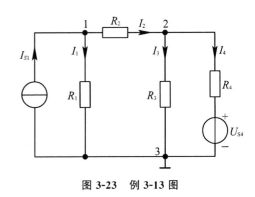

图 3-23 例 3-13 图

化简得

$$\left.\begin{aligned}3U_1-U_2=24\\-3U_1+6U_2=81\end{aligned}\right\}$$

解之得 $U_1=15V$,$U_2=21V$

各支路电流为

$$I_1=\frac{U_1}{R_1}=\frac{15}{3}=5(A)$$

$$I_2=\frac{U_1-U_2}{R_2}=\frac{15-21}{6}=-1(A)$$

$$I_3 = \frac{U_2}{R_3} = \frac{21}{9} = \frac{7}{3}(\text{A})$$

$$I_4 = \frac{U_2 - U_{S4}}{R_4} = \frac{21 - 81}{18} = -\frac{10}{3}(\text{A})$$

【例 3-14】 如图 3-24 所示的电路,试用节点电压法求电流 I。

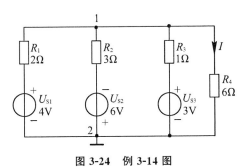

图 3-24 例 3-14 图

【解】 该电路只有两个节点,用节点电压法最为简便,只需列一个独立节点方程,即弥尔曼定理。

如图 3-24 所示,选节点 2 为参考节点。

对节点 1 由弥尔曼定理

$$U_1 = \frac{\dfrac{U_{S1}}{R_1} - \dfrac{U_{S2}}{R_2} + \dfrac{U_{S3}}{R_3}}{\dfrac{1}{R_1} + \dfrac{1}{R_2} + \dfrac{1}{R_3} + \dfrac{1}{R_4}} = \frac{\dfrac{4}{2} - \dfrac{6}{3} + \dfrac{3}{1}}{\dfrac{1}{2} + \dfrac{1}{3} + 1 + \dfrac{1}{6}}$$

$$= \frac{18}{12} = 1.5(\text{V})$$

$$I = \frac{U_1}{R_4} = \frac{1.5}{6} = 0.25(\text{A})$$

【例 3-15】 用节点电压法重解图 3-20 所示电路中的电流 I 和电流源两端的电压 U。

【解】 如图 3-25 所示,本例中与理想电流源串联的电阻属无效电阻,该电阻对各节点电压不产生任何影响,不能计入与该电阻相连接的两个节点的自电导里,也不能计入两个节点之间的互电导里。

(1)设节点 4 为参考节点,节点电压设为 U_1,U_2,U_3。则节点1的电压 U_1 就是1V电压源的电压,省掉了一个电压方程。

(2)按节点电压方程的一般形式所列方程为

$$\left.\begin{array}{l} U_1 = 1 \\[4pt] -\dfrac{1}{2}U_1 + \left(\dfrac{1}{2} + \dfrac{1}{3}\right)U_2 = 2 \\[4pt] -\dfrac{1}{8}U_1 + \left(\dfrac{1}{8} + \dfrac{1}{2}\right)U_3 = -2 \end{array}\right\}$$

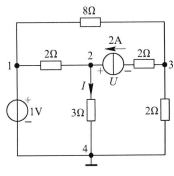

图 3-25 例 3-15 图

整理后解得

$$U_2 = 3\text{V}, \quad U_3 = -3(\text{V})$$

故

$$I = \frac{U_2}{3} = 1\text{A}$$

由图 3-25 所示

$$U_2 - U_3 = U - 2 \times 2$$
$$U = 3 - (-3) + 4 = 10\text{V}$$

小　结

1. 叠加定理

叠加定理是反映线性电路基本性质的一条重要定理,是分析电路的一种重要方法,依据它将多个电源共同作用下产生的电压和电流,分解为各个电源单独作用时所产生的电压和电流之代数和。某独立电源单独作用时,将其他独立电压源短路、其他独立电流源开路,而电源内阻均须保留。叠加中要注意各电流分量和电压分量的方向,还要注意功率的计算不能用叠加定理,因为功率是电流或电压的二次函数,它们之间不是线性关系。

叠加定理基本求解思路是先逐个求出各个电源单独作用时的电流或电压,再进行代数叠加。即先分解,后叠加;先分量,后总量。

2. 替代定理

替代定理(又称置换定理)是一种常用的电路等效方法,适用于线性、非线性的分析。对于线性电路,置换定理的应用更为普遍,常辅助其他分析电路法来分析求解电路。在测试电路或实验设备中也经常应用置换定理。

3. 戴维南定律和诺顿定律

戴维南定理是把一个有源二端网络用一个实际电压源来等效代替,从而使电路的分析和计算得到了简化。它是分析电路的另一种重要方法,其关键是计算该网络的开路电压 U_{OC} 和该网络中所有独立源为零时的入端等效电阻 R_0。诺顿定理是把一个有源二端网络用一个实际电流源来等效代替,其关键是计算该网络的短路电流 I_{SC} 和等效电阻 R_0。

应用这两条定理,一般分三个步骤:

(1)断开待求支路或将待求支路短路,求开路电压 U_{OC} 和短路电流 I_{SC};

(2)让全部独立源为零,求入端等效电阻 R_0;

(3)画出等效电源电路,接上待求支路,求解待求量。

4. 最大功率传输条件

固定的电压源 U_{OC} 和内阻 R_0,向可变负载 R_L 传输功率,最大功率值发生在 $R_L = R_0$ 的条件下,负载获得的最大功率 $P_{L\max} = \dfrac{U_{OC}^2}{4R_0}$。这就是最大功率传输定理。

在负载获得最大功率时,效率只有 50%,因此电力系统不能采用这种匹配。

5. 支路电流法

支路电流法是以电路中的支路电流为电路变量,按照 KCL,KVL 建立与支路数相等的独立方程,从而解得支路电流的分析方法。它的关键是选择独立节点列出节点方程和选择独立回路列出回路方程。对于具有 n 个节点,b 条支路的电路,共需列出 $n-1$ 个 KCL 方程和 $b-(n-1)$ 个 KVL 方程。若方程数目过多,即支路数过多,则需解多元方程组,很不方便,因此,支路电流法主要用于求解支路数较少的电路。

6. 网孔电流法

网孔电流法是根据网孔电流列写方程以求解电路的一种分析方法,它仅适应平面电路,其列写方程数与网孔数相等。

网孔电流法的解题步骤:

(1)选定网孔电流的参考方向;

(2)按网孔电流方程的一般形式列出网孔电流方程;

(3)解方程求得各网孔电流;

(4)根据网孔电流与支路电流的关系式,求得各支路电流或其他待求的电量;

(5)选外网孔,如满足 $\sum U = 0$,则分析正确。

7. 节点电压法

节点电压法是用列写节点对参考节点的电压方程来解电路的一种分析方法,其方程数目比节点数少一个。

节点电压法的解题步骤:

(1)选定参考节点;

(2)按节点电压方程的一般形式列出节点电压方程;

(3)解方程求得各节点电压;

(4)依据 KCL,KVL 或元件伏安关系求其余待求量;

(5)对参考节点,如满足 $\sum I = 0$,则分析正确。

习　题　三

3.1　应用叠加定理求图 3-26 所示电路中的电压 U 及各支路的电流。已知 $R_1 = 4\Omega$,$R_2 = 6\Omega$,$I_s = 1A$,$U_{S1} = 20V$,$U_{S2} = 4V$。

3.2　用叠加定理求图 3-27 所示电路中电压 U_{ab}。如果 U_{S2} 极性反向,U_{ab} 将变为多少?已知 $U_{S1} = U_{S2} = 120V$,$R_1 = R_2 = R_3 = 50\Omega$。

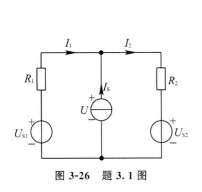

图 3-26　题 3.1 图

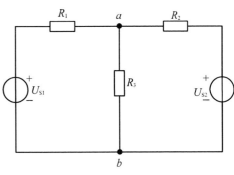

图 3-27　题 3.2 图

3.3　用叠加定理求解图 3-28 所示电路中的电压 U。

3.4　用叠加定理求解图 3-29 所示电路中的电流 I。

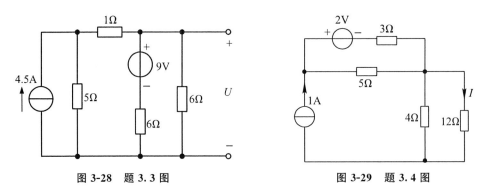

图 3-28 题 3.3 图　　　　　图 3-29 题 3.4 图

3.5 求图 3-30 所示电路的戴维南和诺顿等效电路。

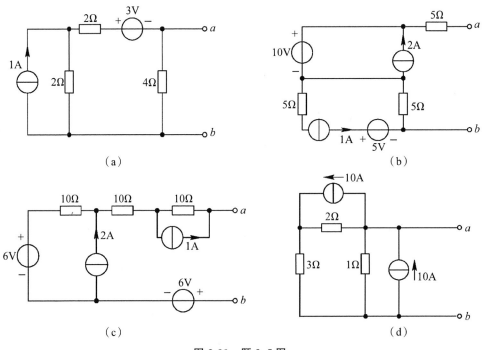

（a）　　　　　　　　　　（b）

（c）　　　　　　　　　　（d）

图 3-30 题 3.5 图

3.6 用戴维南定理求图 3-31 所示电路中流过电阻 R 上的电流。

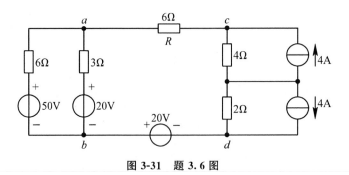

图 3-31 题 3.6 图

3.7 用戴维南定理求图 3-32 所示电路中流过的电流 I。

3.8 求图 3-33 所示电路中，负载电阻值 R_L 可变，R_L 为何值时，输出功率最大，输出功率是多大？

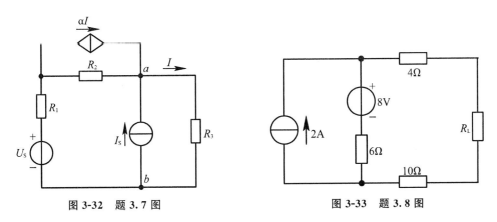

图 3-32 题 3.7 图　　　　图 3-33 题 3.8 图

3.9 求图 3-34 所示电路中 R_L 为何值时能取得最大功率，该最大功率是多少？

3.10 在图 3-35 所示电路中，已知 $U_{S1}=10V$，$U_{S2}=4V$，$U_{S3}=20V$，$R_1=30\Omega$，$R_2=60\Omega$，$R_3=40\Omega$。用支路电流法计算各支路电流。

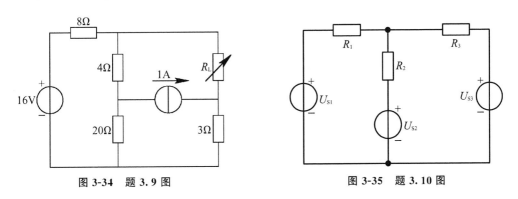

图 3-34 题 3.9 图　　　　图 3-35 题 3.10 图

3.11 用支路电流法计算图 3-36 电路中的各支路电流

3.12 已知图 3-37 所示电路中，$U_{S1}=19V$，$U_{S2}=12V$，$U_{S3}=6V$，$R_1=3\Omega$，$R_2=2\Omega$，$R_3=3\Omega$，$R_4=6\Omega$，$R_5=2\Omega$，$R_6=1\Omega$，求各支路电流。

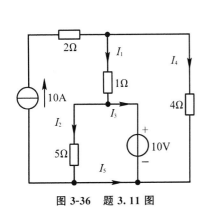

图 3-36 题 3.11 图

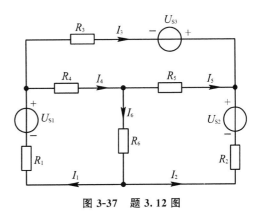

图 3-37 题 3.12 图

3.13 用节点法求图 3-38 所示电路中各支路电流。

3.14 列出图 3-39 所示电路的节点电压方程并求解。

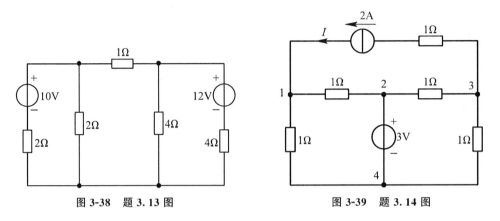

图 3-38 题 3.13 图　　　　　　图 3-39 题 3.14 图

3.15 用节点法求图 3-40 所示电路中各支路电流。

3.16 对图 3-41 所示电路,选择方程数最少的方法计算各电阻流过的电流。

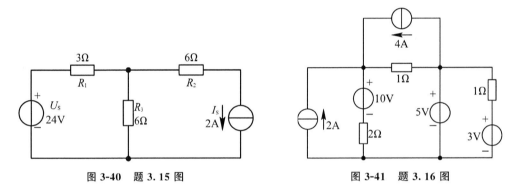

图 3-40 题 3.15 图　　　　　　图 3-41 题 3.16 图

3.17 电路如图 3-42 所示,求电流 I。

3.18 如图 3-43 示电路,试用节点法求电压 U。

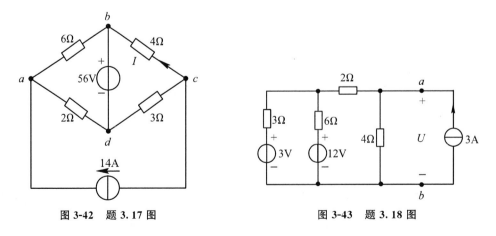

图 3-42 题 3.17 图　　　　　　图 3-43 题 3.18 图

3.19 试用戴维南等效电源求图 3-44 示电路中的电流 I。

3.20 用节点电压法求图 3-45 示电路中的 U。(提示:选节点 1 为参考节点)

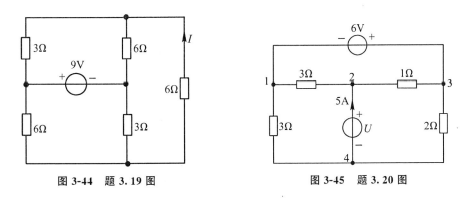

图 3-44 题 3.19 图 　　　　　　　　　图 3-45 题 3.20 图

3.21 如图 3-46 所示的电路,试用节点电压法求电流 I_{x1} 和 I_{x2}。

(提示:本中含有两个电压源。设节点 4 为参考节点,节点电压设为 U_1、U_2、U_3,这样节点 2 的电压 U_2 就是 2V 电压源的电压,省掉了一个方程;1V 电压源支路的电流设为 I_{x1} 为未知量,还应补充一个辅助方程。)

3.22 已知图 3-47 所示电路,用支路电流法计算电流 I 和电流源的端电压 U。

3.23 如图 3-48 示电路,用网孔分析法求电压 U。

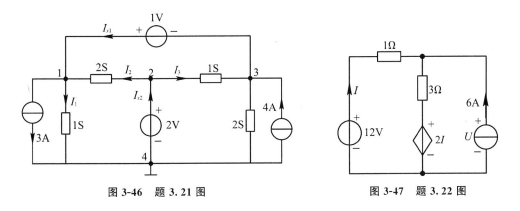

图 3-46 题 3.21 图 　　　　　　　　　图 3-47 题 3.22 图

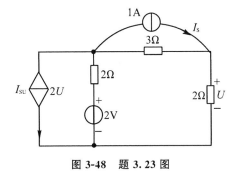

图 3-48 题 3.23 图

4 正弦交流电路

4.1 正弦交流电路的基本概念

4.1.1 正弦量

大小和方向都随时间变化的电压和电流,称为时变电压和时变电流。时变电压和时变电流又分为非周期性和周期性两类。图 4-1(a)为非周期电压、电流,图 4-1(b)、图 4-1(c)、图 4-1(d)为周期性电压、电流。若电压和电流随时间按正弦规律变化,则称为正弦电压和正弦电流,如图 4-1(d)所示。正弦电压和正弦电流统称为正弦量或正弦交流电。为了区别直流电和交流电,直流电量用大写英文字母表示,例如 E, I, U 等。交流量用小写英文字母表示,例如 e, i, u 等。

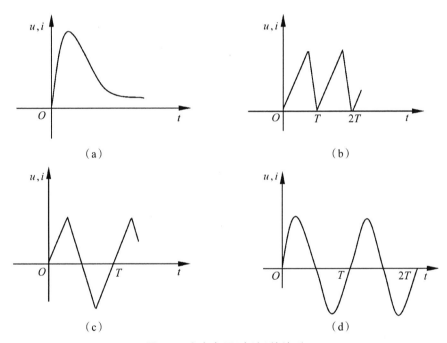

图 4-1 实变电压(电流)的波形

对正弦量的描述可采用正弦函数或余弦函数,本书采用余弦函数。

4.1.2 正弦量的三要素

正弦量的特征表现在正弦量变化的大小、快慢及初始值三个方面,分别用最大值(振幅或幅值)、角频率(周期、频率)和初相位来表示,这三个量称为正弦量的三要素。

设一正弦电流的瞬时值表达式(解析式)为

$$i = I_m \cos(\omega t + \psi_i) \text{A} \qquad (4-1)$$

它的波形如图 4-2 所示

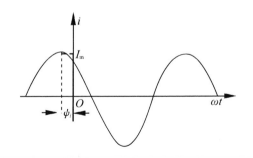

图 4-2 正弦电流的波形

式中，i 为正弦电流在某时刻的瞬时值；I_m 为正弦电流的最大值；ω 为正弦电流的角频率；ψ_i 为正弦电流的初相位。I_m，ψ_i，ω 称为正弦量的三要素。

1. 最大值（振幅或幅值）I_m

当 $\cos(\omega t + \psi_i) = 1$ 时，$i = I_m$，I_m 称为电流的最大值（振幅或幅值），它表示了电流的变化范围，相应的还有电压的最大值 U_m，电动势的最大值 E_m 等。

2. 角频率 ω（周期 T、频率 f）

表达式中 $(\omega t + \psi_i)$ 称为正弦量的相位或相角。它表示了正弦量的变化进程。它的大小可以决定 i 的大小和正负及变化范围，单位为弧度或度（rad 或 °）。

ω：正弦量的相位随时间变化的速度，称为角速度或角频率，单位为弧度每秒（rad/s），它反映出正弦量变化的快慢。

T：正弦量的周期，指正弦量变化一个循环所需的时间。T 的单位为秒（s）。

f：正弦量的频率，指正弦量每秒钟完成周期变化的次数。f 的单位为赫兹（Hz）。实际中还有千赫（kHz）、兆赫（MHz）等。

我国工业用电的频率为 50Hz，简称工频，其周期是 0.02s，也有一些国家采用 60Hz。周期与频率的关系

$$f = \frac{1}{T} \tag{4-2}$$

由于时间每变化一个周期，正弦量的相位相应地变化 2π 弧度，故周期、频率和角频率的关系为

$$\omega = \frac{2\pi}{T} = 2\pi f \tag{4-3}$$

3. 初相位（角）ψ_i

ψ_i 是正弦量在 $t = 0$ 时刻的相位，称为正弦量的初相位（角），简称初相，即

$$(\omega t + \psi_i)\big|_{t=0} = \psi_i$$

ψ_i 的单位为弧度或度（rad 或 °），ψ_i 的取值范围为 $|\psi_i| \leqslant \pi$。

初相 ψ_i 反映了正弦量的初始状态。初相与计时零点的确定有关。对于任一正弦量，其初相是可以任意指定的。但是，对同一个电路中许多相关联的正弦量，它们必须相对于一个共同的计时零点来确定各自的相位。通常将其中一个正弦量的初相为零的时刻作为它们的计时零点。初相为零的正弦量，称为参考正弦量。参考正弦量的选择是任意的，但在同一个电路中只能选择一个参考正弦量。已知某正弦量的三要素，该正弦量就被唯一地确定了；正弦量的三要素也是正弦量之间进行区分和比较的依据。

4.1.3　正弦量的相位差

在同一频率正弦激励下，线性电路的响应均为同频率正弦量。设任意两个同频率的正弦量的瞬时表达式为

$$u = U_m \cos(\omega t + \psi_u)$$
$$i = I_m \cos(\omega t + \psi_i)$$

从图 4-3 所示的波形中可知，u 与 i 的频率相同而振幅、初相不同。这种初相的差异反应了两者随时

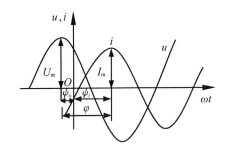

图 4-3　两个同频率正弦量

间变化时的步调不一致,引入相位差来描述这一现象。

两正弦量之间的相位之差称为相位差,用字母 φ 表示。则 u,i 的相位差为

$$\varphi = (\omega t + \psi_u) - (\omega t + \psi_i) = \psi_u - \psi_i \tag{4-4}$$

即同频率正弦量相位差等于它们的初相之差。它是一个与时间无关、与计时起点也无关的常量,φ 的取值范围为 $|\varphi| \leqslant \pi$。

若 $\varphi = \psi_u - \psi_i > 0$,如图 4-3 所示,称 u 超前 $i\varphi$ 角度,简称 u 超前或称 i 滞后 $u\varphi$ 角度。

若 $\varphi = \psi_u - \psi_i < 0$,如图 4-4(a) 所示,称 u 滞后 $i\varphi$ 角度,或称 i 超前 $u\varphi$ 角度。

若 $\varphi = \psi_u - \psi_i = 0$,如图 4-4(b) 所示,称 u 与 i 同相,简称同相。即两正弦量同时到达正最大值或零值。

若 $\varphi = \psi_u - \psi_i = \pm\dfrac{\pi}{2}$,如图 4-4(c) 所示,称 u 与 i 正交。即当一正弦量的值达到最大时,另一个正弦量的值刚好是零。

若 $\varphi = \psi_u - \psi_i = \pm\pi$,如图 4-4(d) 所示,称 u 与 i 反相,即当一正弦量为正最大值时,另一正弦量刚好是负最大值。

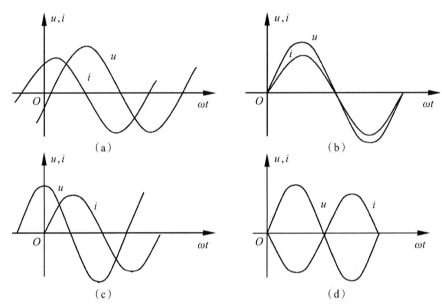

图 4-4 正弦量的相位

上述关于相位关系的讨论,只是对同频率正弦量而言。而两个不同频率的正弦量,其相位差不再是一个常数,而是随时间变化的,在这种情况下讨论它们的相位关系是没有任何意义的。

【例 4-1】 已知正弦电流的波形如图 4-5,$\omega = 1000\text{rad/s}$,写出 i 的表达式,求 i 达到第一个正的最大值的时间 t_1。

【解】 由图可知

$I_m = 100\text{A}$,$t = 0$ 时,$i = 50\text{A}$,又 $\omega =$

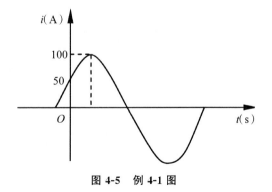

图 4-5 例 4-1 图

1000rad/s，可设 $i = 100\cos(1000t + \psi_i)\text{A}$

由 $i(0) = 100\cos\psi_i = 50\text{A}$ 得

$$\cos\psi_i = \frac{1}{2}, \psi_i = -\frac{\pi}{3}\text{rad}$$

则

$$i = 100\cos\left(1000t - \frac{\pi}{3}\right)\text{A}$$

当 $i = 100\text{A}$ 时，$\omega t_1 = \frac{\pi}{3}$

所以 $t_1 = \frac{\pi/3}{\omega} = \frac{\pi}{3} \times 10^{-3} = 1.047(\text{ms})$

从图像知，当 $t = 0$ 时，电流的相位为负值，故其初相位为负值。

【例 4-2】 设 $i_1 = 5\cos(\omega t + 60°)\text{A}$，$i_2 = 10\sin(\omega t + 40°)\text{A}$，问哪个电流滞后，滞后多少度？

【解】 正弦量之间求相位差必须满足两个条件：一是同频率，二是同名函数。故先将 i_2 变为余弦函数，再求相位差。

$$i_2 = 10\sin(\omega t + 40°) = 10\sin(90° + \omega t - 50°) = 10\cos(\omega t - 50°)\text{A}$$

所以，i_1 与 i_2 的相位差为 $\varphi = \psi_{i_1} - \psi_{i_2} = 60° - (-50°) = 110° > 0$，所以 i_2 滞后 i_1 $110°$。

4.1.4　正弦量的有效值

电路的一个主要作用是转换能量。正弦量的瞬时值与最大值都不能确切反映它们在能量方面的效果，为此引入有效值的概念。正弦量的有效值用大写字母表示，如 I, U, E 等。

有效值的定义：一个正弦量和一个直流量分别作用于同一个电阻，如果在相同的时间（即一个周期 T）内所产生的热量相等，那么这个直流量就叫做该交流量的有效值。

根据上述定义，以电流 i 为例加以说明，直流电流用 I 表示。

正弦电流一个周期内在 R 上消耗的热量为

$$Q = \int_0^T i^2 R \mathrm{d}t$$

直流电流一个周期内在 R 上消耗的热量为

$$Q = I^2 R T$$

若两者相等，则

$$I^2 R T = \int_0^T i^2 R \mathrm{d}t$$

由上式得出正弦电流的有效值为

$$I = \sqrt{\frac{1}{T}\int_0^T i^2 \mathrm{d}t} \tag{4-5}$$

将 $i = I_\mathrm{m}\cos(\omega t + \psi_i)$ 代入上式并整理得

$$I = \frac{I_\mathrm{m}}{\sqrt{2}} = 0.707 I_\mathrm{m} \tag{4-6}$$

同理可得

$$U = \frac{U_\mathrm{m}}{\sqrt{2}} = 0.707 U_\mathrm{m} \tag{4-7}$$

式(4-6)、式(4-7)说明正弦量的有效值是最大值的 $\frac{1}{\sqrt{2}}$（≈ 0.707）倍。一般所讲的正弦电压或电流,都指的是有效值。交流电器设备的铭牌上所标的电压、电流都是有效值。一般交流电压表、电流表的标尺也是按有效值刻度的。例如"220V,60W"的白炽灯,是指它的额定电压的有效值为220V。如果不加说明,交流量的大小皆指有效值。

引入有效值的概念后,正弦量的瞬时值表达式可写为如下形式

$$i(t) = I_{\mathrm{m}}\cos(\omega t + \psi_i) = \sqrt{2} I\cos(\omega t + \psi_i)$$

$$u(t) = U_{\mathrm{m}}\cos(\omega t + \psi_u) = \sqrt{2} U\cos(\omega t + \psi_u)$$

$$e(t) = E_{\mathrm{m}}\cos(\omega t + \psi_e) = \sqrt{2} E\cos(\omega t + \psi_e)$$

【例 4-3】 电容器的耐压值为 250V,问能否用在 220V 的单相交流电源上?

【解】 因为 220V 的单相交流电源为正弦电压,其振幅值为 311V,大于电容器的耐压值 250V,电容可能被击穿,所以不能接在 220V 的单相电源上。

【例 4-4】 一正弦电压的角频率为 ω,初相为 60°,有效值为 100V,试求它的解析式。

【解】 因为有效值 $U = 100$V,所以其最大值为 $100\sqrt{2}$ V,则电压的解析式为

$$u = 100\sqrt{2}\cos(\omega t + 60°)\text{V}$$

4.2 正弦量的向量表示

4.2.1 复数及其表达式

设 A 为复数,则

$$A = a + jb \tag{4-8}$$

式中,a 为复数 A 的实部;b 为复数 A 的虚部;$j(=\sqrt{-1})$ 为虚数单位。式(4-8)称为复数 A 的代数形式(直角坐标形式)。

任意一复数 A 都可以用复平面上的一个有向线段(矢量) $\overrightarrow{OA}$ 表示,如图4-6所示,其中矢量 $\overrightarrow{OA}$ 的长度 $|A|$ 称为复数 A 的模,φ 称为复数的幅角,矢量 $\overrightarrow{OA}$ 在实轴上的投影分别为复数 A 的实部和虚部。从图4-6可得

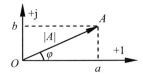

图 4-6 复数的矢量表示

$$\left. \begin{array}{l} a = |A|\cos\varphi \\ b = |A|\sin\varphi \end{array} \right\} \tag{4-9}$$

$$\left. \begin{array}{l} |A| = \sqrt{a^2 + b^2} \\ \varphi = \arctan\dfrac{b}{a} \end{array} \right\} \tag{4-10}$$

将式(4-10)代入式(4-9)中可以得到

$$A = |A|\cos\varphi + j|A|\sin\varphi \tag{4-11}$$

式(4-11)称为复数 A 的三角形式。

将欧拉公式 $e^{j\varphi} = \cos\varphi + j\sin\varphi$ 代入式(4-11)中可以得到

$$A = |A|e^{j\varphi} \tag{4-12}$$

$$A = |A|\angle\varphi \tag{4-13}$$

式(4-12)称为复数 A 的指数形式,式(4-13)称为复数 A 的极坐标形式。

【例 4-5】 写出复数 $A_1 = 4 - 3j$,$A_2 = -3 + j4$ 的极坐标形式。

【解】 (1)A_1 的模 $|A_1| = \sqrt{4^2 + (-3)^2} = 5$

幅角 $\varphi_1 = \arctan \dfrac{-3}{4} = -36.9°$

则 A_1 极坐标形式为 $A_1 - 5\angle -36.9°$

(2)A_2 的模 $|A_2| = \sqrt{(-3)^2 + 4^2} = 5$

幅角 $\varphi_2 = \arctan\left(-\dfrac{4}{3}\right) = 126.9°$

则 A_2 极坐标形式为 $A_2 = 5\angle 126.9°$

【例 4-6】 写出复数 $A = 100\angle 30°$ 三角形式、代数形式和指数形式。

【解】 三角形式　$A = 100(\cos 30° + j\sin 30°)$

代数形式　$A = 100(\cos 30° + j\sin 30°) = 86.6 + j50$

指数形式　$A = 100e^{j30°}$

4.2.2　复数的运算

设两复数分别为

$$A_1 = a_1 + jb_1 = |A_1|\angle\varphi_1 \quad A_2 = a_2 + jb_2 = |A_2|\angle\varphi_2$$

1. 复数的加减运算

此运算用复数的代数形式进行比较方便

$$A_1 \pm A_2 = (a_1 \pm a_2) + j(b_1 \pm b_2) \tag{4-14}$$

即复数相加减,实部和实部相加减,虚部和虚部相加减。

2. 复数的乘除运算

用复数的指数形式或极坐标形式进行运算比较方便

$$A_1 A_2 = |A_1||A_2|\angle(\varphi_1 + \varphi_2) \tag{4-15}$$

$$\frac{A_1}{A_2} = \frac{|A_1|}{|A_2|}\angle(\varphi_1 - \varphi_2) \tag{4-16}$$

即复数相乘,模相乘,幅角相加;复数相除,模相除,幅角相减。

【例 4-7】 已知复数 $A = 8 + j6, B = 6 - j8$,求 $A + B$ 和 $A \cdot B$

【解】 $A + B = (8 + j6) + (6 - j8) = 14 - j2$

$A \cdot B = (8 + j6)(6 - j8) = 10\angle 36.9° \cdot 10\angle -53.1° = 100\angle -16.2°$

【例 4-8】 已知复数 $A = 50\angle -20°, B = 2\angle 40°$,求 $A \div B$

【解】 $\dfrac{A}{B} = \dfrac{50\angle -20°}{2\angle 40°} = 25\angle -20° - 40° = 25\angle -60°$

4.2.3　正弦量的向量表示法

1. 正弦量的向量表示

设有一正弦量

$$i = I_m\cos(\omega t + \psi_i) = \sqrt{2}I\cos(\omega t + \psi_i)$$

在复平面中作一矢量,矢量的长度表示最大值 I_m,矢量的初始位置与正实轴的夹角等于初相 ψ_i;该矢量以角速度 ω 绕原点逆时针方向旋转,则任一瞬间该矢量在实轴上的投影为 $I_m\cos(\omega t + \psi_i)$,即与该时刻的正弦电流对应。矢量旋转一圈,相应于正弦电流变化一周。可见,用复平面上的一个旋转矢量能将正弦量三要素及瞬时值都表示出来,因此它能完整地表示一个正弦量。

而在正弦稳态交流电路中,因为所有的激励和响应是同频率的正弦量,所以作为正弦量三要素之一的角频率就可不必加以区分;而最大值(或有效值)及初相位就成为表征各个正弦量的主要内容。从上面分析看到,一个旋转矢量在初始位置的矢量正好能反应正弦量的这两个要素,所以,通常用初始时刻的矢量来表示正弦量。

正弦量可以用复平面中的一个矢量来表示,复平面中的任一矢量又可以用复数来表示,因此,正弦量也可以用它所对应的复数来表示,我们把这个能表示正弦量特征的复数称为正弦量的相量。

表示方法是:复数的模对应正弦量的最大值(或有效值);复数的幅角对应正弦量的初相位,并用上面带小黑点的大写字母来表示。对应的相量分别称为最大值相量和有效值相量。如上所述正弦电流的相量式分别如下

电流的最大值相量 $\qquad \dot{I}_m = I_m \angle \psi_i$ (4-17)

电流的有效值相量 $\qquad \dot{I} = I \angle \psi_i$ (4-18)

正弦电压 $\qquad u = U_m \cos(\omega t + \psi_u) = \sqrt{2} I \cos(\omega t + \psi_u)$

则其电压的相量式为

电压的最大值相量 $\qquad \dot{U}_m = U_m \angle \psi_u$ (4-19)

电压的有效值相量 $\qquad \dot{U} = U \angle \psi_u$ (4-20)

2. 正弦相量的几何意义

如图 4-7 所示,

设 $i = I_m \cos(\omega t + \psi_i)$

在复平面上作出 $\dot{I}_m$ 的相量

则 $t = 0$ 时,$i = Oa = I_m \cos \psi_i$

$\quad t = t_1$ 时,$i = Ob = I_m \cos(\omega t_1 + \psi_i)$

$\quad t = t$ 时,$i = Oc = I_m \cos(\omega t + \psi_i)$

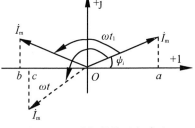

图 4-7　正弦相量的几何意义

必须指出:只有在同频的情况下,各正弦量的向量表示才有意义。相量只是表征正弦量,并不等于正弦量。因为正弦量是时间函数,相量只是表征了正弦量的最大值(或有效值)和初相位。

3. 相量图

同一正弦交流电路中的所有电压、电流都是同频正弦量,他们的相量可以画在同一平面上,这种图形叫做相量图。在相量图中可以直观清晰地反映出各正弦量的相位关系。为了简化作图,在相量图上可以不画出复平面的坐标轴,相量的幅角以实轴正方向为基准,逆时针方向的角度为正,顺时针方向的角度为负。

【例 4-9】 已知同频正弦量的解析式分别为 $i = 10\cos(\omega t + 30°)\text{A}$,$u = 220\sqrt{2}\cos(\omega t - 45°)\text{V}$,写出电流和电压的相量 $\dot{I}$,$\dot{U}$,并绘出相量图。

【解】 由解析式可得

$$\dot{I} = \frac{10}{\sqrt{2}} \angle 30° = 5\sqrt{2} \angle 30° \text{A}$$

$$\dot{U} = \frac{220\sqrt{2}}{\sqrt{2}} \angle -45° = 220 \angle -45° \text{A}$$

相量图如图 4-8 所示。

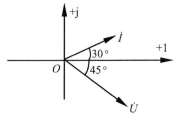

图 4-8　例 4-9 图

【**例 4-10**】 已知工频条件下,两正弦量的相量分别为 $\dot{U}_1 = 10\sqrt{2}\angle 60°\,\mathrm{V}$, $\dot{U}_2 = 20\sqrt{2}\angle -30°\,\mathrm{V}$,求两个正弦电压的解析式。

【**解**】 由于 $\omega = 2\pi f = 2\pi \times 50 = 100\pi(\mathrm{rad/s})$

$$U_1 = 10\sqrt{2}\,\mathrm{V}, \quad \psi_{u_1} = 60°$$

$$U_2 - 20\sqrt{2}\,\mathrm{V}, \quad \psi_{u_2} - -30°$$

所以

$$u_1 = \sqrt{2}U_1\cos(\omega t + \psi_{u_1}) = \sqrt{2}\times 10\sqrt{2}\cos(100\pi t + 60°) = 20\cos(100\pi t + 60°)\,\mathrm{V}$$

$$u_2 = \sqrt{2}U_2\cos(\omega t + \psi_{u_2}) = \sqrt{2}\times 20\sqrt{2}\cos(100\pi t - 30°) = 40\cos(100\pi t - 30°)\,\mathrm{V}$$

4.2.4 正弦量的加、减运算

在分析正弦交流电路中,常常遇到正弦量的加、减运算,正弦量用向量表示后,可使其运算过程变得较方便,相量的加、减运算则和普通复数的运算法则一样,复平面上相量的加、减运算也符合平行四边形法则。

【**例 4-11**】 设有正弦交流电 $i_1 = 10\sqrt{2}\cos(\omega t + 45°)\,\mathrm{A}$, $i_2 = 10\sqrt{2}\cos(\omega t + 135°)\,\mathrm{A}$,求 $i = i_1 + i_2$。

【**解**】 方法一:复数运算法。

将 i_1, i_2 用向量表示为

$$\dot{I}_1 = 10\angle 45°\,\mathrm{A}, \quad \dot{I}_2 = 10\angle 135°\,\mathrm{A}$$

则

$$\begin{aligned}
\dot{I} = \dot{I}_1 + \dot{I}_2 &= 10\angle 45° + 10\angle 135° \\
&= (5\sqrt{2} + \mathrm{j}5\sqrt{2}) + (-5\sqrt{2} + \mathrm{j}5\sqrt{2}) \\
&= \mathrm{j}10\sqrt{2} = 10\sqrt{2}\angle 90°\,\mathrm{A}
\end{aligned}$$

其对应正弦电流的表达式为

$$\begin{aligned}
i = i_1 + i_2 &= 10\sqrt{2}\cdot\sqrt{2}\cos(\omega t + 90°)\,\mathrm{A} \\
&= 20\cos(\omega t + 90°)\,\mathrm{A}
\end{aligned}$$

方法二:作相量图法。

以 $\dot{I}_1, \dot{I}_2$ 为两邻边作平行四边形,如图 4-9 所示。

平行四边形的对角线,即

$$\dot{I} = \dot{I}_1 + \dot{I}_2$$

由于

$$\dot{I} = \dot{I}_1 + \dot{I}_2$$

则

$$I = \sqrt{I_1^2 + I_2^2} = \sqrt{10^2 + 10^2} = 10\sqrt{2}\,\mathrm{A}$$

所以

$$\dot{I} = 10\sqrt{2}\angle 90°\,\mathrm{A}$$

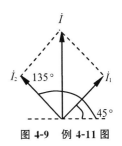

图 4-9 例 4-11 图

4.3 电路定律的相量形式

4.3.1 KCL 和 KVL 的相量形式

基尔霍夫定律是电路的基本定律,它不仅适用于直流电路,而且适用于交流电路。在正

弦交流电路中,任一节点在任何时刻,由 KCL 有

$$\sum i = 0$$

由于所有支路电流都是同频率的正弦量,将这些同频率的正弦量用向量表示,即得 KCL 的相量形式为

$$\sum \dot{I} = 0 \qquad (4\text{-}21)$$

式(4-21)中各电流前的正负号由其参考方向来决定。

同理,对于电路任一回路,由 KVL 有

$$\sum u = 0$$

因所有支路电压都是同频率的正弦量,将这些同频率的正弦量用向量表示,可得 KVL 的相量形式为

$$\sum \dot{U} = 0 \qquad (4\text{-}22)$$

4.3.2 电阻元件电压电流关系的相量形式

对于电阻元件 R,其时域形式的电压电流关系为 $u = Ri$。当有正弦交流电流 $i = \sqrt{2}I\cos(\omega t + \psi_i)$ 通过电阻 R 时,在其两端将产生一个同频率的正弦交流电压 $u = \sqrt{2}U\cos(\omega t + \psi_u)$,如图 4-10(a) 所示。将瞬时值表达式代入 $u = Ri$ 中有

$$\sqrt{2}U\cos(\omega t + \psi_u) = \sqrt{2}IR\cos(\omega t + \psi_i) \qquad (4\text{-}23)$$

或

$$U\angle\psi_u = IR\angle\psi_i$$

将 $\dot{U} = U\angle\psi_u$,$\dot{I} = I\angle\psi_i$ 代入上式中可得,电阻元件电压电流关系的相量形式为

$$\dot{U} = R\dot{I} \qquad (4\text{-}24)$$

由式(4-23)等式两边相等可得

(1)电阻元件电压电流的大小关系为

$$U = RI$$

(2)电阻元件电压与电流的相位关系为

$$\psi_u = \psi_i$$

即电压与电流同相位。

图 4-10(b)是电阻 R 的相量模型;图 4-10(c)是电阻 R 的相量图;图 4-10(d)是电阻 R 中正弦电流和正弦电压的波形图。

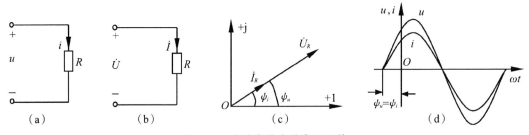

图 4-10 交流电路中的电阻元件

(a)时域模型 (b)相量模型 (c)相量图 (d)电压、电流波形图

4.3.3 电感元件电压电流关系的相量形式

电感元件时域形式的电压电流关系为

$$u_L = L\frac{\mathrm{d}i_L}{\mathrm{d}t}$$

如图 4-11(a)所示,当正弦电流通过电感元件时,其两端将产生同频率的正弦电压,设正弦电流和正弦电压分别为

$$i_L = \sqrt{2}I\cos(\omega t + \psi_i)$$

$$u_L = \sqrt{2}U\cos(\omega t + \psi_u)$$

将正弦电流和正弦电压的瞬时值代入时域形式的电压电流关系式,则有

$$\sqrt{2}U\cos(\omega t + \psi_u) = L\frac{\mathrm{d}}{\mathrm{d}t}\left[\sqrt{2}I\cos(\omega t + \psi_i)\right]$$

将上式右边求导后整理得

$$\sqrt{2}U\cos(\omega t + \psi_u) = \sqrt{2}\omega LI\cos(\omega t + \psi_i + \frac{\pi}{2}) \tag{4-25}$$

即
$$U\angle\psi_u = \omega LI\angle(\psi_i + \frac{\pi}{2})$$

将 $\dot{U} = U\angle\psi_u, \dot{I} = I\angle\psi_i, 1\angle\frac{\pi}{2} = \mathrm{j}$ 代入上式,其电压、电流的相量关系为

$$\dot{U} = \mathrm{j}\omega L\dot{I} \tag{4-26}$$

或
$$\dot{I} = \frac{\dot{U}}{\mathrm{j}\omega L}$$

由式(4-25)等式两边相等还可得,

(1)电感元件电压电流的大小关系为

$$U = \omega LI = X_L I \qquad 或 \qquad I = \frac{U}{\omega L} = \frac{U}{X_L} \tag{4-27}$$

(2)电感元件电压电流的相位关系为

$$\psi_u = \psi_i + \frac{\pi}{2} \qquad 或 \qquad \psi_u - \psi_i = \frac{\pi}{2}$$

即电感的正弦电压比对应的正弦电流的相位超前 $\frac{\pi}{2}$。

图 4-11(b)是电感的相量模型,图 4-11(c)是电感 L 中正弦电压和正弦电流的相量图。图 4-11(d)是电感 L 中正弦电压和正弦电流的波形图。

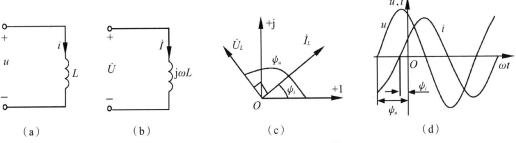

图 4-11　交流电路中的电感元件

(a)时域模型　(b)相量模型　(c)相量图　(d)电压、电流波形图

感抗 X_L 的含义

$$X_L = \omega L = 2\pi f L \tag{4-28}$$

感抗 X_L 的单位是欧姆（Ω）。

从式(4-27)可以看出 X_L 由电感 L 及电路中交流电的频率 ω 决定。当 L 一定时，电感对电流的阻碍作用由 ω 决定，X_L 随频率正比例增加。因此，电感元件对高频电流有较大的阻碍作用，而对低频电流的阻碍作用较小。当 ω 趋近无穷大时，X_L 趋近无穷大，电感相当于开路；当 $\omega = 0$（即直流）时，X_L 趋近于零，电感相当于短路。通常说电感元件具有阻高频，通低频的性能，其依据就在于此。电子设备中的扼流圈（镇流器）和滤波电路中的电感线圈，就是利用电感的这一特征来限制交流和稳定直流的。

引入感抗后，电感电压和电流的相量关系可以表述为

$$\dot{U} = jX_L\dot{I} \tag{4-29}$$

【例 4-12】 已知电感 $L = 0.5\,\text{H}$，其两端的电压为 $u_L = 220\sqrt{2}\cos(314t - 30°)\,\text{V}$，试求 X_L 和 $\dot{I}_L$，并画出相量图。

【解】 $X_L = \omega L = 314 \times 0.5 = 157(\Omega)$

$$\dot{I}_L = \frac{\dot{U}_L}{j\omega L} = \frac{\dot{U}_L}{jX_L} = \frac{220\angle -30°}{j157} = 1.4\angle -120°\,\text{A}$$

则

$$i_L = 1.4\sqrt{2}\cos(314t - 120°)\,\text{A}$$

相量图如图 4-12 所示。

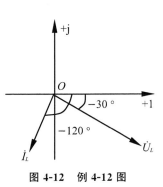

图 4-12 例 4-12 图

4.3.4 电容元件电压电流关系的相量形式

电容元件时域形式的电压电流关系式为

$$i = C\frac{\mathrm{d}u}{\mathrm{d}t}$$

如图 4-13(a)所示，当电容元件两端施加一正弦电压时，该元件中将产生同频率的正弦电流。设正弦电压和正弦电流分别为

$$u = \sqrt{2}U\cos(\omega t + \psi_u)$$
$$i = \sqrt{2}I\cos(\omega t + \psi_i)$$

将以上二式代入电容时域形式的电压电流关系式，则有

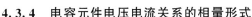

$$\sqrt{2}I\cos(\omega t + \psi_i) = C\frac{\mathrm{d}}{\mathrm{d}t}\left[\sqrt{2}U\cos(\omega t + \psi_u)\right]$$

上式右边对 t 求导后整理得

$$\sqrt{2}I\cos(\omega t + \psi_i) = \sqrt{2}\omega CU\cos(\omega t + \psi_u + \frac{\pi}{2}) \tag{4-30}$$

等式两边用相量的复数形式表示为

$$I\angle\psi_i = \omega CU\angle(\psi_u + \frac{\pi}{2})$$

将 $\dot{U} = U\angle\psi_u$，$\dot{I} = I\angle\psi_i$，$1\angle\frac{\pi}{2} = j$ 代入上式得电容元件电压电流的相量关系为

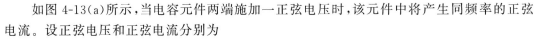

$$\dot{I} = j\omega C\dot{U} = \frac{\dot{U}}{1/j\omega C}$$

或
$$\dot{U} = \frac{1}{j\omega C}\dot{I} = -j\frac{1}{\omega C}\dot{I} \tag{4-31}$$

由(4-30)式等式两边相等可得电容元件电压电流的大小关系为

$$I = \omega C U = \frac{U}{X_C} \quad \text{或} \quad U = \frac{1}{\omega C}I = X_C I \tag{4-32}$$

电压电流的相位关系为

$$\psi_i = \psi_u + \frac{\pi}{2} \quad \text{或} \quad \psi_u - \psi_i = -\frac{\pi}{2}$$

即电容的正弦电压比对应的正弦电流的相位滞后 $\frac{\pi}{2}$。

图 4-13(b)是电容的相量模型,图 4-13(c)是电容电压和电流的相量图。图 4-13(d)是电容电压和电流的波形图。

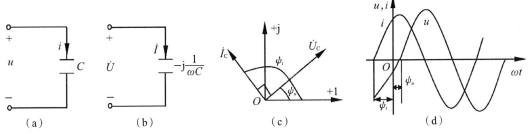

图 4-13 交流电路中的电容元件

(a)时域模型 (b)相量模型 (c)相量图 (d)电压、电流波形图

容抗 X_C 的含义

$$X_C = \frac{1}{\omega C} = \frac{1}{2\pi f C} \tag{4-33}$$

容抗 X_C 的单位是欧姆(Ω)。

式(4-33)可以看出 X_C 由电容 C 和电路中正弦交流电的频率 ω 决定。当 C 一定时,X_C 与 ω 成反比。即电容元件对低频电流阻碍作用大,对高频电流阻碍作用小。电子线路中的旁路电容就是利用了电容的这一特性。当 $\omega = 0$ 时(即直流),$X_C = \frac{1}{\omega C}$ 的值趋近无穷大,电容元件相当于开路;当 ω 趋近无穷大时,$X_C = \frac{1}{\omega C}$ 的值趋近于零,电容元件相当于短路。通常说电容具有高频短路,直流开路的性质其根据就在于此。

引入容抗后,电容电压和电流的相量关系可以表示为

$$\dot{U} = -jX_C\dot{I} \tag{4-34}$$

【例 4-13】 如图 4-14 图(a)所示的 RL 串联电路中,已知 $R = 50\Omega$,$L = 25\mu H$,$u_S = 10\cos 10^6 t$V,求 i,并画出相量图。

【解】 画出相量模型电路如图 4-14(b)所示。其中:$\dot{U}_{Sm} = 10\angle 0°$V,$R = 50\Omega$,$j\omega L = j10^6 \times 25 \times 10^{-6} = j25\Omega$

由 KVL 有
$$\dot{U}_{Sm} = \dot{U}_{Rm} + \dot{U}_{Lm}$$

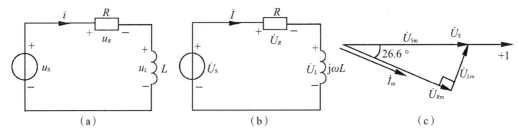

图 4-14　例 4-13 图

而
$$\dot{U}_{Rm} = R\dot{I}_m, \quad \dot{U}_{Lm} = j\omega L \dot{I}_m$$

$$\dot{I}_m = \frac{\dot{U}_{Sm}}{50 + j25} = \frac{10\angle 0°}{55.9\angle 26.6°} = 0.179\angle -26.6° \text{A}$$

所以
$$i = 0.179\cos(10^6 t - 26.6°)\text{A}$$

相量图如图 4-14 图(c)所示。

【例 4-14】　如图 4-15(a)所示的 RC 并联电路中,已知 $R = 5\Omega, C = 0.1\text{F}, u_S = \sqrt{2}10\cos 2t \text{V}$,求 i,并画出相量图。

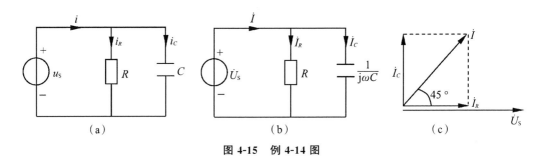

图 4-15　例 4-14 图

【解】　画出相量模型电路如图 4-15(b)所示。

其中, $\dot{U}_S = 10\angle 0°\text{V}$, 　$R = 5\Omega$, 　$\dfrac{1}{j\omega C} = \dfrac{1}{j2\times 0.1} = -j5(\Omega)$

由 KCL 有
$$\dot{I} = \dot{I}_R + \dot{I}_C$$

而
$$\dot{I}_R = \frac{\dot{U}_S}{R}, \quad \dot{I}_C = j\omega C\dot{U}_S$$

因为
$$\dot{I} = \frac{\dot{U}_S}{R} + \frac{\dot{U}_S}{1/j\omega C} = \dot{U}_S\left(\frac{1}{R} + j\omega C\right) = 10\angle 0°\left(\frac{1}{5} + \frac{1}{-j5}\right)$$
$$= 2 + j2 = 2\sqrt{2}\angle 45°\text{A}$$

所以
$$i = 4\cos(2t + 45°)\text{A}$$

相量图如图 4-15(c)所示。

4.4　阻抗与导纳

4.4.1　阻抗

1. 阻抗的定义

图 4-16(a)所示,一个无源二端网络,其端口电压、电流的相量形式分别为 $\dot{U}$ 和 $\dot{I}$,且为

关联参考方向。我们把端口的电压相量 $\dot{U}$ 与电流相量 $\dot{I}$ 的比值定义为该网络的阻抗 Z,即

$$Z = \frac{\dot{U}}{\dot{I}} \tag{4-35}$$

式(4-35)称为欧姆定律的相量形式。阻抗 Z 的单位为欧姆。图 4-16(a)的无源单口网络可由图 4-16(b)的电路模型等效。

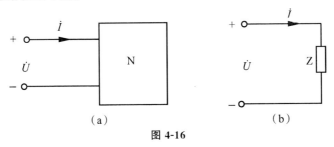

图 4-16

2. 阻抗的极坐标形式

$$Z = |Z| \angle \varphi = \frac{\dot{U}}{\dot{I}} = \frac{U}{I} \angle (\psi_u - \psi_i) \tag{4-36}$$

$|Z|$ 称为阻抗模 $\qquad\qquad |Z| = \dfrac{U}{I}$

φ 称为阻抗角 $\qquad\qquad \varphi = \psi_u - \psi_i$

即阻抗的大小 $|Z|$ 等于电压有效值除以电流有效值,阻抗角等于电压和电流的相位差。

3. 单一元件 R、L、C 的阻抗

电阻元件 R 的阻抗 $\qquad\qquad Z_R = R$

电感元件 L 的阻抗 $\qquad\qquad Z_L = \mathrm{j}\omega L = \mathrm{j}X_L$

电容元件 C 的阻抗 $\qquad\qquad Z_C = -\mathrm{j}\dfrac{1}{\omega C} = -\mathrm{j}X_C$

4. RLC 串联电路的阻抗

1) RLC 串联电路的电压电流关系

RLC 串联电路如图 4-17(a)所示,其相量模型如图 4-17(b)所示

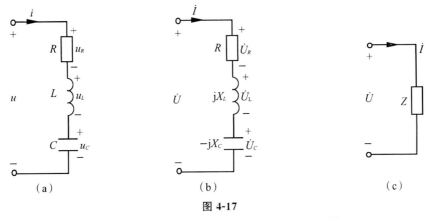

图 4-17

(a)电路图 (b)相量模型 (c)阻抗表示的相量模型

对图 4-17(a)，根据 KVL 可得

$$u = u_R + u_L + u_C = Ri + L\frac{\mathrm{d}i}{\mathrm{d}t} + \frac{1}{C}\int i\,\mathrm{d}t$$

对图 4-17(b)由 KVL 的相量形式有

$$\begin{aligned}
\dot{U} &= \dot{U}_R + \dot{U}_L + \dot{U}_C \\
&= \dot{I}R + \mathrm{j}X_L\dot{I} - \mathrm{j}X_C\dot{I} \\
&= [R + \mathrm{j}(X_L - X_C)]\dot{I} \\
&= (R + \mathrm{j}X)\dot{I}
\end{aligned} \tag{4-37}$$

2）RLC 串联电路的阻抗

由阻抗的定义得 RLC 串联电路的阻抗

$$Z = \frac{\dot{U}}{\dot{I}} = R + \mathrm{j}X = Z\angle\varphi \tag{4-38}$$

Z 为复数，其实部 R 称为电阻，虚部为 X，称为电抗。

$$X = X_L - X_C = \omega L - \frac{1}{\omega C} \tag{4-39}$$

复阻抗的模 $\qquad\qquad |Z| = \sqrt{R^2 + X^2} \tag{4-40}$

复阻抗的阻抗角 $\qquad \varphi = \arctan\frac{X}{R} = \arctan\frac{X_L - X_C}{R} \tag{4-41}$

$R, X, |Z|$ 三者的关系可以构成一个阻抗三角形，如图 4-18 所示。

3）RLC 串联电路的性质

在 RLC 串联电路中，可选择电流 $\dot{I}$ 为参考相量，则 $\dot{U}_R$ 与 $\dot{I}$ 同相，$\dot{U}_L$ 比 $\dot{I}$ 超前 $\frac{\pi}{2}$，$\dot{U}_C$ 比 $\dot{I}$ 滞后 $\frac{\pi}{2}$，可画出电路相量图如图 4-19 所示。

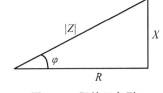

图 4-18 阻抗三角形

当 $X_L > X_C$ 时，$X > 0$，$U_L > U_C$，$\varphi > 0$，即 $\dot{U}$ 比 $\dot{I}$ 超前 φ，此时电路呈感性，相量图为图 4-19(a)。

当 $X_L < X_C$ 时，$X < 0$，$U_L < U_C$，$\varphi < 0$，即 $\dot{U}$ 比 $\dot{I}$ 滞后 φ，此时电路呈容性，相量图为图 4-19(b)。

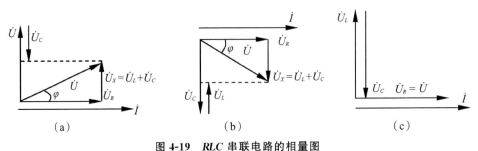

图 4-19 RLC 串联电路的相量图

（a）呈感性　（b）呈容性　（c）呈阻性

当 $X_L = X_C$ 时，$X = 0$，$U_L = U_C$，$\varphi = 0$，即 $\dot{U}$ 与 $\dot{I}$ 同相，此时电路呈阻性，相量图为图 4-19(c)。这是 RLC 串联电路的一种特殊工作状态，称为串联谐振。

【例 4-15】 RLC 串联电路中，$R = 10\text{k}\Omega$，$L = 5\text{mH}$，$C = 0.001\mu\text{F}$，接到 $u = 10\sqrt{2}\cos 10^6 t\,\text{V}$ 的电源上。求：(1) 电流及各瞬时电压；(2) 画出相量图；(3) 判断电路的性质。

【解】 依题意画出电路的相量图如图 4-20(b) 所示。

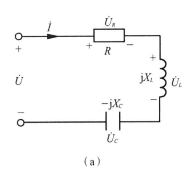

(1) $X_L = \omega L = 10^6 \times 5 \times 10^{-3} = 5(\text{k}\Omega)$

$$X_C = \frac{1}{\omega C} = \frac{1}{10^6 \times 0.001 \times 10^{-6}} = 1(\text{k}\Omega)$$

$$Z = R + \text{j}(X_L - X_C) = 10 + \text{j}4 = 10.77\angle 21.8°(\text{k}\Omega)$$

$$\dot{U} = 10\angle 0°\text{V}$$

$$\dot{I} = \frac{\dot{U}}{Z} = \frac{10\angle 0°}{10.77\angle 21.8°} = 0.929\angle -21.8°(\text{mA})$$

（a）

电阻上电压与电流同相，则

$$\dot{U}_R = R\dot{I} = 9.29\angle -21.8°\text{V}$$

电感上电压超前电流 90°，则 $\psi_{u1} = -21.8° + 90° = 68.2°$

$$\dot{U}_L = \text{j}X_L\dot{I} = 4.65\angle 68.2°\text{V}$$

电容上电压滞后电流 90°，则 $\psi_{uC} = -21.8° - 90° = -111.8°$

$$\dot{U}_C = -\text{j}X_C\dot{I} = 0.929\angle -111.8°\text{V}$$

电压瞬时值表示式

$$u_R = 9.29\sqrt{2}\cos(10^6 t - 21.8°)\text{V}$$

$$u_L = 4.65\sqrt{2}\cos(10^6 t + 68.2°)\text{V}$$

$$u_C = 0.929\sqrt{2}\cos(10^6 t - 111.8°)\text{V}$$

(2) 相量图如图 4-20(b) 所示。

(3) $\varphi = 21.8° > 0$，电路呈感性。

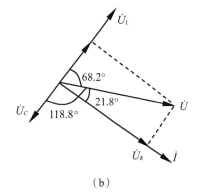

（b）

图 4-20　例 4-15 图

4.4.2 导纳

1. 导纳的定义

对无源单口网络，若端口上电压相量和电流相量参考方向一致，其导纳 Y 定义为

$$Y = \frac{1}{Z} = \frac{\dot{I}}{\dot{U}} \tag{4-42}$$

导纳的单位是西门子(S)。

2. 导纳的极坐标形式

$$Y = |Y|\angle\varphi_Y = \frac{\dot{I}}{\dot{U}} = \frac{I}{U}\angle(\psi_i - \psi_u) \tag{4-43}$$

导纳模 $$|Y| = \frac{I}{U}$$

导纳角 $\qquad \varphi_Y = \psi_i - \psi_u$

3. 单一元件 R、L、C 的导纳

电阻元件 R 的导纳 $\qquad Y_R = \dfrac{1}{R} = G$

电感元件 L 的导纳 $\qquad Y_L = -\mathrm{j}\dfrac{1}{\omega L} = -\mathrm{j}B_L$ $\qquad$ 其中感纳 $B_L = \dfrac{1}{X_L} = \dfrac{1}{\omega L}$

电容元件 C 的导纳 $\qquad Y_C = \mathrm{j}\omega C = \mathrm{j}B_C$ $\qquad$ 其中容纳 $B_C = \dfrac{1}{X_C} = \omega C$

4. RLC 并联电路的导纳

1) RLC 并联电路的电流电压关系

RLC 并联电路如图 4-21(a) 所示，其相量模型如图 4-21(b) 所示。

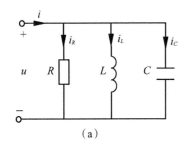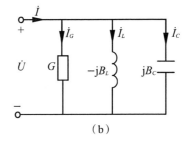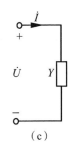

图 4-21

（a）电路 （b）相量模型 （c）导纳表示的相量模型

在图 4-21(b) 中，由 KCL 相量形式有

$$
\begin{aligned}
\dot{I} &= \dot{I}_G + \dot{I}_L + \dot{I}_C \\
&= \frac{\dot{U}}{R} + \frac{\dot{U}}{\mathrm{j}\omega L} + \mathrm{j}\omega C\dot{U} \\
&= \left(\frac{1}{R} + \frac{1}{\mathrm{j}\omega L} + \mathrm{j}\omega C\right)\dot{U} \\
&= [G + \mathrm{j}(B_C - B_L)]\dot{U} \\
&= (G + \mathrm{j}B)\dot{U} \qquad\qquad (4\text{-}44)
\end{aligned}
$$

（2）RLC 并联电路的导纳

由导纳定义，可得 RLC 并联电路的导纳

$$
Y = \frac{\dot{I}}{\dot{U}} = G + \mathrm{j}B = Y\angle\varphi_Y \qquad\qquad (4\text{-}45)
$$

Y 为复数，其实部 G 称为电导，虚部为 B，称为电纳。

$$
B = B_C - B_L = \omega C - \frac{1}{\omega L} \qquad\qquad (4\text{-}46)
$$

复导纳的模 $\qquad |Y| = \sqrt{G^2 + B^2} = \sqrt{G^2 + (B_C - B_L)^2} \qquad\qquad (4\text{-}47)$

复导纳的导纳角 $\qquad \varphi_Y = \arctan\dfrac{B}{G} = \arctan\dfrac{B_C - B_L}{G} \qquad\qquad (4\text{-}48)$

同样 $G,B,|Y|$ 三者的关系可以构成一个导纳三角形，如图 4-22 所示。

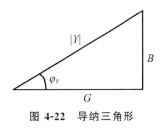

图 4-22　导纳三角形

3）RLC 并联电路的性质

在 RLC 并联电路中，可选电压 $\dot{U}$ 为参考相量，则 $\dot{I}_R$ 与 $\dot{U}$ 同相，$\dot{I}_L$ 比 $\dot{U}$ 滞后 $\frac{\pi}{2}$，$\dot{I}_C$ 比 $\dot{U}$ 超前 $\frac{\pi}{2}$。可画出电路相量图如图 4-23 所示。

当 $B_C < B_L$ 时，$X < 0$，$\varphi_Y < 0$，即 $\dot{I}$ 比 $\dot{U}$ 滞后 φ_Y 角，此时电路呈感性，相量图为图 4-23（a）。

当 $B_C > B_L$ 时，$X > 0$，$\varphi_Y > 0$，即 $\dot{I}$ 比 $\dot{U}$ 超前 φ_Y 角，此时电路呈容性，相量图为图 4-23（b）。

当 $B_C = B_L$ 时，$X = 0$，$\varphi_Y = 0$，即 $\dot{I}$ 与 $\dot{U}$ 同相，此时电路呈阻性，相量图为图 4-23（c）。这是 RLC 并联电路的一种特殊工作状态称为并联谐振。

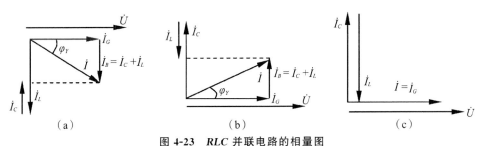

图 4-23　RLC 并联电路的相量图
（a）呈感性　（b）呈容性　（c）呈阻性

【例 4-16】　已知一个 RLC 并联电路中，$R = 10\Omega$，$L = 5\mu H$，$C = 0.5\mu F$，电压有效值 $U = 5V$，$\omega = 10^6 rad/s$。求电路的总电流 I，并说明电路的性质。

【解】　电路的导纳为　　　　　　$Y = G + j(B_C - B_L)$

其中　　　　　　　　　　　　$G = \dfrac{1}{R} = 0.1S$

$$B_L = \frac{1}{\omega L} = \frac{1}{10^6 \times 5 \times 10^{-6}} = 0.2(S)$$

$$B_C = \omega C = 10^6 \times 0.5 \times 10^{-6} = 0.5(S)$$

则　　　　　$Y = 0.1 + j(0.5 - 0.2) = 0.1 + j0.3 = 0.316\angle 71.56°(S)$

以电压为参考相量，则　　　　　　$\dot{U} = 5\angle 0°V$

电流相量　　　　　　　　$\dot{I} = Y\dot{U} = 1.58\angle 71.56°A$

$$I = 1.58A$$

因导纳角 $\varphi_Y = 71.56° > 0$，也即 $\varphi < 0$，电流超前电压，因此电路呈容性。

4.4.3　阻抗和导纳的等效变换

对于一个无源二端网络，在端口处电压、电流参考方向关联的条件下，既可以用一个阻抗来等效替代，也可以用一个导纳来等效替代，如图 4-24 所示。

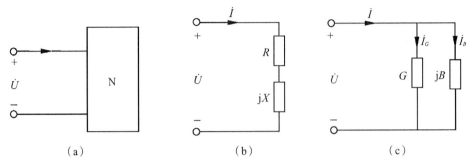

图 4-24 *RLC* 并联电路的相量图

在图 4-24(b)中画出的是等效阻抗的最简单的电路模型,即电阻与电抗串联。同样,在图 4-24(c)中画出了等效导纳的最简单的电路模型,即电导与电纳并联。

根据阻抗与导纳互为倒数关系,即

$$Y = \frac{1}{Z} \text{ 或 } Z = \frac{1}{Y}$$

(1)若已知 $Z = R + \mathrm{j}X = |Z| < \varphi$,则

$$Y = \frac{1}{Z} = \frac{1}{R + \mathrm{j}X} = \frac{R}{R^2 + X^2} - \mathrm{j}\frac{X}{R^2 + X^2} = G + \mathrm{j}B$$

式中

$$G = \frac{R}{R^2 + X^2} \tag{4-49}$$

$$B = \frac{-X}{R^2 + X^2} \tag{4-50}$$

根据式(4-49)和式(4-50)就可以由阻抗的电阻 R 和电抗 X 分别求出导纳的电导 G 和电纳 B,且二者均为频率的函数。

由式(4-49)和式(4-50)可以看出 $G \neq \frac{1}{R}$,$B \neq \frac{1}{X}$

(2)若已知 $Y = G + \mathrm{j}B = |Y| \angle \varphi_Y$,则

$$Z = \frac{1}{Y} = \frac{1}{G + \mathrm{j}B} = \frac{G}{G^2 + B^2} - \mathrm{j}\frac{B}{G^2 + B^2} = R + \mathrm{j}X$$

式中

$$R = \frac{G}{G^2 + B^2} \tag{4-51}$$

$$X = \frac{-B}{G^2 + B^2} \tag{4-52}$$

根据(4-51)和式(4-52)就可以由导纳的电导 G 和电纳 B 分别求出阻抗的电阻 R 和电抗 X,且二者均为频率的函数。

由式(4-51)和式(4-52)可以看出 $R \neq \frac{1}{G}$,$X \neq \frac{1}{B}$。

注意:由于等效电导 G,电纳 B,等效电阻 R,电抗 X 都是与频率有关的,即都是频率的函数,因此,相同参数的电路在不同频率下相互等效的阻抗和导纳的数值也不同。

4.4.4 阻抗、导纳的串联和并联

阻抗的串联和并联电路的计算,在形式上与直流电路中的电阻的串联和并联的计算

相似。

（1）n 个阻抗串联而成的电路，其等效阻抗为

$$Z = Z_1 + Z_2 + \cdots + Z_n = \sum_{k=1}^{n} Z_k \tag{4-53}$$

两个阻抗串联时的分压公式

$$\left.\begin{array}{l} \dot{U}_1 = \dfrac{Z_1}{Z_1 + Z_2}\dot{U} \\[3mm] \dot{U}_2 = \dfrac{Z_2}{Z_1 + Z_2}\dot{U} \end{array}\right\} \tag{4-54}$$

（2）n 个导纳并联而成的电路，其等效导纳为

$$Y = Y_1 + Y_2 + \cdots + Y_n = \sum_{k=1}^{n} Y_k \tag{4-55}$$

或

$$\frac{1}{Z} = \frac{1}{Z_1} + \frac{1}{Z_2} + \cdots + \frac{1}{Z_n} = \sum_{k=1}^{n} \frac{1}{Z_k} \tag{4-56}$$

两个阻抗并联时，等效阻抗

$$Z = \frac{Z_1 Z_2}{Z_1 + Z_2} \tag{4-57}$$

分流公式

$$\left.\begin{array}{l} \dot{I}_1 = \dfrac{Z_2}{Z_1 + Z_2}\dot{I} \\[3mm] \dot{I}_2 = \dfrac{Z_2}{Z_1 + Z_2}\dot{I} \end{array}\right\} \tag{4-58}$$

【例 4-17】 已知两阻抗串联，$Z_1 = 12\Omega$，$Z_2 = j5\Omega$，电路总电压为 $u = 130\sqrt{2}\cos 314t$ V。求：(1)电路的电流 $\dot{I}$；(2)两个元件上的电压 u_1 和 u_2。

【解】（1）由阻抗串联得等效阻抗为

$$Z = Z_1 + Z_2 = 12 + j5 = 13\angle 22.6°\Omega$$

电压的相量为 $\qquad\qquad \dot{U} = 130\angle 0°\text{V}$

根据欧姆定律的相量形式，可得电流相量

$$\dot{I} = \frac{\dot{U}}{Z} = \frac{130\angle 0°}{13\angle 22.6°} = 10\angle -22.6°\text{A}$$

（2）各元件上的电压相量为

$$\dot{U}_1 = 12 \times 10\angle -22.6° = 120\angle -22.6°\text{V}$$

$$\dot{U}_2 = j5 \times 10\angle -22.6° = 50\angle 67.4°\text{V}$$

所以

$$u_1 = 120\sqrt{2}\cos(314t - 22.6°)\text{V}$$

$$u_2 = 50\sqrt{2}\cos(314t + 67.4°)\text{V}$$

【例 4-18】 在图 4-25(a)所示电路中，$Z_1 = (3+j4)\Omega$，$Z_2 = (8-j6)\Omega$，外加电压 $\dot{U} = 220\angle 0°$V。试求各支路的电流 $\dot{I}_1$、$\dot{I}_2$ 和 $\dot{I}$，并画出相量图。

【解】 $Z_1 = (3+j4)\Omega = 5\angle 53.1°\Omega$

$$Z_2 = (8-j6)\Omega = 10\angle-36.9°\Omega$$

求总复阻抗

由 $\dfrac{1}{Z} = \dfrac{1}{Z_1} + \dfrac{1}{Z_2}$ 可得

$$Z = \frac{Z_1 Z_2}{Z_1 + Z_2} = \frac{5\angle53.1°\times10\angle-36.9°}{3+j4+8-j6}\Omega$$

$$= \frac{50\angle16.2°}{11.2\angle-10.3°}\Omega = 4.47\angle26.5°\Omega$$

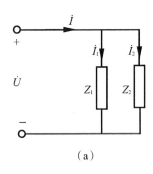

（a）

所以 $\dot{I}_1 = \dfrac{\dot{U}}{Z_1} = \dfrac{220\angle0°}{5\angle53.1°}\text{A} = 44\angle-53.1°\text{A}$

$$\dot{I}_2 = \frac{\dot{U}}{Z_2} = \frac{220\angle0°}{10\angle-36.9°}\text{A} = 22\angle36.9°\text{A}$$

$$\dot{I} = \frac{\dot{U}}{Z} = \frac{220\angle0°}{4.47\angle26.5°}\text{A} = 49.2\angle-26.5°\text{A}$$

相量图如图 4-25（b）所示。

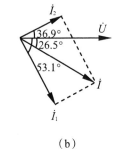

（b）

图 4-25　例 4-18 图

4.5　正弦交流电路的分析计算

4.5.1　正弦交流电路的相量图分析法

相量图可以直观地显示各相量之间的关系，在讨论阻抗或导纳的串、并联电路时，常常利用相关的电压和电流相量在复平面上组成的电路相量图，对其进行定性或定量的分析计算。

用相量图求解正弦交流电路的具体步骤。

（1）根据电路结构及已知条件选择参考相量。

若电路为串联电路，由于电流是共同的，应选电流为参考相量。

若电路为并联电路，由于电压是共同的，应选电压为参考相量。

对于混联电路，参考相量的选择可根据电路的具体条件而定。如可根据已知条件选定电路内部某并联部分电压或某串联部分电流为参考相量。

有了参考相量，相量图中一般不再出现坐标轴，所有的相量都以参考相量为基准，从而使相量图变得非常简洁。

（2）以参考相量为基准，由已知电路相量形式的 KCL，KVL 和 VCR 的基本方程，逐一画出电路中的各电量，得到相量图。

（3）运用电路基本定律和三角函数及几何关系求解正弦交流电路。

【例 4-19】　如图 4-26（a）所示电路中，电压表 V_1，V_2 的读数都是 50V，试计算出电压表 V 的读数。

【解】　先画出图 4-26（a）对应的相量模型如图 4-26（b）所示。

该电路为 RL 串联电路，选取电路电流 $\dot{I}$ 作为参考相量，设 $\dot{I} = I\angle0°\text{A}$，根据 R，L 元件上的电压，电流的相位关系画出相量图如图 4-26（c）所示。在图中，先画出参考相量 $\dot{I}$，$\dot{U}_R$ 相量与 $\dot{I}$ 同相，$\dot{U}_L$ 相量超前 $\dot{I}$90°，而电压

$$\dot{U} = \dot{U}_R + \dot{U}_L$$

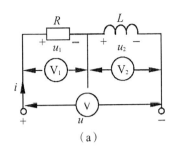 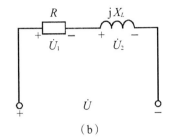 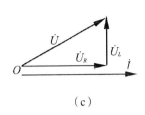

图 4-26 例 4-19 图

从相量图可以看出

$$U = \sqrt{U_R^2 + U_L^2} = \sqrt{50^2 + 50^2} = 50\sqrt{2}\,(\text{V})$$

所以电压表 V 的读数为 $50\sqrt{2}$ V。

显然 $U \neq U_1 + U_2$，说明在正弦交流电路中，有效值不满足基尔霍夫定律。

【**例 4-20**】 在图 4-27(a)所示电路中，已知电流表 A_1，A_2 读数都是 10A，试计算电流表 A 的读数。

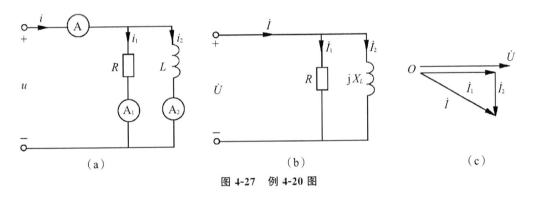

图 4-27 例 4-20 图

【**解**】 先画出图 4-27(a)的相量模型如图 4-27(b)所示。此题为 *RL* 并联电路，选端口电压为参考相量，设 $\dot{U} = U \angle 0° \text{V}$，考虑到 $\dot{I}_1$ 与 $\dot{U}$ 同相，$\dot{I}_2$ 滞后 $\dot{U}$ 90°。

由 KCL 的相量式得

$$\dot{I} = \dot{I}_1 + \dot{I}_2$$

画出相量图如图 4-27(c)所示，则

$$I = \sqrt{I_1^2 + I_2^2} = \sqrt{10^2 + 10^2} = 10\sqrt{2}\,(\text{A})$$

即电流表的读数为 $10\sqrt{2}$ A。

4.5.2 正弦交流电路的相量分析法

1. 线性电阻电路的分析

对于线性电阻电路的分析，其基本定律有

$$\sum i = 0 \qquad \sum u = 0 \qquad u = Ri \qquad i = Gu$$

对于正弦交流电路，其基本定律有

$$\sum \dot{I} = 0 \qquad \sum \dot{U} = 0 \qquad \dot{U} = Z\dot{I} \qquad \dot{I} = Y\dot{U}$$

比较上述两组式子,它们在形式上是完全相同的。因此,线性电阻电路的各种分析方法和电路定理(例如电阻的串并联等效变换、Y-△等效变换、电压源和电流源的等效变换、2b法、回路法、节点法以及戴维南定理和叠加定理等)都可以直接用于正弦电路的分析。所不同的是线性电阻电路求解方程为实数运算,而正弦交流电路求解方程为复数运算。

2. 用相量法分析正弦稳态电路响应的步骤

(1)画出与时域电路相对应的相量模型。

(2)选用适当的分析计算法求响应相量。

(3)将求得的响应相量变换为时域响应。

【**例 4-21**】 如图 4-28(a)所示,设 $u_L = 220\sqrt{2}\cos(314t + 30°)$V,$L = 0.2$H,试求 i_L 并画相量图。

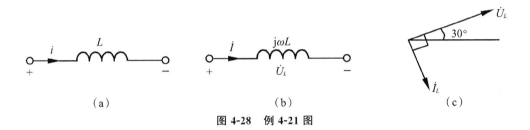

图 4-28 例 4-21 图

【**解**】 画出与图 4-28(a)所对应的相量模型如图 4-28(b)所示。

$$X_L = \omega L = 314 \times 0.2 = 62.8(\Omega)$$

$$\dot{U}_L = 220\angle 30°$$

$$\dot{I}_L = \frac{\dot{U}_L}{\mathrm{j}X_L} = \frac{220\angle 30°}{\mathrm{j}62.8}\text{A} = 3.5\angle(30° - 90°)\text{A} = 3.5\angle{-60°}\text{A}$$

则 $\qquad i_L = I_m\cos(\omega t + \psi_i) = 3.5\sqrt{2}\cos(314t - 60°)$ A

相量图如图 4-28(c)所示。

【**例 4-22**】 图 4-29(a)电路中,已知 $R = 5\Omega$,$L = 1$H,$C = 0.1$F,$i_s(t) = 10\sqrt{2}\cos 5t$A,试求 u_R, u_L, u_C 和 u,并画相量图。

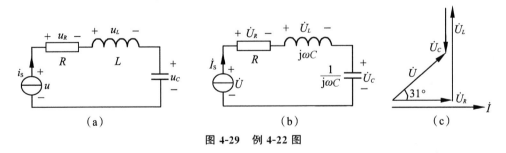

图 4-29 例 4-22 图

【**解**】 将图 4-29(a)中各元件用其相量模型表示,得图 4-29(b),

则 $\quad \dot{I}_s = 10\angle 0°$A $\quad \mathrm{j}\omega L = \mathrm{j}5 \times 1 = \mathrm{j}5(\Omega) \quad -\mathrm{j}\dfrac{1}{\omega C} = -\mathrm{j}\dfrac{1}{5 \times 0.1} = -\mathrm{j}2(\Omega)$

$$\dot{U}_R = R\dot{I}_s = 5 \times 10\angle 0°\text{V} = 50\angle 0°\text{V}$$

$$\dot{U}_L = j\omega L \dot{I}_S = j5 \times 10\angle 0° = j50 = 50\angle 90°(V)$$

$$\dot{U}_C = -j\frac{1}{\omega C}\dot{I}_S = -j2 \times 10\angle 0° = j20 = 20\angle -90°(V)$$

由 KVL 有：$\dot{U} = \dot{U}_R + \dot{U}_L + \dot{U}_C = 50 + j50 - j20 = 50 + j30 = 58.3\angle 31°V$

所以 $u_R = U_{Rm}\cos(\omega t + \varphi_{uR}) = 50\sqrt{2}\cos 5t \, V$

$$u_L = U_{Lm}\cos(\omega t + \varphi_{uL}) = 50\sqrt{2}\cos(5t + 90°)V$$

$$u_C = U_{Cm}\cos(\omega t + \varphi_{uC}) = 20\sqrt{2}\cos(5t - 90°)V$$

$$u = U_m\cos(\omega t + \varphi_u) = 58.3\sqrt{2}\cos(5t + 31°)V$$

相量图如图 4-29(c)所示。

【例 4-23】 电路的相量模型如图 4-30 所示，已知 $R_1 = R_2 = 5\Omega, jX_L = j5\Omega, -jX_{C1} = -jX_{C2} = -j5\Omega, \dot{U}_1 = 100\angle 0°V, \dot{U}_2 = 100\angle 53.1°V$，求电流 $\dot{I}$。

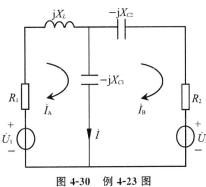

图 4-30　例 4-23 图

【解】 本题可用网孔电流法求解。

设网孔电流为 $\dot{I}_A, \dot{I}_B$，如图 4-30 所示。根据网孔电流法，分别列出 A，B 两个网孔方程。

网孔 A　$(jX_L + R_1 - jX_{C1})\dot{I}_A - (-jX_{C1})\dot{I}_B = \dot{U}_1$

网孔 B　$(R_2 - jX_{C1} - jX_{C2})\dot{I}_B - (-jX_{C1})\dot{I}_A = -\dot{U}_2$

代入数值得　　　$(j5 + 5 - j5)\dot{I}_A - (-j5)\dot{I}_B = 100\angle 0°$

$$(5 - j5 - j5)\dot{I}_B - (-j5)\dot{I}_A = -100\angle 53.1°$$

整理得　　　　　$5\dot{I}_A + j5\dot{I}_B = 100\angle 0°$

$$(5 - j10)\dot{I}_B + j5\dot{I}_A = -100\angle 53.1°$$

而　　　　　　　$\dot{I} = \dot{I}_A - \dot{I}_B$

联立三个方程解得　　　$\dot{I} = 6.32\angle 71.5°A$

【例 4-24】 电路的相量模型如图 4-31(a)所示。已知 $\dot{U}_S = 10\angle 0°V, \dot{I}_S = 2\angle 0°A, Z_1 = (1+j1)\Omega, Z_2 = (0.5+j0.5)\Omega, Z_3 = (10-j10)\Omega$，求电流 $\dot{I}_0$。

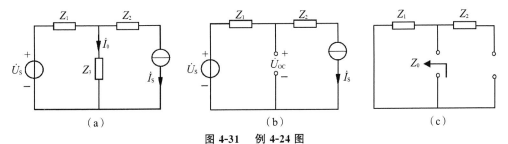

(a)　　　　　　　　(b)　　　　　　　　(c)

图 4-31　例 4-24 图

【解】 本题可用戴维南定理求解。

根据戴维南定理,将 Z_3 支路开路,如图 4-31(b)所示,求开路电压 $\dot{U}_{OC}$。

$$\dot{U}_{OC} = \dot{U}_S - \dot{I}_S Z_1 = 10\angle 0° - 2\angle 0° \times (1+j) = 8.25\angle -14° \text{V}$$

画等效内阻抗电路,如图 4-31(c)所示,则

$$Z_0 = Z_1 = 1+j = \sqrt{2}\angle 45°$$

因此

$$\dot{I} = \frac{\dot{U}_{OC}}{Z_0 + Z_3} = \frac{8.52\angle -14°}{10-j10+1+j} = 0.581\angle 25.3° \text{A}$$

4.6 正弦交流电路的功率

4.6.1 瞬时功率

图 4-32(a)所示为一无源单口网络,设其上的电压、电流参考方向一致,在正弦稳态情况下,u,i 分别为

$$u = \sqrt{2}U\cos(\omega t + \psi_u)$$

$$i = \sqrt{2}I\cos(\omega t + \psi_i)$$

该无源单口网络吸收的瞬时功率为

$$\begin{aligned}
p = ui &= 2UI\cos(\omega t + \psi_u)\cos(\omega t + \psi_i) \\
&= UI\cos\varphi + UI\cos(2\omega t + 2\psi_u - \varphi)
\end{aligned} \tag{4-59}$$

其中 $\varphi = \psi_u - \psi_i$。从式(4-59)可以看出,瞬时功率由两部分组成,一部分为 $UI\cos\varphi$,是与时间无关的恒定分量;另一部分为 $UI\cos(2\omega t + 2\psi_u - \varphi)$ 是随时间按角频率 2ω 变化的正弦量。瞬时功率的波形见图 4-32(b)。

$p > 0$ 时,无源单口网络吸收功率;$p < 0$ 时,无源单口网络发出功率。

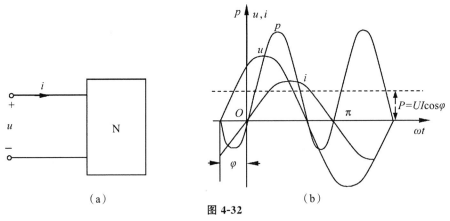

图 4-32

(a)无源单口网络 (b)瞬时功率波形图

4.6.2 有功功率(平均功率)

瞬时功率在一个周期内的平均值称为有功功率,有功功率又称为平均功率。用大写字母 P 表示,即

$$P = \frac{1}{T}\int_0^T p\,\mathrm{d}t = \frac{1}{T}\int_0^T UI[\cos\varphi + \cos(2\omega t + \psi_u + \psi_i)]\,\mathrm{d}t$$

$$= UI\cos\varphi \qquad (4\text{-}60)$$

有功功率 P 的单位为瓦特(W)。

有功功率表示的是无源单口网络实际消耗的功率,即式(4-59)中的恒定分量。由上式可以看出,有功功率不仅与端口电压 u 与端口电流 i 的有效值的乘积有关,还与它们之间的相位差的余弦有关。式中 $\cos\varphi$ 称为功率因数,用符号 λ 表示,φ 称为功率因数角。

即 $$\lambda = \cos\varphi \qquad (4\text{-}61)$$

对电阻元件 $\varphi = 0$,则 $\lambda = \cos\varphi = 1$

对电感元件和电容元件 $\varphi = \pm\dfrac{\pi}{2}$,则 $\lambda = \cos\varphi = 0$

4.6.3 无功功率 Q

由式(4-60)可知,对单一参数的交流电路,只有电阻元件消耗功率,电感和电容不消耗功率。电感元件、电容元件虽然不消耗功率,但是它们和电源之间存在着能量互换,把这种能量交换规模的大小定义为无功功率。用大写字母 Q 表示,其定义为

$$Q = UI\sin\varphi \qquad (4\text{-}62)$$

无功功率 Q 的单位是 var(乏,即无功伏安)。

4.6.4 视在功率 S

许多电器设备或电力系统的容量是由它们的额定电压和额定电流的乘积决定的,为此引入电力设备视在功率(或容量)的概念,用大写字母 S 表示,其定义为

$$S = UI \qquad (4\text{-}63)$$

为了与有功功率和无功功率相区别,把视在功率的单位用 V·A(伏安)或 kV·A(千伏安)来表示。

其中 U,I 分别为电力设备的额定电压和额定电流,电机、电器等都是按在额定电压和额定电流条件下工作而设计的,因此使用时,其电压、电流不得超过额定值。

许多交流电机、电器的额定容量都是以视在功率表示的。电力设备的视在功率(容量)是指其可以输出的最大功率,它反映了电力设备的最大潜力,但它不等于电力设备实际输出的功率 P,后者还要将视在功率乘以电力设备的功率因数 $\cos\varphi$,即 $P = UI\cos\varphi$。

4.6.5 功率三角形

有功功率 P,无功功率 Q 和视在功率 S 的关系也可构成一个三角形,称为功率三角形,它与阻抗三角形相似,如图 4-33 所示。则 Q,S,P,φ 之间的关系为

$$P = UI\cos\varphi = S\cos\varphi \qquad Q = UI\sin\varphi = S\sin\varphi$$

$$S = \sqrt{P^2 + Q^2} = UI \qquad \varphi = \arctan\left(\dfrac{Q}{P}\right) \qquad (4\text{-}64)$$

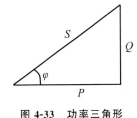

图 4-33 功率三角形

4.6.6 复功率

二端网络的 S,P,Q 之间的关系,还可用一个复数来表达,该复数称为复功率。为区别于一般的复数和相量,用 $\overline{S}$ 表示复功率,即

$$\overline{S} = P + jQ \qquad (4\text{-}65)$$

将式(4-64)代入式(4-65)得

$$\overline{S} = UI\cos\varphi + jUI\sin\varphi = UI\angle\varphi = UI\angle(\psi_u - \psi_i)$$

$$= U \angle \psi_u \cdot I \angle -\psi_i = \dot{U}\dot{I}^* \tag{4-66}$$

式中，$\dot{I}^* = I \angle -\psi_i$ 是网络的电流相量 $\dot{I} = I \angle \psi_i$ 的共轭复数。

可以证明对于复杂的正弦电路，其总的有功功率等于电路各部分有功功率的和，总的无功功率等于各部分无功功率的和，所以电路总的复功率等于各部分复功率之和。整个电路的复功率，有功功率、无功功率都是守恒的。但一般情况下，视在功率是不存在守恒关系的。

4.6.7 无源单口网络的功率计算

1. R、L、C 元件的瞬时功率、有功功率和无功功率

1）电阻元件

对于电阻 R，$\varphi = \psi_u - \psi_i = 0$，由式（4-59）得

$$瞬时功率 \quad P = UI\{1 + \cos[2(\omega t + \psi_u)]\} \tag{4-67}$$

由式（4-67）知 $P \geqslant 0$，其最小值为零。这说明电阻一直吸收能量。

$$有功功率 \quad P_R = UI\cos\varphi = UI = RI^2 = GU^2 \tag{4-68}$$

$$无功功率 \quad Q_R = UI\sin\varphi = 0$$

2）电感元件

对于电感 L，因 $\varphi = \psi_u - \psi_i = \dfrac{\pi}{2}$，由式（4-59）可以求得

$$瞬时功率 \quad p = UI\sin\varphi\sin[2(\omega t + \psi_u)] = UI\sin[2(\omega t + \psi_u)] \tag{4-69}$$

$$有功功率 \quad P = UI\cos\varphi = 0$$

由上知，电感不消耗能量，但是其瞬时功率以 2ω 的角频率正负交替变化，说明电感与外施电源之间有能量的相互交换。

$$无功功率 \quad Q_L = UI\sin\varphi = UI\sin\frac{\pi}{2} = UI$$

$$= \omega L I^2 = \frac{U^2}{\omega L} \tag{4-70}$$

3）电容元件

对于电容 C，因 $\varphi = \psi_u - \psi_i = -\dfrac{\pi}{2}$，由式（4-59）可以求得，

$$瞬时功率 \quad P = UI\sin\varphi\sin[2(\omega t + \psi_u)]$$
$$= -UI\sin[2(\omega t + \psi_u)] \tag{4-71}$$

$$有功功率 \quad P = UI\cos\varphi = 0$$

由上知，电容也不消耗能量，其瞬时功率以角频率 2ω 正负交替变化，说明电容与外施电源之间有能量的来回交换。

$$无功功率 \quad Q_C = UI\sin\varphi = UI\sin\left(-\frac{\pi}{2}\right) = -UI$$

$$= -\frac{1}{\omega C}I^2 = -\omega C U^2 \tag{4-72}$$

2. RLC 串联电路的有功功率和无功功率

$$有功功率 \quad P = UI\cos\varphi$$

$$无功功率 \quad Q = UI\sin\varphi$$

由于 RLC 串联单口网络的阻抗为

$$Z = R + j\left(\omega L - \frac{1}{\omega C}\right)$$

且 $\varphi = \arctan\left(\dfrac{X}{R}\right), U = |Z|I, R = |Z|\cos\varphi, X = |Z|\sin\varphi,$

将四个式子同时代入 P, Q 中有

有功功率 $\quad P = UI\cos\varphi = |Z|I^2\cos\varphi = RI^2 \qquad\qquad (4\text{-}73)$

无功功率 $\quad Q = UI\sin\varphi = |Z|I^2\sin\varphi = XI^2 = \left(\omega L - \dfrac{1}{\omega C}\right)I^2$

$$= \omega L I^2 - \frac{1}{\omega C}I^2$$

$$= Q_L + Q_C \qquad\qquad (4\text{-}74)$$

【例 4-25】 电路如图 4-34 所示。已知 $Z_1 = R + jX_L = (6 + j8)\Omega, C = 200\mu F, f = 50Hz, U = 220V$。求 Z_1 支路的有功功率及功率因数；整个电路的有功功率与功率因数。

【解】 依题意得

$$Z_2 = -j\frac{1}{\omega C} = -j\frac{1}{2\pi \times 50 \times 200 \times 10^{-6}}\Omega = -j15.9\Omega$$

并联等效复阻抗为

$$Z = \frac{Z_1 Z_2}{Z_1 + Z_2} = \frac{(6+j8)(-j15.9)}{6+j8-j15.9}\Omega = (15.4 + j4.4)\Omega$$

设电压为参考相量 $\dot{U} = 220\angle 0°V$，则

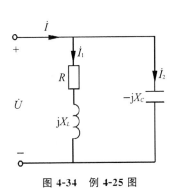

图 4-34　例 4-25 图

$$\dot{I} = \frac{\dot{U}}{Z} = \frac{220\angle 0°}{15.4 + j4.4}A = 13.7\angle -15.9°A$$

$$\dot{I}_1 = \frac{\dot{U}}{Z_1} = \frac{220\angle 0°}{6 + j8}A = 22\angle -53.1°A$$

$$\dot{I}_2 = \frac{\dot{U}}{Z_2} = \frac{220\angle 0°}{-j15.9}A = 13.8\angle 90°A$$

Z_1 支路的有功功率、功率因数为

$P_1 = UI_1\cos\varphi_1 = 220 \times 22 \times \cos 53.1°W = 2904W$

$\cos\varphi_1 = \cos 53.1° = 0.6$

整个电路的有功功率、功率因数为

$P = UI\cos\varphi = 220 \times 13.7 \times \cos 15.9°W = 2893W$

$\cos\varphi = \cos 15.9° = 0.96$

4.7　功率因数的提高

4.7.1　提高功率因数的意义

负载功率因数的大小是由负载的性质决定的。通常使用的电气设备多为感性，功率因数都较低，如日光灯在 0.5 左右，三相异步电动机满载时可达 0.9 左右，而空载时会降到 0.2 左右，交流电焊机只有 0.3～0.4 等。功率因数太低，会对供电系统产生不良影响，会引起两方面的问题。

1. 电源设备不能充分利用

一定的供电设备能够输出的有功功率为 $P = S\cos\varphi$，$\cos\varphi$ 越低，P 越小，而无功功率 Q 却越大。Q 越大，电路中进行能量交换的规模就越大，发电设备发出的能量就不能被充分利用，其中一部分在发电设备与负载之间进行交换。因此，提高负载的功率因数就可以提高电源设备的利用率。

2. 输电线路的损耗和压降增加

由 $P = UI\cos\varphi$ 知 $I = \dfrac{P}{U\cos\varphi}$，当发电设备的输出电压 U 和功率 P 一定时，电流 I 与功率因数 $\cos\varphi$ 成反比，即功率因数越低，输电线路的电流就越大，输电线路的损耗 $P_\ell = I^2 R_\ell$ 和线路的压降 $U_\ell = IR_\ell$ 就越大。反之，功率因数越高，随之输电线路的损耗和线路的压降就越小。

综上所述，为了提高发电、供电设备的利用率，减少输电线路上的能量损耗，应提高电路的功率因数。

4.7.2 提高功率因数的方法

由于实际中大多数负载都是感性的，所以往往采用在负载两端并联合适的电容器补偿的方法来提高电路的功率因数。

图 4-35(a)所示电路为一个感性负载并联电容时的电路，图 4-35(b)是它的相量图。并联电容前，感性负载两端的电压为 $\dot{U}$，流经感性负载的电流为 $\dot{I}_1$

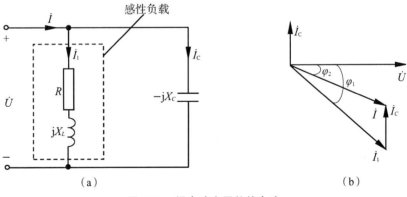

图 4-35 提高功率因数的电路

(a)电路图　(b)相量图

$$\dot{I}_1 = \frac{\dot{U}}{Z_1} = \frac{\dot{U}}{R + jX_L} = \frac{\dot{U}}{|Z| \angle - \varphi_1}$$

即为线路的电流；感性负载的功率因数为 $\cos\varphi_1$，即电路的功率因数。

并联电容后，流经感性负载的电流和感性负载的功率因数均未变化，但电容支路有电流 $\dot{I}_c$

$$\dot{I}_c = -\frac{\dot{U}}{jX_C} = \frac{\dot{U}}{X_C} \angle 90°$$

线路的总电流为 $$\dot{I} = \dot{I}_1 + \dot{I}_c$$

图 4-35(b)所示相量图表明,并联电容后,电压和总电流的相位差减小了($\varphi_2 < \varphi_1$),即功率因数提高了($\cos\varphi_2 > \cos\varphi_1$)。

注意,这里的提高功率因数,是指提高电源或整个电路的功率因数,而不是指提高感性负载的功率因数。并联电容后,线路上的电流 I 也减小了,因而线路的损耗和压降也减小了。

如果电容选择的合适,还可以使 $\varphi_2 = 0$。

如果电容选择的过大,线路的电流会超前于电压,φ_2 反而比 φ_1 大,出现过补偿。

实际中,用并联电容的方法提高功率因数后电路仍应为感性电路,即负补偿电路,与过补偿电路相比较,所需电容较小。因此,并非并联的电容越大越好,只要满足电力部门的规定即可。

下面计算补偿电容的大小。

未并联电容时,电路的无功功率为

$$Q = UI_1\sin\varphi_1 = UI_1\cos\varphi_1\sin\varphi_1/\cos\varphi_1 = P\tan\varphi_1$$

并联电容后,电路的无功功率为

$$Q' = UI\sin\varphi_2 = P\tan\varphi_2$$

电容补偿的无功功率为

$$Q_C = Q - Q' = P(\tan\varphi_1 - \tan\varphi_2)$$

而电容的无功功率大小又为

$$Q_C = I_2 X_C = \omega C U^2$$

因此,可得补偿电容为

$$C = \frac{Q_C}{\omega U^2} = \frac{P}{2\pi f U^2}(\tan\varphi_1 - \tan\varphi_2) \tag{4-75}$$

这就是所需并联的电容器的容量,式中 P 是感性负载的有功功率,U 是感性负载的端电压,φ_1 和 φ_2 分别是并联电容前和并联电容后的功率因数角。

【例 4-26】 某电源的额定功率 $S = 20\mathrm{kV \cdot A}$,额定电压 $U = 220\mathrm{V}$,$f = 50\mathrm{Hz}$。试求:

(1)该电源的额定电流;

(2)该电源若供给功率因数为 $\cos\varphi_1 = 0.5$、功率为 40W 的日光灯,问最多可接入多少盏日光灯? 此时线路的电流是多少?

(3)若将电路的功率因数提高到 $\cos\varphi_2 = 0.9$,此时线路的电流是多少? 需并联多大电容?

【解】 (1)电源的额定电流

$$I = \frac{S}{U} = \frac{20 \times 10^3}{220}\mathrm{A} = 91\mathrm{A}$$

(2)设接入日光灯的盏数为 n,则 $n \times P = S\cos\varphi_1$

则

$$n = \frac{S\cos\varphi_1}{P} = \frac{20 \times 10^3 \times 0.5}{40} = 250(盏)$$

此时线路电流为额定电流,即 $I_1 = 91\mathrm{A}$。

(3)因电路总的有功功率 $P = n \times 40 = 250 \times 40(\mathrm{W}) = 10(\mathrm{kW})$,故此时线路中的电流为

$$I = \frac{P}{U\cos\varphi_2} = \frac{10 \times 10^3}{220 \times 0.9}\mathrm{A} = 50.5\mathrm{A}$$

随着功率因数由 0.5 提高到 0.9,线路电流由 91A 下降到 50.5A,因而电源仍有潜力供电给其它负载。因 $\cos\varphi_1=0.5,\varphi_1=60°,\tan\varphi_1=1.731;\cos\varphi_2=0.9,\varphi_2=25.8°,\tan\varphi_2=0.483$,于是所需电容器的电容量为

$$C=\frac{P}{2\pi fU^2}(\tan\varphi_1-\tan\varphi_2)$$

$$=\frac{10\times10^3}{2\pi\times50\times220^2}(1.731-0.483)=820(\mu F)$$

小　结

1. 有关正弦量的基本概念

(1)随时间按正弦规律变化的电量(电压、电流、电动势)称为正弦电量,或称为正弦交流电。如 $i=I_m\cos(\omega t+\psi_i)A,u=U_m\cos(\omega t+\psi_u)V,e=E_m\cos(\omega t+\psi_e)V$。

(2)描述正弦量的四组符号。

① 电流、电压、电动势的瞬时值分别用小写字母 i,u,e 表示。

② 电流、电压、电动势的最大值分别用带下标的字母 I_m,U_m,E_m 表示。

③ 电流、电压、电动势的有效值分别用大写字母 I,U,E 表示。

④ 电流、电压、电动势的最大值相量分别用上带圆点的大写字母($\dot{I}_m,\dot{U}_m,\dot{E}_m$)表示。

(3)正弦电量的三要素是指最大值(或有效值)、频率(或角频率或周期)和初相位,三者可以完整地描述一个正弦电量的变化情况。

(4)相位差。

同频率正弦量的相位角之差或是初相角之差,称为相位差,用 φ 表示。

$\varphi=0$ 为同相;$\varphi=\pm90°$ 为正交;$\varphi=\pm180°$ 为反相。

(5)正弦电流的有效值。$I=I_m/\sqrt{2},U=U_m/\sqrt{2},E=E_m/\sqrt{2}$。

(6)正弦量与相量。向量表示法是分析和计算交流电路的一种重要工具。

$$u=10\sqrt{2}\cos(\omega t+60°)V\Leftrightarrow\dot{U}=10\angle60°V,\dot{U}_m=10\sqrt{2}\angle60°V$$

正弦量的向量表示法是用复数表示正弦量的有效值(最大值)和初相位,正弦量与相量是对应关系,而不是相等关系。

正弦量的向量表示方法,见下表。

变换方向	已知	所得结果
正变换	$u=U_m\cos(\omega t+\psi_u)$	$\dot{U}_m=U_m\angle\psi_u=U_me^{j\psi_u}$
	$u=\sqrt{2}U\cos(\omega t+\psi_u)$	$\dot{U}=U\angle\psi_u=Ue^{j\psi_u}$
反变换	$\dot{U}_m=U_m\angle\psi_u=U_me^{j\psi_u}$	$u=U_m\cos(\omega t+\psi_u)$
	$\dot{U}=U\angle\psi_u=Ue^{j\psi_u}$	$u=\sqrt{2}U\cos(\omega t+\psi_u)$

2. KCL，KVL 的相量形式

名称	KCL	KVL
时域	$\sum i = 0$	$\sum u = 0$
相量	$\sum \dot{I} = 0$ $\sum \dot{I}_m = 0$	$\sum \dot{U} = 0$ $\sum \dot{U}_m = 0$

3. 电阻、电感和电容元件伏安关系的相量形式与相量图

元件	时域		相量		相量图
	电路	伏安关系	电路	伏安关系	
电阻		$u_R = Ri$ $i = \dfrac{1}{R}u$		$\dot{U}_R = R\dot{I}$ $\dot{I} = \dfrac{1}{R}\dot{U}_R$	
电感		$u_L = L\dfrac{\mathrm{d}i}{\mathrm{d}t}$ $i = \dfrac{1}{L}\displaystyle\int_{-\infty}^{t} u_L \,\mathrm{d}\tau$		$\dot{U}_L = \mathrm{j}\omega L\dot{I}$ $\dot{I} = \dfrac{\dot{U}_L}{\mathrm{j}\omega L}$	
电容		$i = C\dfrac{\mathrm{d}u_C}{\mathrm{d}t}$ $u_C = \dfrac{1}{C}\displaystyle\int_{-\infty}^{t} i\,\mathrm{d}\tau$		$\dot{I} = \dfrac{\dot{U}_C}{\dfrac{1}{\mathrm{j}\omega C}}$ $\dot{U}_C = \dfrac{1}{\mathrm{j}\omega C}\dot{I}$	

（1）电阻 R：在直流电路及交流电路中作用相同。在交流电路中，电阻两端的电压和流经电阻的电流是同频率的正弦量，二者同相位，电压和电流的瞬时值、最大值和有效值均服从欧姆定律，其欧姆定律的相量形式是 $\dot{U} = \dot{I}R$。

（2）电感 L：在直流电路中相当于短路，在交流电路中，电感两端的电压和流经电感的电流是同频率的正弦量，电压超前电流 $90°$，电压和电流的最大值、有效值服从欧姆定律。电感

元件为储能元件,其欧姆定律的相量形式是 $\dot{U}=jX_L\dot{I}$。

(3)电容 C:在直流电路中相当于开路,在交流电路中,电容两端的电压和流经电容的电流是同频率的正弦量,电流超前电压 $90°$,电压和电流的最大值、有效值服从欧姆定律。电容元件为储能元件,其欧姆定律的相量形式是 $\dot{U}=-jX_C\dot{I}$。

4. 无源网络的阻抗和导纳

(1)阻抗:对于无源网络 $\dot{U}$ 与 $\dot{I}$ 参考方向一致时

$$Z=\dot{U}/\dot{I} \quad \varphi=\psi_u-\psi_i$$

阻抗的性质有三种:

当阻抗角

$\varphi>0$ 时,Z 为感性;

$\varphi=0$ 时,Z 为电阻性;

$\varphi<0$ 时,Z 为容性。

(2)RLC 串联电路中总电压和各个元件上电压服从基尔霍夫电压定律的相量形式,即

$$\dot{U}=\dot{U}_R+\dot{U}_L+\dot{U}_C=\dot{I}R+jX_L\dot{I}-jX_C\dot{I}$$

RLC 串联电路欧姆定律的相量形式为

$$\dot{I}=\frac{\dot{U}}{Z} \text{或} \dot{U}=\dot{I}Z$$

阻抗为 $\qquad Z=R+j(X_L-X_C)=R+jX=|Z|\angle\varphi$

(4)几个阻抗串联可用一个阻抗等效替代,等效阻抗为

$$Z=Z_1+Z_2+\cdots+Z_n=|Z|\angle\varphi$$

(5)导纳:对于无源网络 $\dot{U}$ 与 $\dot{I}$ 参考方向一致时

$$Y=\frac{\dot{I}}{\dot{U}} \quad |Y|=\frac{I}{U} \quad \varphi_Y=\psi_i-\psi_u$$

导纳的性质有三种:

当导纳角 $\varphi_Y>0$ 时,Y 为容性;

当导纳角 $\varphi_Y=0$ 时,Y 为电阻性;

当导纳角 $\varphi_Y<0$ 时,Y 为感性。

(6)几个导纳并联可用一个导纳等效替代,等效导纳等于相并联各导纳的复数代数和。

阻抗与导纳等效变换的计算公式分别为

$$G=\frac{R}{R^2+X^2}, \quad B=\frac{-X}{R^2+X^2}$$

$$R=\frac{G}{G^2+B^2}, \quad X=\frac{-B}{G^2+B^2}$$

(7)阻抗与导纳的关系

$$Z=\frac{1}{Y}$$

(8)无源网络的计算。任意一个无源网络都可以通过阻抗(或导纳)的串联,并联或等效

变化进行简化计算。其串联公式、分压公式、并联公式、分流公式和等效变换公式与电阻电路中的公式类似。

6. 正弦交流电路的分析计算方法

(1)相量分析法:电路中各电压、电流用向量表示,各电路元件用复数阻抗表示,相量分析法分析的对象是相量模型电路,采用的是复数运算。直流电路的定律、定理及电路分析方法均适用于正弦交流电路。

(2)相量图法:根据已知条件,选择合适的参考相量,画出相量图,利用相量图中的几何关系求解待求量。

7. 交流电路的功率

设电路的电压、电流分别为 $u = \sqrt{2}U\cos(\omega t + \psi_u)$,$i = \sqrt{2}I\cos(\omega t + \psi_i)$,且参考方向一致。

(1)有功功率为 $P = UI\cos\varphi$,它表示电路吸收或消耗功率的大小,单位为瓦(W)。

(2)功率因数 $\lambda = \cos\varphi$,功率因数角 φ 又称为阻抗角。

(3)无功功率 $Q = UI\sin\varphi$,无功功率表示的是电抗元件与电源交换能量的最大速率,单位乏(var)。由于 φ 可能为正,也可能为负,因此无功功率也是可正可负的代数量。在电压、电流关联参考方向下,对于感性电路,由于 $\varphi > 0$,无功功率为正值;对于容性电路,由于 $\varphi > 0$,无功功率为负值。

(4)视在功率 $S = UI$,视在功率的单位为伏安(V·A)。

(5) P,Q,S 组成功率三角形。同一电路中,阻抗三角形、电压三角形、功率三角形是相似三角形。

(6)复功率

$$\overline{S} = P + jQ, |\overline{S}| = \sqrt{P^2 + Q^2}$$

(7)功率因数的提高。

实际中,负载多是感性负载,功率因数较低,因此会导致电源设备的利用率低,输电线路的损耗增大,因此必须提高功率因数。

提高功率因数常用的方法是在感性负载的两端并联电容器,利用电容的无功功率补偿电感的无功功率。当功率因数从 $\lambda_1 = \cos\varphi_1$ 提高到 $\lambda_2 = \cos\varphi_2$ 时,需并联的电容的容量为

$$C = \frac{Q_C}{\omega U^2} = \frac{P}{2\pi f U^2}(\tan\varphi_1 - \tan\varphi_2)$$

提高功率因数时,补偿电容应选择的合理,否则会出现过补偿现象。

习 题 四

4.1 求下列正弦量的周期、频率、初相、振幅、有效值。(1)$10\cos(628t)$;(2)$120\sin(4\pi t + 16°)$。

4.2 一工频交流电压的有效值为 $220V$,初相为 $53.13°$。(1)写出此电压的函数表达式;(2)当 $t = 0.1s$ 时,电压值是多少?(3)分别以 t 和 ωt 为横坐标,绘出电压波形。

4.3 已知 $u_1 = 141\cos(\omega t + 120°)V$,$u_2 = 282\cos(\omega t - 40°)V$。写出 u_1,u_1 的相量形式?

4.4 写出各相量对应的瞬时值表达式(设角频率为 ω)。(1)$\dot{I} = 14.1\angle 60°A$,(2)$\dot{U}_{2m} = 70.7\angle -30°V$

4.5 将每一个正弦量变换成相量形式,并画出相量图。(1)$u_1 = 50\cos(600t - 110°)$V;
(2)$u_2 = 30\sin(600t + 30°$V)

4.6 在电压为220V,频率为50Hz的交流电路中,接入盏白炽灯,其电阻为484Ω。计算:(1)电灯电流的有效值;(2)电灯消耗的功率。

4.7 已知一电容$C = 40\mu$F,现接在 $u = 220\sqrt{2}\cos(314t + 45°$V)的交流电路中,要求:(1)计算 I 和 $\dot{I}$ 并写出电流瞬时值表达式;(2)计算无功功率和有功功率;(3)若将此电容元件接在电压为220V的直流电路中,电容中是否流过电流?

4.8 如图4-36所示 RLC 串联电路中,已知 $u = 141\cos(314t + 30°)$V,$R = 330Ω$,$L = 0.7$H,$C = 4.3\mu$F。试求:(1)Z,$|Z|$;(2)I,$\dot{I}$。

4.9 电路如图4-37所示,已知 $Z_1 = 2Ω$,$Z_2 = 2 + j3Ω$,$\dot{U} = 10\angle0°$V,计算阻抗 Z,电流 $\dot{I}$ 和各阻抗上的电压 $\dot{U}_1$ 和 $\dot{U}_2$。

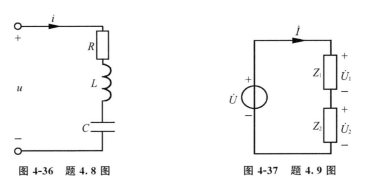

图 4-36 题 4.8 图   图 4-37 题 4.9 图

4.10 如图4-38所示电路,各电压表读数已知(如图中所示),试求电压 u 的有效值。

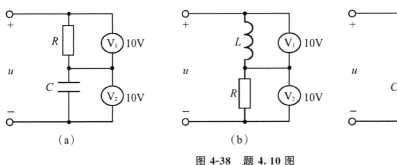

(a)   (b)   (c)

图 4-38 题 4.10 图

4.11 某一电感电路,$u_L = 10\sqrt{2}\cos(100\pi t + \pi/3)$V,$X_L = 50Ω$,求:电感 L;i_L 的解析式;计算 Q_L。

4.12 已知一个 $C = 10\mu$F 的电容器上流过的电流 $i_C = 1.956\cos(628t + 120°)$A,试写出电容器上电压的解析式,并计算 Q_C。

4.13 如图4-39所示并联电路中,已知端电压 $u = 220\sqrt{2}\cos(314t - 30°)$V,$X_L = X_C = 8Ω$,$R_1 = R_2 = 6Ω$,试

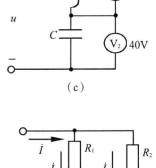
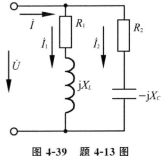

图 4-39 题 4-13 图

求:(1) 总导纳 Y;(2)各电流相量。

4.14　已知一 RLC 并联电路如图 4-40 所示,$u=100\sin(1000t+20°)$V,$R=300\Omega$,$L=0.4$H,$C=2\mu$F。求:(1) $\dot{I}_R,\dot{I}_L,\dot{I}_C,i_R,i_L,i_C$;(2)等效导纳 Y 和电流 $\dot{I}$。

4.15　如图 4-41 所示电路,已知 $R_1=3\Omega$,$X_{L1}=4\Omega$,$R_2=8\Omega$,$X_{L2}=6\Omega$,$u=220\cos314t$V,求 $\dot{I}_1,\dot{I}_2,\dot{I}$。

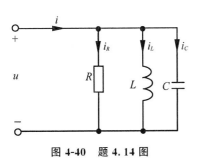

图 4-40　题 4.14 图

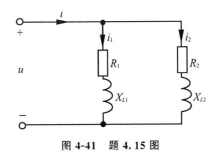

图 4-41　题 4.15 图

4.16　某电源 $S_N=30$kV・A,$U_N=220$V,$f=50$Hz。试求:(1)电源的额定电流 I_N。(2)电流若供给 $\cos\varphi=0.5$,$P=40$W 的日光灯,最多可以点多少盏? 此时线路的电流是多少? (3)若将电路功率因数提高到 $\cos\varphi=0.9$,此时线路的电流是多少? 需并联多大电容?

4.17　已知一电阻和电感串联电路,接到 $u=220\sqrt{2}\cos(314t+30°)$V 的电源上,电流 $i=5\sqrt{2}\cos(314t-15°)$A,试求 R,L 和 P。

4.18　如图 4-42 所示电路,已知 $U_S=8\angle0°$V,$\dot{I}_S=4\angle90°$A,$Z_1=$j4Ω,$Z_2=$j3Ω,$Z_3=$j3Ω,试用节点电位法求电流 $\dot{I}$ 和电压 $\dot{U}$。

4.19　如图 4-43 所示电路,已知 $\dot{U}_{S1}=100\angle0°$V,$\dot{U}_{S2}=100\angle-90°$V,$R=5\Omega$,$X_C=2\Omega$,$X_L=5\Omega$,试用戴维南定理求电流 $\dot{I}$。

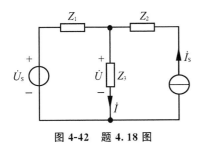

图 4-42　题 4.18 图

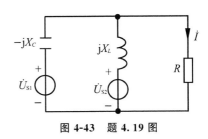

图 4-43　题 4.19 图

5 谐振与互感电路

5.1 电路的谐振

5.1.1 电路谐振的一般概念

含有 L,C 的单口无源电路中,在正弦激励下,当端口电压和电流同相时,称为电路发生谐振。谐振是正弦电路在特定条件下所产生的一种特殊物理现象,谐振现象在无线电和电工技术中得到广泛应用。如电子技术中的电磁波接收器,常常用串联谐振电路作为调谐电路,用于接收某一频率的电磁波信号,收音机就是其中一例;另外还有利用谐振原理制成的传感器,可用于测量液体密度及飞机油箱内液位高度等。但同时又要预防谐振现象产生的危害,如在配电网络中,要避免因电路谐振现象引起电容器或电感器的击穿。因此需要对谐振有一个规律性的认识,通常按电路连接的不同,有串联谐振和并联谐振两种。

5.1.2 串联谐振电路

图 5-1 所示 RLC 串联电路,在正弦电压 U 作用下,其复阻抗为

$$Z = R + \mathrm{j}(\omega L - \frac{1}{\omega C}) = R + \mathrm{j}(X_L - X_C) = R + \mathrm{j}X = |Z| \angle \varphi \qquad (5\text{-}1)$$

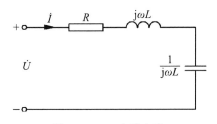

图 5-1 RLC 串联电路

1. 谐振条件

根据谐振的定义和式(5-1)可得,电路产生谐振时, $\varphi = 0$,即 RLC 串联电路的谐振条件是 $\omega L - \frac{1}{\omega C} = (X_L - X_C) = X = 0$ 时电路发生谐振,

即谐振角频率为

$$\omega_0 = \frac{1}{\sqrt{LC}} \qquad (5\text{-}2)$$

谐振频率为

$$f_0 = \frac{1}{2\pi \sqrt{LC}} \qquad (5\text{-}3)$$

式(5.3)说明 RLC 串联电路的谐振频率仅由电路的参数决定,对于任一选定的 RLC 串联电路,总有一个对应的谐振频率 f_0 ,它反应了电路的一种固有性质。因此,谐振频率 f_0 又称固有频率。

由谐振条件得串联电路实现谐振或避免谐振的方式为:

(1)根据式(5-2)可知,在 L,C 不变时,可以改变 ω 达到谐振;

（2）在电源频率不变时，可以改变 L 或 C（常改变 C）达到谐振。

2. 串联谐振时电路的特点

（1）当如图 5-2（a）电路谐振时，由于 $X_L = X_C$，于是 $U_L = U_C$。而 $\dot{U}_L$ 与 $\dot{U}_C$ 在相位上相反，互相抵消，因此 $\dot{U}_S = \dot{U}_R$，向量图如图 5-2（b）。

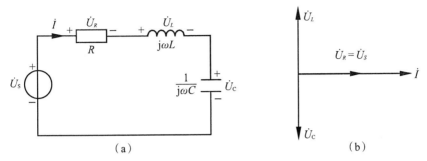

图 5-2 串联谐振电路

（2）$|Z| = \sqrt{R^2 + \left(\omega L - \dfrac{1}{\omega C}\right)^2} = R$，阻抗模达到最小，且 $Z = R$，电路为电阻性。

（3）激励为电压源时，电流有效值 $I = \dfrac{U}{|Z|} = \dfrac{U}{R}$ 为最大。

激励为电流源时，电压有效值 $U = I|Z| = IR$ 为最小。

（4）电路中能量变化情况。

串联谐振时，电路吸收的有功功率为

$$P = UI\cos\varphi = UI = I^2 R$$

而无功功率 Q 则为零。因此电感和电容之间只进行能量的交换，形成周期性的电磁振荡。

（5）品质因数。

由谐振条件可知，发生谐振时，感抗和容抗相等，为

$$\omega_0 L = \frac{1}{\omega_0 C} = \sqrt{\frac{L}{C}} = \rho \tag{5-4}$$

ρ 称为特性阻抗，单位为欧姆（Ω）。串联谐振时，L，C 上产生大小相等、相位相反的电压，且该电压的大小是电源电压的 Q 倍，定义

$$Q = \frac{U_L}{U_R} = \frac{U_C}{U_R} = \frac{\omega_0 L I}{RI} = \frac{\omega_0 L}{R} = \frac{\rho}{R} = \frac{1}{R}\sqrt{\frac{L}{C}} \tag{5-5}$$

称为品质因数，它表示串联谐振时电容电压 U_C（或电感电压 U_L）与电源电压 U 的比值。

由式（5-5）可知，调节 R 可使得 $Q \gg 1$，即电抗上的电压 U_L（U_C）可远高于输入端电压 U。在电子技术中，常利用串联谐振电路的这一特点来实现微弱信号的放大；但是在电力工程中，又要尽量避免这种情况出现，以免电抗上出现很高的电压后危害系统的安全。

（6）RLC 串联电路的选频特性。

选频特性就是指能够从输入信号中选择出指定频率分量而抑制掉无用频率分量或噪声的特性。具有这种特性的电路，就称为选频电路。

对于图 5-1 的 RLC 串联电路，若取电阻上的电压作为输出，如图 5-3 所示，即可得到

RLC 选频电路。

其输出端电压 U_R 与输入端电压 U 之比，$\dfrac{U_R}{U}$ 随 ω 变化的情况如图 5-4 所示，当输入信号的角频率等于电路的谐振角频率，即 $\omega = \omega_0$ 时，$\dfrac{U_R}{U} = 1$，当 $\omega \neq \omega_0$ 时，$\dfrac{U_R}{U} < 1$，且输入信号的角频率 ω 偏离 ω_0 越大，$\dfrac{U_R}{U}$ 就越小，电路对输入信号的抑制程度就越强。而且通过曲线 1、2、3 可知，电路的品质因数 Q 越大，选频特性曲线就越尖锐，电路对 $\omega \neq \omega_0$ 的信号的抑制就越强，选频性能就越好。所以，在不改变电路谐振频率的情况下，为使 *RLC* 电路有良好的选频特性，应尽量提高电路的品质因数 Q。

通频带则是指以输出信号 U_R 衰减到输入电压 U 的 0.707 倍为界限时的一段频率范围，如图 5-4 所示中，ω_L-ω_H、ω'_L-ω'_H 是 Q 值不同的情况下的通频带。Q 值越大，谐振曲线越尖锐，电路的选择性越好，但电路的通频带会因此变窄，从而容易造成传输信号的失真；而 Q 值越小，谐振曲线越平滑，电路的选择性能将因此而变差，但通频带越宽，传输的信号越不容易失真。

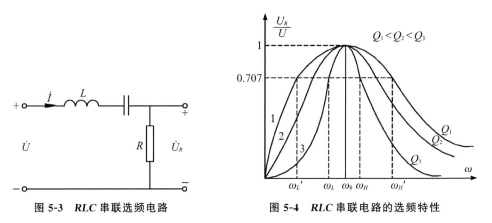

图 5-3 *RLC* 串联选频电路   图 5-4 *RLC* 串联电路的选频特性

【例 5-1】 在图 5-5 所示 *RLC* 串联谐振电路中，已知 $R = 2\Omega$，$L = 5\mu H$，C 为可调电容器。该电路欲接收载波频率为 10MHz，$U = 0.15$mV 的某短波电台信号，试求：

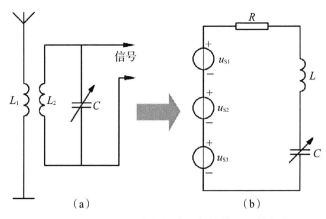

（a）   （b）

图 5-5 例 5-1 图(无线电接收设备的输入调谐电路)

(1)可调电容的值,电路的 Q 值和电流 I_0;

(2)当载波频率增加 10%,而激励电源电压不变时,电路电流 I 及电容电压 U_C 变为多少?

【解】 (1)设收到短波信号时(即电路发生谐振)可调电容的值为 C_0,由

$$C_0 = \frac{1}{\omega_0^2 L} = \frac{1}{(2\pi \times 10 \times 10^6)^2 \times 5 \times 10^{-6}} = 50.7(\text{pF})$$

$$Q = \frac{\rho}{R} = \frac{1}{R}\sqrt{\frac{L}{C}} = \frac{1}{2}\sqrt{\frac{5 \times 10^{-6}}{50.7 \times 10^{-12}}} = 157$$

$$I_0 = \frac{U}{R} = \frac{0.15 \times 10^{-3}}{2} = 0.075(\text{mA}) = 75(\mu\text{A})$$

(2)
$$f = (1 + 10\%)f_0 = (1 + 10\%) \times 10 = 11(\text{MHz})$$

$$X_C = \frac{1}{2\pi f C_0} = \frac{1}{2\pi \times 11 \times 10^6 \times 50.7 \times 10^{-12}} = 285.5(\Omega)$$

$$X_L = 2\pi f L = 2\pi \times 11 \times 10^6 \times 5 \times 10^{-6} = 345.4(\Omega)$$

$$|Z| = \sqrt{R^2 + (X_L - X_C)^2} = \sqrt{2^2 + (345.4 - 285.5)^2} = 59.93(\Omega)$$

$$I = \frac{U}{|Z|} = \frac{0.15 \times 10^{-3}}{59.93} = 2.5(\mu\text{A})$$

$$U_C = I X_C = 2.5 \times 10^{-6} \times 285.5 = 0.714(\text{mV})$$

计算结果表明,相对于 f_0 而言,较小的频率偏移量也使得电路的电容电压以及电路电流急剧减少,说明上述接收电路的选择性较好。

5.1.3 并联谐振电路

在电子技术中为了提高谐振电路的选择性,常常需要提高 Q 值。如果信号源内阻较小,可以采用串联谐振电路。如果信号源的内阻较大,采用串联谐振会使 Q 值大为降低,使谐振电路的选择性变差,这种情况下常采用并联谐振电路。

1. GLC 并联电路

如图 5-6 所示的 G,C,L 并联电路发生谐振时称并联谐振,由于

$$Y = G + \text{j}\left(\frac{1}{\omega L} - \omega C\right)$$

谐振时应满足 $\frac{1}{\omega L} = \omega C$,因此谐振角频率 $\omega_0 = \frac{1}{\sqrt{LC}}$。

并联谐振时电路的特点为:

(1)谐振时电路端口电压 $\dot{U}$ 和端口电流 $\dot{I}$ 同相位,如图 5-7 所示。

(2)谐振时入端导纳 $Y = G$ 为纯电导,导纳 $|Y|$ 最小。

(3)谐振时电感电流和电容电流分别为

$$\dot{I}_L = -\text{j}\frac{\dot{U}}{\omega_0 L} = -\text{j}\frac{\dot{I}}{\omega_0 LG} = -\text{j}Q\dot{I}$$

$$\dot{I}_C = -\text{j}\omega_0 C\dot{U} = \text{j}\frac{\omega_0 C}{G}\dot{I}_s = \text{j}Q\dot{I}$$

如图 5-7 所示的向量图,L、C 上的电流大小相等,相位相反,并联总电流 $\dot{I}_L + \dot{I}_C = 0$,$L$、$C$ 相当于开路,所以并联谐振也称电流谐振,此时电源电流全部通过电导,即 $\dot{I}_R = \dot{I}$。

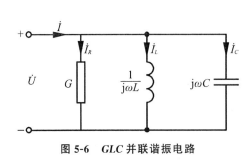

图 5-6　*GLC* 并联谐振电路

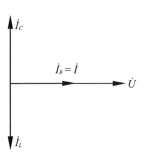

图 5-7　相量图

2. 电感线圈与电容器的并联谐振

实际的电感线圈总是存在电阻,因此当电感线圈与电容器并联时,电路如图 5-8 所示。

根据谐振定义,可求出谐振角频率为

$$\omega'_0 = \sqrt{\frac{1}{LC} - \frac{R^2}{L^2}} = \frac{1}{\sqrt{LC}}\sqrt{1 - \frac{CR^2}{L}} \quad (5\text{-}6)$$

一般情况下 $R \ll \sqrt{\dfrac{L}{C}}$,则上式近似为

$$\omega'_0 \approx \frac{1}{\sqrt{LC}} = \omega_0 \text{ 或 } f'_0 \approx \frac{1}{2\pi\sqrt{LC}} = f_0 \quad (5\text{-}7)$$

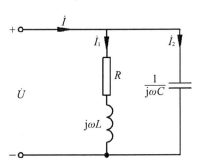

图 5-8　电感线圈与电容器的并联

式(5-7)中 ω_0、f_0 为串联谐振时的角频率和频率。可见在满足上述条件下,串并联电路的谐振频率是相同的。

【例 5-2】　一电感线圈的电阻 $R = 2\Omega$,电感 $L = 40\mu H$,将此线圈与电容器 $C = 1nF$ 并联,求此并联电路的谐振频率及谐振时电路的阻抗。

【解】　根据式(5-6)可得电路的谐振角频率为

$$\omega_0 = \sqrt{\frac{1}{LC} - \frac{R^2}{L^2}} = \sqrt{\frac{1}{40\times10^{-6}\times10^{-9}} - \frac{4}{16\times10^{-10}}} \approx \sqrt{\frac{1}{40\times10^{-15}}} = 5\times10^6 (\text{rad/s})$$

谐振频率为

$$f_0 = \frac{\omega_0}{2\pi} = \frac{5\times10^6}{2\pi} = 796\times10^3 (\text{Hz})$$

谐振时的导纳为

$$Y = \frac{CR}{L} = \frac{2\times10^{-9}}{40\times10^{-6}} = 5\times10^{-5} (\text{S})$$

谐振时电路的阻抗为

$$Z = \frac{1}{Y} = \frac{1}{5\times10^{-5}} = 20\times10^3 (\Omega) = 20 (\text{k}\Omega)$$

5.2　互感电路

5.2.1　互感与耦合系数

1. 互感现象

两个靠得很近的电感线圈之间有磁的耦合,当一个线圈中的电流发生变化时,在相邻线

圈中引起电磁感应的现象称为互感,这种可通过磁场相互影响的电感线圈称为耦合电感,耦合电感元件属于多端元件。在实际电路中,如收音机、电视机中的中周线圈、振荡线圈,整流电源里使用的变压器等都是耦合电感元件,因此熟悉这类多端元件的特性,和掌握包含这类多端元件的电路的分析方法是非常必要的。

图 5-9 所示即为两个有耦合的线圈 1 和线圈 2(即电感 L_1 和 L_2),设两个线圈的匝数分别为 N_1 和 N_2。依右手螺旋定则可知线圈 1 中的电流 i_1 在线圈 1 中产生的磁通 Φ_{11},称为自感磁通。Φ_{11} 在自身线圈的磁链为 $\Psi_{11} = \Phi_{11}N_1$,Ψ_{11} 称为自感磁链;Φ_{11} 的一部分穿过了线圈 2,在线圈 2 中产生的磁链设为 Ψ_{21},Ψ_{21} 称为互感磁链。同样,线圈 2 中的电流 i_2

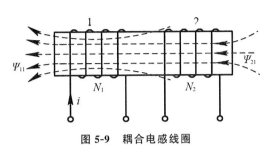

图 5-9　耦合电感线圈

也产生了自感磁链 Ψ_{22} 和互感磁链 Ψ_{12}。以上就是两个电感线圈通过磁场相互耦合的情况。在分析耦合电感时要特别注意一个线圈中的互感磁链是由另一个线圈中的电流产生的这一特点。

1. 互感系数

对于图 5-9 所示的耦合电感,两个电感中的自感磁链分别为

$$\Psi_{11} = L_1 i_1 \qquad \Psi_{22} = L_2 i_2$$

互感磁链分别为

$$\Psi_{12} = M_{12} i_2 \qquad \Psi_{21} = M_{21} i_1 \tag{5-8}$$

式中 M_{12} 和 M_{21} 为常数,称为耦合电感的互感系数,简称互感,单位为亨利(H)。可以证明,$M_{12} = M_{21}$,所以可令 $M = M_{12} = M_{21}$,故式(5-8)又可写为

$$\Psi_{12} = M i_2 \qquad \Psi_{21} = M i_1 \tag{5-9}$$

互感系数只与两耦合线圈的结构、相对位置和磁介质有关,与线圈上的电压和电流无关。互感系数可以通过实验测得,其大小反应了两线圈之间耦合的疏紧程度。

在工程上,还使用耦合因数的概念来反应耦合电感的耦合程度,耦合因数的定义为

$$k = \sqrt{\left|\frac{\Psi_{12}}{\Psi_{11}}\right| \cdot \left|\frac{\Psi_{21}}{\Psi_{22}}\right|} = \frac{M}{\sqrt{L_1 L_2}} \leqslant 1$$

k 越大,就称两线圈耦合的越紧。当 $k \approx 1$ 时称为全耦合;当 $k = 0$ 时,称为无耦合。

一般地:传输功率或信号(或变压器),k 值越大越好;仪表间的磁场干扰,k 值越小越好,必要时要加以屏蔽。

5.2.2　互感线圈的同名端

当两个耦合线圈中都通以电流时,每个耦合线圈中的磁链都是自感磁链和互感磁链的叠加,所以在计算磁链时就要考虑自感磁链和互感磁链的方向。由于产生互感磁链的电流在另一线圈上,因此,要确定互感磁链的符号,就必须知道两个线圈的绕向,这在电路分析中很不方便。为了解决这一问题引入同名端的概念。

同名端:当两个电流分别从两个线圈的对应端子同时流入或流出时,若产生的磁通相互增强,则这两个对应端子称为两互感线圈的同名端,用小圆点或星号等符号标记。

例如图 5-10 中线圈 1 和线圈 2 用小圆点标示的端子为同名端,当电流从这两端子同时流入或流出时,则互感起相助作用。同理,线圈 1 和线圈 3 用星号标示的端子为同名端。线圈 2 和线圈 3 用三角标示的端子为同名端。

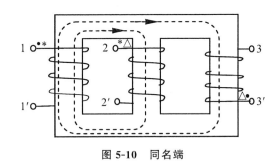

图 5-10 同名端

注意:上述图示说明当有多个线圈之间存在互感作用时,同名端必须两两线圈分别标定。

根据同名端的定义可以得出确定同名端的方法为:

(1)当两个线圈中电流同时流入或流出同名端时,两个电流产生的磁场将相互增强;

(2)当随时间增大的时变电流从一线圈的一端流入时,将会引起另一线圈相应同名端的电位升高。

同名端只与线圈的绕向有关,与线圈中的电流的方向无关。同名端可以通过实验的方法测得。

同名端的实验测定:实验线路如图 5-11 所示,当开关 S 闭合时,线圈 1 中流入星号一端的电流 i 增加,在线圈 2 的星号一端(同名端)产生正的互感电压,即电压表正偏。

引入同名端的概念后,在电路分析中,两个耦合线圈便可用带有同名端标记的电感 L_1 和 L_2 简洁表示,如图 5-12 所示,其中 M 表示互感。

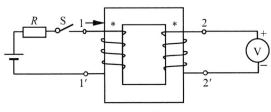

图 5-11 同名端的实验测定

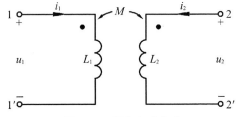

图 5-12 耦合电感电路

5.2.3 耦合电感的电压电流的关系

如果两个耦合的电感线圈 L_1 和 L_2 中同时存在变化的电流,则各电感中的磁链将随电流变化而变化。设 L_1 和 L_2 上的电压与电流分别为 u_1, i_1 和 u_2, i_2,且都取关联参考方向,互感为 M,则有

$$u_1 = \frac{\mathrm{d}\Psi_1}{\mathrm{d}t} = L_1 \frac{\mathrm{d}i_1}{\mathrm{d}t} \pm M \frac{\mathrm{d}i_2}{\mathrm{d}t}$$

$$u_2 = \frac{\mathrm{d}\Psi_2}{\mathrm{d}t} = L_2 \frac{\mathrm{d}i_2}{\mathrm{d}t} \pm M \frac{\mathrm{d}i_1}{\mathrm{d}t}$$

(5-10)

上式即为两耦合电感的电压电流关系式。其中 $u_{11} = L_1 \dfrac{\mathrm{d}i_1}{\mathrm{d}t}$ 为线圈 1 的自感电压,$u_{22} = L_2 \dfrac{\mathrm{d}i_2}{\mathrm{d}t}$ 为线圈 2 的自感电压;$u_{12} = M \dfrac{\mathrm{d}i_2}{\mathrm{d}t}$ 是变化的电流 i_2 在 L_1 中产生的互感电压,$u_{21} = M \dfrac{\mathrm{d}i_1}{\mathrm{d}t}$ 是变化的电流 i_1 在 L_2 中产生的互感电压。可见耦合电感的端电压是自感电压和互感

电压叠加的结果。

互感电压前的"+"或"-"号的选取原则如下:如果一线圈中互感电压"+"极性端子与产生它的另一线圈中变化电流流进的端子为一对同名端,则该互感电压前应取"+"号;反之则取"-"号。例如图 5-12 所示电路中,$u_1(u_{12})$ 的"+"极性在 L_1 的"1"端,变化的电流 i_2 从 L_2 的"2"端流入,而这两个端子是同名端,所以 $u_{12} = M\dfrac{\mathrm{d}i_2}{\mathrm{d}t}$,同理 $u_{21} = M\dfrac{\mathrm{d}i_1}{\mathrm{d}t}$。

【**例 5-3**】 如图 5-13 所示为两电感线圈构成的耦合电感电路。(1)试写出每一电感线圈上的电压电流关系式;(2)若电感 $M = 18\mathrm{mH}$,$i_1 = 2\sqrt{2}\sin(2000t)\mathrm{A}$,在 B,Y 两端接入一电磁式电压表,求其读数为多少?

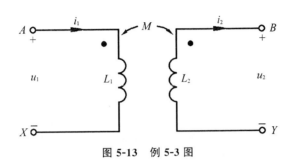

图 5-13 例 5-3 图

【**解**】 (1)设互感电压 u_{12} 与 u_1 参考方向一致,u_{21} 与 u_2 参考方向一致。在电感 L_1 上,因 u_1 与 i_1 参考方向一致,所以其自感电压为

$$u_{11} = L_1\frac{\mathrm{d}i_1}{\mathrm{d}t}$$

在电感 L_2 上,因 u_2 与 i_2 参考方向相反,所以其自感电压为

$$u_{22} = -L_2\frac{\mathrm{d}i_2}{\mathrm{d}t}$$

根据互感电压正负号的选取原则可知

$$u_{12} = -M\frac{\mathrm{d}i_2}{\mathrm{d}t}$$

$$u_{21} = M\frac{\mathrm{d}i_1}{\mathrm{d}t}$$

则得两耦合电感线圈的电压电流关系式分别为

$$u_1 = u_{11} + u_{12} = L_1\frac{\mathrm{d}i_1}{\mathrm{d}t} - M\frac{\mathrm{d}i_2}{\mathrm{d}t}$$

$$u_2 = u_{22} + u_{21} = -L_2\frac{\mathrm{d}i_2}{\mathrm{d}t} + M\frac{\mathrm{d}i_1}{\mathrm{d}t}$$

(2)在电感线圈 L_2 的两端 B,Y 接入电压表时,可认为 B,Y 两端开路,此时有

$$u_2 = M\frac{\mathrm{d}i_1}{\mathrm{d}t} = 18 \times 10^{-3}\frac{\mathrm{d}}{\mathrm{d}t}\left[2\sqrt{2}\sin(2000t)\right]$$

$$= 18 \times 10^{-3} \times 2 \times 10^3 \times 2\sqrt{2}\cos(2000t) = 72\sqrt{2}\cos(2000t)\,(\mathrm{V})$$

由于电磁式电压表测得的电压为有效值,因此电压表的读数为 72V。

5.2.4 耦合电感的电压电流的关系式的向量形式

当耦合元件中的电流和电路都是同频的正弦量时,在正弦稳态情况下,其电压电流的关

系可用其相量形式表示。以图 5-12 所示电路为例,根据式(5-10)可得

$$\dot{U}_1 = j\omega L_1 \dot{I}_1 + j\omega M \dot{I}_2$$

$$\dot{U}_2 = j\omega L_2 \dot{I}_2 + j\omega M \dot{I}_1$$

其中 ωM 称为互感抗。其正弦稳态下耦合电感的电路图如图 5-14 所示。

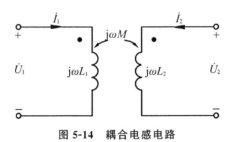

图 5-14　耦合电感电路

5.2.5　互感电路的计算

含有耦合电感(简称互感)电路的计算要注意。

(1)在正弦稳态情况下,有互感的电路的计算仍可应用前面介绍的相量分析方法。

(2)注意互感线圈上的电压除自感电压外,还应包含互感电压。

(3)一般采用支路法和回路法计算。因为耦合电感支路的电压不仅与本支路电流有关,还与其它某些支路电流有关,若列结点电压方程会遇到困难,要另行处理。

1. 串联电路去耦

图 5-15(a)和图 5-15(a)即为耦合电感的串联电路。图 5-15(a)中 L_1 和 L_2 的异名端连接在一起,该连接方式称为同向串联(顺接);图 5-15(a)中 L_1 和 L_2 的同名端连接在一起,该连接方式称为反向串联(反接)。

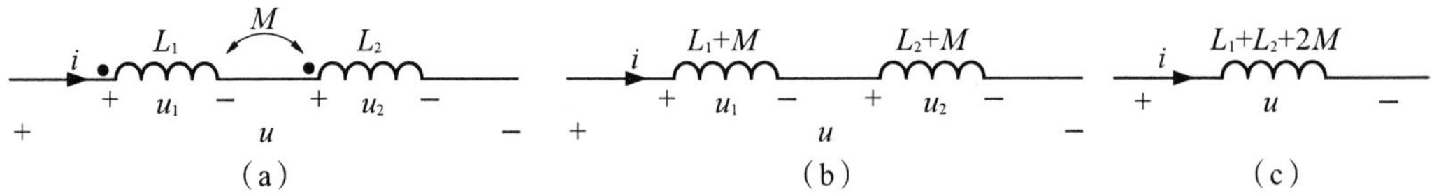

L_1　M　L_2	L_1+M　L_2+M	L_1+L_2+2M

(a)　　　　　　　　　　(b)　　　　　　　　　　(c)

图 5-15　串联耦合电路的去耦

顺接时,支路的电压电流关系为

$$u = \left(L_1 \frac{di}{dt} + M \frac{di}{dt}\right) + \left(L_2 \frac{di}{dt} + M \frac{di}{dt}\right)$$

$$= (L_1 + M) \frac{di}{dt} + (L_2 + M) \frac{di}{dt} = (L_1 + L_2 + 2M) \frac{di}{dt}$$

根据等效的定义,顺接时可用一个 $L_1 + M$ 的电感和一个 $L_2 + M$ 的电感串联的电路等效替代,如图 5-15(b)所示,或用一个 $L_1 + L_2 + 2M$ 的电感等效替代,如图 5-15(c)所示。

反接时,支路的电压电流关系为

$$u = \left(L_1 \frac{di}{dt} - M \frac{di}{dt}\right) + \left(L_2 \frac{di}{dt} - M \frac{di}{dt}\right)$$

$$= (L_1 - M) \frac{di}{dt} + (L_2 - M) \frac{di}{dt} = (L_1 + L_2 - 2M) \frac{di}{dt}$$

根据等效的定义,反接时可用一个 L_1-M 的电感和一个 L_2-M 的电感串联的电路等效替代,如图 5-16(b)所示,或用一个 L_1+L_2-2M 的电感等效替代,如图 5-16(c)所示。

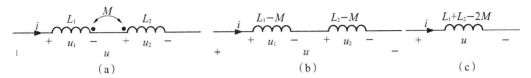

图 5-16 串联耦合电路的去耦

2. T 型电路去耦

图 5-17(a)和图 5-18(a)即为耦合电感的 T 型连接电路,其中图 5-17(a)中耦合电感的连接形式称为同侧连接,图 5-18(a)的连接形式称为异侧连接。T 型电路的等效去耦网络分别如图 5-17(b)和图 5-18(b)所示。须注意等效变换前后 O 点的位置。

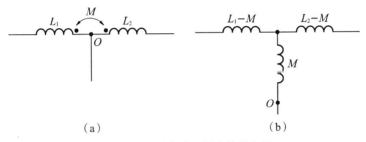

图 5-17 T 型电路同侧连接的去耦

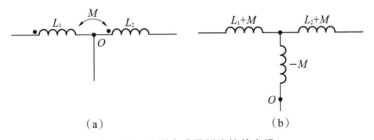

图 5-18 T 型电路异侧连接的去耦

【例 5-4】 在图 5-19(a)所示电路中,已知 $C=0.5\mu\text{F}$,$L_1=2\text{H}$,$L_2=1\text{H}$,$M=0.5\text{H}$,$R=1000\Omega$,$U_s=150\cos(1000t+60°)\text{V}$。求电容支路的电流 i_C。

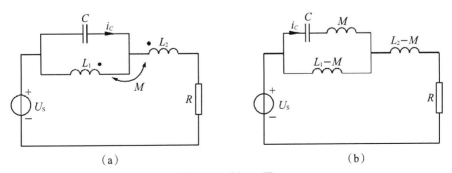

图 5-19 例 5-4 图

【解】 用去耦等效法解。耦合电感 L_1 与 L_2 为同侧并联,将电路化为无互感的等效电路如图 5-19(b)所示,有

$$\frac{1}{\omega C} = \frac{1}{1000 \times 0.5 \times 10^{-6}} = 2000(\Omega)$$

$$\omega M = 1000 \times 0.5 = 500(\Omega)$$

$$\omega(L_1 - M) = 1000(2 - 0.5) = 1500(\Omega)$$

$$\omega(L_2 - M) = 1000(1 - 0.5) = 500(\Omega)$$

由阻抗的串、并联公式可得此电路的复阻抗为

$$Z = \frac{\left(-j\frac{1}{\omega C} + j\omega M\right)j\omega(L_1 - M)}{\left(-j\frac{1}{\omega C} + j\omega M\right) + j\omega(L_1 - M)} + j\omega(L_2 - M) + R$$

$$= \frac{(-j2000 + j500)j1500}{-j2000 + j500 + j1500} + j500 + 1000 = \infty$$

由此可知电容 C 和电感 L_1 并联部分对电源频率发生并联谐振,故阻抗为无穷大。因此,i_C 支路的电压即为电源电压,则

$$\dot{I}_C = \frac{\dot{U}_s}{-j\frac{1}{\omega C} + j\omega M} = \frac{150\angle 60°}{-j2000 + j500} = \frac{150\angle 60°}{-j1500} = 0.1\angle 150°$$

所以

$$i_C = 0.1\cos(1000t + 150°)\text{A}$$

5.3 变压器的基础知识

5.3.1 变压器基本概念

变压器是一种静止的电气设备,它通过电磁感应的作用,把一种电压的交流电能变换成频率相同的另一种电压的交流电能,它具有变换电压、电流和阻抗的功能。

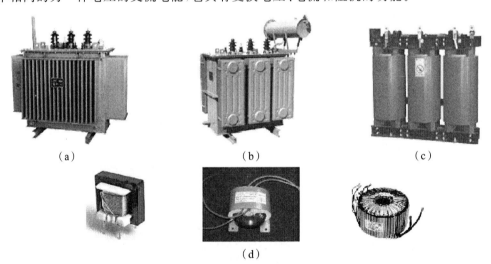

(a)　　　　　　　(b)　　　　　　　(c)

(d)

图 5-20　变压器图

(a)油浸电力变压器　(b)电力变压器　(c)干式变压器　(d)小型变压器

如图 5-20 所示的油浸式变压器等大型变压器,以及手机充电器和直流稳压电源等小型变压器在电力系统和日常生活中应用的非常广泛。

5.3.2 变压器的基本结构

变压器主要是由铁芯和绕组两个基本部分组成,它是通过电磁感应实现两个电路之间能量传递的,因此它必须具有电路和磁路两个基本部分。另外电力变压器还有绝缘套管、油箱等辅助设备,现分别介绍如下。

1. 铁芯

一个闭合的铁芯是变压器磁路部分。

1) 铁芯的材料

为了提高磁路的导磁性能,减小铁芯中的磁滞、涡流损耗,铁芯一般采用高磁导率的铁磁材料——$0.35 \sim 0.5$mm 厚的硅钢片叠成。变压器用的硅钢片其含硅量比较高,硅钢片的两面均涂以绝缘漆,这样可使叠装在一起的硅钢片相互之间绝缘。

2) 铁芯形式

铁芯是变压器的主磁路,电力变压器的铁芯主要采用心式结构,它是将 A,B,C 三相的绕组分别放在三个铁芯柱上,三个铁芯柱由上、下两个铁轭连接起来,构成闭合磁路,如图 5-21 所示。

图 5-21　铁芯

2. 绕组

两个或几个匝数不同且彼此绝缘的绕组是变压器电路部分,它是由铜或铝的绝缘导线在绕线模上绕制而成。为便于制造,并保证在电磁力作用下受力均匀以及机械性能良好,需将绕组线圈做成圈形;为了便于绝缘,需将低压绕组靠近铁芯柱,高压绕组套在低压绕组外面,如图 5-22 所示。

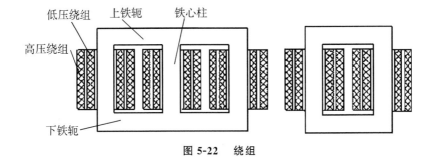

图 5-22　绕组

按照绕组在铁芯中的排列方式的不同,变压器可分为铁芯式和铁壳式;按照高低压绕组在铁芯柱上排列方式不同,变压器又可分为同芯式和交叠式。

5.3.3 变压器的基本工作原理

变压器的工作原理图如图 5-23(a) 所示,在同一铁芯上分别绕上匝数为 N_1 和 N_2 的两个高、低压绕组,其中一个绕组和电源相连接构成一个回路,称为一次回路(或一次侧、原边回路);另一个绕组和负载相连接构成一个回路,称为二次回路(或二次侧、副边回路)。变压器的原边绕组和副边绕组之间没有直接的电路连接,电源提供的能量是通过原、副边绕组的耦合作用从一次侧传递到二次侧的。变压器的电路模型如图5-23(b)所示,其中R_1 和 R_2 分别是原、副边绕组的电阻,$\dot{U}_1$ 为一次侧连接的电源,Z_L 是接入二次侧的负载。

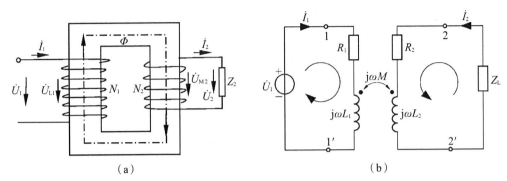

图 5-23 变压器电路

变压器是通过互感来实现从一个电路向另一个电路传输能量或信号的器件。当变压器绕组的芯子为非铁磁材料时,称空心变压器。

如果一个空心变压器的 L_1,L_2,M 都可视为无穷大,且符合全耦合条件,并且不存在任何损耗,那么该变压器就是一个理想变压器。可见,理想变压器既不耗能,也不储能,在电路中仅仅起着传递能量的作用。

5.3.4 理想变压器电路模型

如图 5-24 所示,理想变压器的电路模型仍使用带同名端的耦合电感来加以表示,其中原、副边的匝数分别为 N_1,N_2。

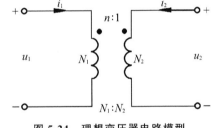

图 5-24 理想变压器电路模型

按照图 5-24 中的参考方向,理想变压器的电压比方程和电流比方程为

$$\frac{u_1}{u_2} = \frac{N_1}{N_2} = n, \quad \frac{i_1}{i_2} = -\frac{N_2}{N_1} = -\frac{1}{n} \quad (5-11)$$

使用上述方程时,需注意以下几点:

(1)使用上述电压比方程时,u_1 和 u_2 的"+"极必须标注在同名端上;

(2)n 称为理想变压器的变比,原、副边的匝数比也可以写成 $n:1$;

(3)在正弦稳态的情况下,上述方程可用其相量形式表示,即

$$\frac{\dot{U}_1}{\dot{U}_2} = \frac{N_1}{N_2} = n, \quad \frac{\dot{I}_1}{\dot{I}_2} = -\frac{N_2}{N_1} = -\frac{1}{n} \quad (5-12)$$

5.4 变压器的效率和几种常用变压器

5.4.1 变压器的功率

变压器初级的输入功率为

$$P_1 = U_1 I_1 \cos\varphi_1 \quad (5-13)$$

式中,U_1 为初级电压,I_1 为初级电流,φ_1 为初级电压和电流的相位差。

变压器的次级输出功率为

$$P_2 = U_2 I_2 \cos\varphi_2 \quad (5-14)$$

式中，U_2 为次级电压，I_2 为次级电流，φ_2 为次级电压和电流的相位差。

输入功率和输出功率的差就是变压器所损耗的功率，即

$$P = P_1 - P_2 \tag{5-15}$$

变压器的功率损耗包括铁损 $P_铁$（磁滞损耗和涡流损耗）和铜损 $P_铜$（绕组导线电阻的损耗），即

$$P = P_铁 + P_铜 \tag{5-16}$$

铁损 $P_铁$ 和铜损 $P_铜$ 可以用试验的方法测量或计算出来，铜损（$r_1 I_1^2 + r_2 I_2^2$）与初、次级电流有关；铁损决定于电压，并与频率有关，基本关系是：电流越大，铜损越大；频率越高，铁损越大。

5.4.2　变压器的效率

变压器的效率是变压器输出功率和输入功率的百分比，即

$$\eta = \frac{P_1}{P_2} \times 100\% \tag{5-17}$$

变压器的效率通常比较高，大容量电力变压器的效率可达 99% 以上，中、小型变压器的效率在 95% 以上。

5.4.3　常用变压器

变压器的种类很多，除常见的电力变压器外，下面再介绍几种常用的变压器。

1. 自耦变压器

若变压器的原、副绕组有一部分是共用的，这样的变压器叫自耦变压器，自耦变压器的二次绕组是一次绕组的一部分，实物图如图5-25所示。自耦变压器在使用过程中的损耗比普通变压器还小，因此效率较高，比较经济，广泛应用于变压不大的场合。自耦变压器的一次、二次绕组之间不仅有磁的耦合，还有电的联系，因此在使用时必须正确接线，且外壳必须接地。

实验室中用来连续改变电源电压的调压变压器，就是一种自耦变压器，如图 5-26 所示

图 5-25　自耦变压器二次绕组

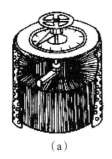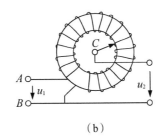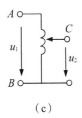

（a）　　　　　　（b）　　　　　　（c）

图 5-26　调压变压器

2. 电压互感器

电压互感器的作用是将高电压降为低电压，供电给测量仪表和继电器的电压绕组，使测量、继电保护回路与高压线路隔离，保证人员和设备的安全。其外形如图5-27所示。

电压互感器接线如图5-28所示，一次绕组并联在被测的高压线路上，二次绕组与电压

表、功率表的电压绕组等构成闭合回路。由于二次侧所接的电压表等负载的阻抗很大，二次侧电流很小，电压互感器实际上相当于一台空载运行的降压变压器。

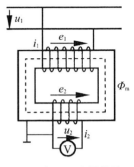

图 5-27　电压互感器　　　　　　　　图 5-28 电压互感器接线图

电压互感器二次绕组的额定电压规定为 100V，这样规定的优点是：与电压互感器二次绕组连接的各种仪表和继电器可以实现标准化，测量不同等级的高电压，只要换上不同等级的电压互感器即可。常用的电压互感器变比有 3000V/100V，6000V/100V 等。

3. 电流互感器

电流互感器是按一定比例变换交流电流的电工测量仪器。一般二次侧电流表的量程为 5A，只要改变接入的电流互感器的变流比，就可以测量不同数值的一次侧电流。电流互感器外形如图 5-29 所示。

图 5-29　电流互感器

电流互感器的结构与工作原理与单相变压器相似，它也有两个绕组：一次绕组串联在被测的交流电路中，流过的是被测电流 I_1，它一般只有一匝或几匝；二次绕组匝数较多，与交流电流表（或电度表、功率表）相接，如图 5-30 所示。

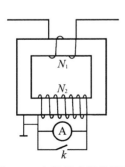
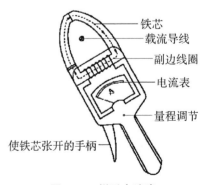

图 5-30　电流互感器接线图　　　　图 5-31　钳形电流表

利用电流互感器原理可以制作便携式钳形电流表,用于测量不断开电路的电流。其外形如图 5-31 所示,它的闭合铁芯可以张开,将被测载流导线钳入铁芯口中,载流导线相当于电流互感器的一次绕组,铁芯上有二次绕组,与测量仪表连接,可直接读出被测电流的数值。

小　　结

(1)在含有电抗元件的电路中,当端口电压与电流同相时,电路发生谐振。

(2)串联谐振电路:谐振条件为 $\omega L = \dfrac{1}{\omega C}$;谐振频率为 $\omega_0 = \dfrac{1}{\sqrt{LC}}$

串联谐振时的电路特点:阻抗达到最小,且电路为电阻性,$U_L = U_C = QU$,也称为电压谐振;特性阻抗:$\rho = \omega_0 L = \dfrac{1}{\omega_0 C} = \sqrt{\dfrac{L}{C}}$;品质因数:$Q = \dfrac{\rho}{R}$。

(3)谐振电路对不同频率的信号具有选择性,电路的品质因数 Q 对这种选择性有较大影响。

(4)并联谐振电路:谐振条件为 $\omega C = \dfrac{1}{\omega L}$,$B_C = B_L$;谐振频率为 $\omega_0 = \dfrac{1}{\sqrt{LC}}$,$f_0 = \dfrac{1}{2\pi\sqrt{LC}}$

并联谐振时的电路特点:导纳达到最小,且电路为电阻性;$I_L = I_C$,也称为电流谐振。

(5)互感元件电压包括自感电压和互感电压两部分。当总电压与电流取关联参考方向时,则自感电压为正,而互感电压则与引起该电压的电流参考方向关于同名端一致时,互感电压项取正。

(6)含互感元件的电路分析方法有两种:直接列写方程法和去耦等效法。直接列写方程法是列写独立回路的 KVL 方程组联立求解的方法,也可用网孔分析法。去耦等效法是将含互感的电路等效为无互感电路求解。

(7)计算含理想变压器电路时,应将其定义式的电压电流关系代入计算。其中理想变压器定义式中的符号是由电压、电流参考方向或同名端位置而决定的。

习　题　五

5.1　RLC 串联电路,谐振时测得 $U_R = 20\text{V}$,$U_C = 200\text{V}$。求电源电压 U_S 及电路的品质因数 Q。

5.2　在 RLC 串联回路中,电源电压为 5mV,试求回路谐振时的频率、谐振时元件 L 和 C 上的电压以及回路的品质因数。

5.3　在 RLC 串联电路中,已知 $L = 100\text{mH}$,$R = 3.4\Omega$,电路在输入信号频率为 400Hz 时发生谐振,求电容 C 的电容量和回路的品质因数。

5.4　一个串联谐振电路的特性阻抗为 100Ω,品质因数为 100,谐振时的角频率为 1000rad/s,试求 R,L 和 C 的值。

5.5　RLC 串联电路,已知电源电压 $U_S = 2\text{mV}$,$f = 1.59\text{MHz}$,调整电容 C 使电路达到谐振,此时测得电路电流 $I_0 = 0.2\text{mA}$,电感电压 $U_{L0} = 100\text{mV}$,求电路参数 R,L,C 及电路的品质因数 Q 和通频带 $\Delta\omega$。

5.6 一条 R_1L 串联电路和一条 R_2C 串联电路相并联,其中 $R_1 = 10\Omega, R_2 = 20\Omega, L = 10\text{mH}, C = 10\mu\text{F}$,求并联电路的谐振频率和品质因数 Q 值。

5.7 有 $L = 100\mu\text{H}, R = 20\Omega$ 的线圈和一电容 C 并联,调节电容的大小使电路在 720kHz 发生谐振,问这时电容为多大?回路的品质因数为多少?

5.8 一个电阻为 12Ω 的电感线圈,品质因数为 125,与电容器相连后构成并联谐振电路,当再并上一只 $100\text{k}\Omega$ 的电阻,电路的品质因数降低为多少?

5.9 在如图 5-32 所示电路中,$L_1 = 0.01\text{H}, L_2 = 0.02\text{H}, C = 20\mu\text{F}, R = 10\Omega, M = 0.01\text{H}$。求两个线圈在顺接串联和反接串联时的谐振角频率 ω_0。

5.10 电路如图 5-33 所示,已知 $u_S = 5\cos200t\text{V}$,用去耦等效法求 u_2。

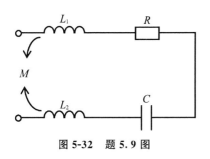

图 5-32 题 5.9 图

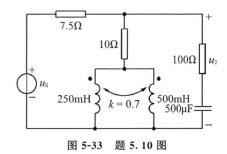

图 5-33 题 5.10 图

5.11 具有互感的两个线圈顺接串联时总电感为 0.6H,反接串联时总电感为 0.2H,若两线圈的电感量相同时,求互感和线圈的电感。

5.12 求如图 5-34 所示电路中的电流。

5.13 求如图 5-35 所示电路中的 $\dot{U}_2$。

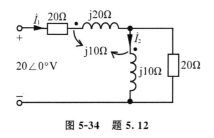

图 5-34 题 5.12

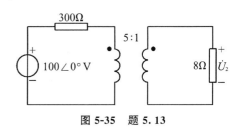

图 5-35 题 5.13

5.14 如图 5-36 所示电路中的理想变压器的变比为 $10:1$。求电压 $\dot{U}_2$。

5.15 如使 10Ω 电阻能获得最大功率,试确定如图 5-37 所示电路中理想变压器的变比 n。

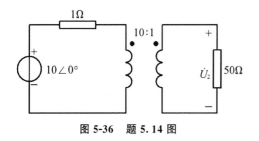

图 5-36 题 5.14 图

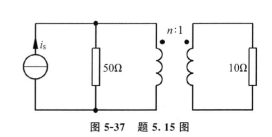

图 5-37 题 5.15 图

5.16 由理想变压器组成的电路如图 5-38 所示,已知 $\dot{U}_S = 16\angle 0°V$,求:$\dot{I}_1, \dot{U}_2$ 和 R_L 吸收的功率。

5.17 如图 5-39 所示理想变压器电路,匝数比为 1:10,已知 $u_S = 10\cos(10t)V$,$R_1 = 1\Omega$,$R_2 = 100\Omega$,求 u_2。

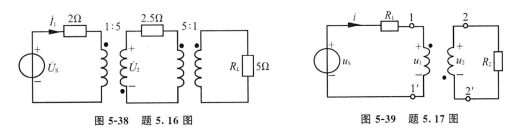

图 5-38 题 5.16 图　　　　图 5-39 题 5.17 图

6 电路的暂态过程分析

6.1 电路的暂态过程及换路定理

6.1.1 电路的过渡过程

电路的状态分为稳态和暂态两种。直流电路及周期电流电路中,所有响应或是恒稳不变,或是按周期规律变化。电路的这种工作状态称为稳定状态,简称稳态。一般说来,含有储能元件 C 和 L 的电路从一种稳定状态到另一稳定状态之间总有个过程,这个过程称为过渡过程(或暂态过程)。电路的暂态分析就是研究电路在过渡过程中电压与电流随时间变化的规律。

6.1.2 换路定律

1. 换路

电路的接通、断开、接线的改变、激励或参数的骤然改变等原因所引起的电路稳定状态的改变统称为换路。

2. 换路定律

分析电路的过渡过程,除应用基尔霍夫电流、电压定律和元件的伏安关系以外,还应了解和利用电路在换路时所遵循的规律,即换路定律。

因含有 C 和 L 储能元件的电路的能量变化必须连续,所以在电路换路时,C 和 L 所储存的能量不能发生跃变。电容元件储存的电场能 $W_C = \frac{1}{2}Cu_C^2$ 在换路时不能跃变,因为能量跃变意味着电容电压跃变,而电容电压的跃变将导致其电流 $i_C = C\dfrac{\mathrm{d}u_C}{\mathrm{d}t}$ 变为无限大,这通常是不可能的。再如,储存元件电感的储能 $W_L = \frac{1}{2}Li_L^2$ 在换路时也不能跃变,因为能量跃变意味着电感电流跃变,而电流跃变将导致其端电压 $u_L = L\dfrac{\mathrm{d}i_L}{\mathrm{d}t}$ 变为无限大,这也是不可能的。

由以上分析可知,在换路瞬间,电容的电流值有限时,其端电压 u_C 不能跃变;电感上电压值有限时,其电流 i_L 不能跃变。以上结论称为换路定律。

把换路时刻 $t = 0$ 取为计时起点,则以 $t = 0_-$ 表示换路前的最后瞬间,以 $t = 0_+$ 表示换路后的最初瞬间。

若用 $u_C(0_-)$ 和 $i_L(0_-)$ 分别表示换路前的最后瞬间电容电压和电感电流,若用 $u_C(0_+)$ 和 $i_L(0_+)$ 分别表示换路后的最初瞬间电容电压和电感电流,则换路定律可以表示为

$$\left.\begin{array}{l} u_C(0_+) = u_C(0_-) \\ i_L(0_+) = i_L(0_-) \end{array}\right\} \tag{6-1}$$

式(6-1)中,$u_C(0_+)$ 和 $i_L(0_+)$ 分别称为 $t = 0$ 后一瞬间的起始值。也叫初始值。

6.1.3 初始值的确定

1. 初始值

换路后的最初瞬间(即 $t = 0_+$ 时刻)的电流、电压值统称为初始值。

通常讨论电路发生换路后($t > 0$)的电路响应,所以我们关心的电流、电压在 $t \geqslant 0_+$ 时

的初始值 $i(0_+)$ 和 $u(0_+)$。其中电容电压 u_C 和电感电流 i_L 的初始值 $u_C(0_+)$、$i_L(0_+)$ 由电路的初始储能决定,称为独立初始值或初始状态。其余电压、电流的初始值称为相关初始值,它们将由电路激励和初始状态来确定。

2. 初始值的求法

(1) 根据换路前的稳态电路,即 $t=0_-$ 时的等效电路求 $u_C(0_-)$ 和 $i_L(0_-)$。

由于换路前电路已处于稳定,$u_C(t)$ 和 $i_L(t)$ 不再变化,$\dfrac{\mathrm{d}u_C}{\mathrm{d}t}=0$,故 $i_C=0$,电容元件相当于开路;$\dfrac{\mathrm{d}i_L}{\mathrm{d}t}=0$,$u_L=0$,电感元件相当于短路。由此画出 $t=0_-$ 时的等效电路,计算出 $u_C(0_-)$ 和 $i_L(0_-)$。

(2) 根据换路定律,确定初始状态 $u_C(0_+)=u_C(0_-)$,$i_L(0_+)=i_L(0_-)$。即独立初始值。

(3) 由 $t=0_+$ 时等效电路求相关初始值。

根据置换定理,在 $t=0_+$ 时刻,将电容用电压等于 $u_C(0_+)$ 的电压源替代(若 $u_C(0_+)=0$,电容元件在等效电路中相当于短路),极性与电容端电压极性一致;电感用电流等于 $i_L(0_+)$ 的电流源替代(若 $i_L(0_+)=0$ 电感元件在等效电路中相当于开路),方向与流过电感的电流方向一致;独立电源均取 $t=0_+$ 时刻的值。此时得到的电路是一个直流电源作用下的电阻电路,称为 0_+ 等效电路。用直流电路的分析方法解 $t=0_+$ 时的等效电路,求得的各电流、电压就是相关初始值。

【**例 6-1**】　电路如图 6-1(a) 所示,已知 $t<0$ 时,开关 S 是闭合的,电路已处于稳定。在 $t=0$ 时,开关 S 打开,求初始值 $u_C(0_+)$ 和 $i_L(0_+)$。

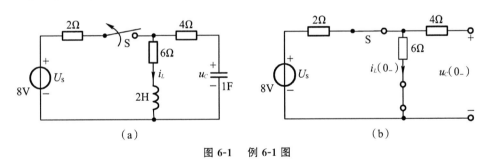

图 6-1　例 6-1 图

【**解**】　(1) $t<0$ 时,电路在直流电源作用下已处于稳态,表明电路各处电压、电流均为直流。电容可视为开路,电感视为短路,得 $t=0_-$ 时的等效电路如图 6-1(b) 所示。求得

$$i_L(0_-)=\frac{8}{2+6}=1\mathrm{A}$$

$$u_C(0_-)=6i_L(0_-)=6\mathrm{V}$$

(2) $t\geqslant0$ 时,由换路定律得

$$u_C(0_+)=u_C(0_-)=6\mathrm{V}$$

$$i_L(0_+)=i_L(0_-)=1\mathrm{A}$$

【**例 6-2**】　电路如图 6-2(a) 所示,已知 $t<0$ 时,开关 S 处于位置 1,电路已达稳态。在 $t=0$ 时,开关 S 至位置 2,求初始值 $i_R(0_+)$,$i_C(0_+)$ 和 $u_L(0_+)$。

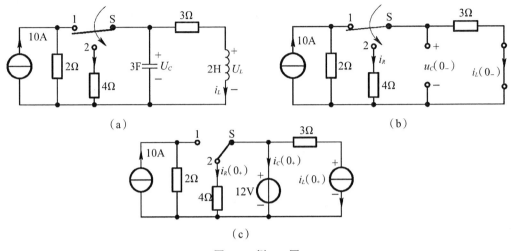

图 6-2 例 6-2 图

【解】 (1)计算 $u_C(0_-)$ 和 $i_L(0_-)$。

$t < 0$ 时,电路在开关 S 处于位置 1 为直流稳态,表明电路各处电压、电流均为直流。故 C 相当于开路 L 相当于短路。

$t = 0_-$ 时的等效电路如图 6-2(b)所示

$$i_L(0_-) = \frac{2}{2+3} \times 10 = 4(A)$$

$$u_C(0_-) = 3i_L(0_-) = 3 \times 4 = 12(V)$$

(2)由换路定律得

$$u_C(0_+) = u_C(0_-) = 12V$$

$$i_L(0_+) = i_L(0_-) = 4A$$

(3) $t \geqslant 0$ 时,开关 S 至位置 2,用电流为 $i_L(0_+)$ 的理想电流源代替 L,用电压为 $u_C(0_+)$ 的理想电压源代替 C,画出 $t = 0_+$ 等效电路如图 6-2(c)所示

$$i_R(0_+) = \frac{12}{4} = 3(A)$$

$$i_C(0_+) = -3 - 4 = -7(A)$$

$$u_L(0_+) = 12 - 3 \times 4 = 0(V)$$

6.2 一阶电路的零输入响应

当电路中没有独立电源的作用,仅由动态元件的初始储能的作用下所产生的响应,称为零输入响应。

6.2.1 RC 电路的零输入响应

1. RC 电路的零输入响应的数学分析

图 6-3 所示的一阶 RC 电路,当 $t < 0$ 时,开关在 1 位,电路稳定,电容电压为 $u_C(0_-) = U_S$;$t = 0$ 时,开关由 1 位打向 2 位。根据换路定律,$u_C(0_+) = u_C(0_-) = U_S$,从 $t = 0_+$ 开始,电容 C 通过电阻 R 放电,产生放电

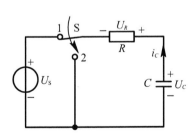

图 6-3 一阶 RC 电路的零输入响应

电流 $i_C(t)$。根据 KVL，在 $t > 0$ 时，有

$$u_C(t) - Ri_C(t) = 0$$

因为

$$i_C(t) = -C\frac{\mathrm{d}u_C(t)}{\mathrm{d}t}$$

故

$$\frac{\mathrm{d}u_C(t)}{\mathrm{d}t} + \frac{1}{RC}u_C(t) = 0 \tag{6-2}$$

这是一个一阶齐次线性微分方程，其特征根

$$p = -\frac{1}{RC}$$

故式(6-2)的通解为

$$u_C(t) = A\mathrm{e}^{-\frac{1}{RC}t}$$

将初始条件 $u_C(0_+) = U_0$ 代入上式，可得 $A = U_0$，则

$$u_C(t) = U_0\mathrm{e}^{-\frac{1}{RC}t} \qquad (t > 0) \tag{6-3}$$

式(6-3)就是零输入响应，即电容放电过程中电容电压 u_C 随时间变化规律的表达式。电路中的放电电流和电阻电压分别为

$$i_C(t) = -C\frac{\mathrm{d}u_C(t)}{\mathrm{d}t} = \frac{U_0}{R}\mathrm{e}^{-\frac{1}{RC}t} \qquad (t > 0) \tag{6-4}$$

$$u_R(t) = u_C(t) = U_0\mathrm{e}^{-\frac{1}{RC}t}$$

2. RC 电路的零输入响应波形

从式(6-3)和式(6-4)中可以看出，电压 $u_C(t)$，$u_R(t)$ 和电流 $i_C(t)$ 都是按同样的指数规律衰减的，当 $t \to \infty$ 时，它们衰减到零，达到稳态。其波形如图 6-4 所示。这是一种瞬态响应。

在换路前后，电容电压是连续的；而电流 $i_C(0_-) = 0$，$i_C(0_+) = \dfrac{u_C(0_+)}{R}$，发生跃变。

3. 暂态过程与时间常数 τ 之间的关系

上述 RC 电路的放电过程的快慢取决于指数中的 RC 乘积，这一电路常数称为时间常数，用 τ 表示，即

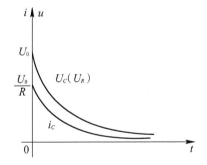

图 6-4　一阶 RC 电路的零输入响应波形

$$\tau = RC \tag{6-5}$$

τ 单位为秒。

这样式(6-3)和式(6-4)可分别表示为

$$u_C(t) = U_0\mathrm{e}^{-\frac{t}{\tau}} \qquad (t > 0) \tag{6-6}$$

$$i(t) = -C\frac{\mathrm{d}u_C(t)}{\mathrm{d}t} = \frac{U_0}{R}\mathrm{e}^{-\frac{1}{\tau}t} \qquad (t > 0) \tag{6-7}$$

$$u_R(t) = u_C(t) = U_0\mathrm{e}^{-\frac{1}{\tau}t}$$

电路的时间常数 τ 越大，表示电压或电流的暂态变化越慢，反之变化越快。不同时间常数 u_C 的曲线如图 6-5 所示。

注意,时间常数 τ 仅与电路的参数有关,与电源和初始状态无关。

当 $t = \tau$ 时,有

$$u_C(\tau) = U_0 e^{-1} = 0.368U_0$$

即 $u_C(t)$ 下降到初始值的 36.8%。

当 $t = 4\tau$ 时,有

$$u_C(4\tau) = U_0 e^{-4} = 0.018U_0$$

$u_C(t)$ 下降到初始值的 1.8%。从理论上讲,需要经历无限长的时间过渡过程才能结束,但在工程上,一般认为,经过 $3\tau \sim 5\tau$ 的时间后,暂态响应已基本结束。$u_C(t)$ 随时间变化的曲线如图 6-6 所示。

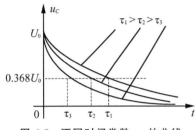

图 6-5 不同时间常数 u_C 的曲线

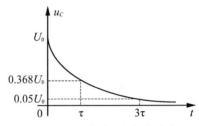

图 6-6 u_C 随时间变化的曲线

6.2.2 RL 电路的零输入响应

如图 6-7(a)所示电路,当 $t < 0$ 时,开关在 1 位,电路处于稳定状态,电感元件中通过的电流 $i(0_-) = I_0$。在 $t = 0$ 时换路,开关由 1 位打向 2 位。电感电路脱离电源。

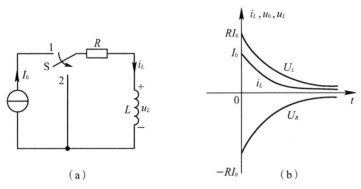

图 6-7 一阶 RL 电路的零输入响应

换路后,依 KVL,可得

$$u_L(t) + Ri_L(t) = 0 \qquad (t > 0)$$

将电感的伏安关系 $u_L(t) = L\dfrac{\mathrm{d}i_L(t)}{\mathrm{d}t}$ 代入上式,可得

$$\frac{\mathrm{d}i_L(t)}{\mathrm{d}t} + \frac{R}{L}i_L(t) = 0 \qquad (t > 0) \tag{6-8}$$

式(6-8)也是一个常系数一阶线性齐次微分方程,与式(6-2)相似。其通解的形式为

$$i_L(t) = Ae^{-\frac{t}{\tau}} \qquad (t > 0)$$

其中，$\tau = \dfrac{L}{R}$，是电路的时间常数。

代入初始条件 $i_L(0_+) = i_L(0_-) = I_0$，可得 $A = I_0$，故电路的零输入响应

$$i_L(t) = I_0 e^{-\frac{t}{\tau}} \qquad (t > 0) \tag{6-9}$$

换路后电感上的电压

$$u_L(t) = L\frac{\mathrm{d}i_L}{\mathrm{d}t} = -RI_0 e^{-\frac{t}{\tau}} \qquad (t > 0) \tag{6-10}$$

换路后电阻上的电压

$$u_R(t) = Ri_L = RI_0 e^{-\frac{t}{\tau}} \qquad (t > 0) \tag{6-11}$$

换路后电感元件的电流、电压和电阻上的电压随时间变化的曲线如图 6-7(b)所示。

6.2.3 一阶电路零输入响应的一般形式

由于零输入响应是由动态元件的初始储能所产生的，随着时间 t 的增加，动态元件的初始储能逐渐被电阻 R 所消耗，因此，零输入响应总是按指数规律逐渐衰减到零。如果用 $f(t)$ 表示零输入响应电压、电流；$f(t_+)$ 表示零输入响应电压、电流的初始值，则一阶电路零输入响应的一般表达式为

$$f(t) = f(0_+) e^{-\frac{t}{\tau}} \qquad (t > 0) \tag{6-12}$$

式中的 τ 是换路后的时间常数，即 RC 电路 $\tau = RC$，RL 电路 $\tau = \dfrac{L}{R}$。如果电路中有多个电阻，则此时的 R 为换路后接于动态元件 L 或 C 两端的电阻网络的等效电阻。

所以，只要求出初始值和时间常数，即可以直接写出电路的零输入响应。

【例 6-3】 如图 6-8(a)所示电路，$I_s = 2A$，$R_1 = 6\Omega$，$R_2 = 3\Omega$，$C = 0.5F$，在 $t = 0$ 时刻开关 S 闭合，S 闭合前电路已稳定。试求 $t \geqslant 0$ 时的 $i_1(t)$，$i_2(t)$ 和 $i_C(t)$。

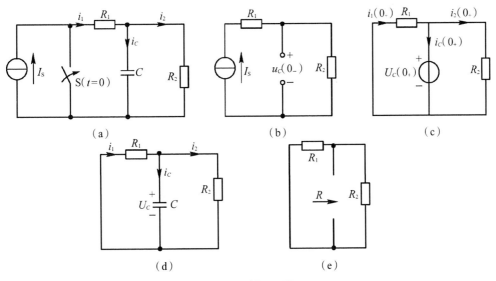

(a) (b) (c)

(d) (e)

图 6-8 例 6-3 图

【解】 (1)作 $t = 0_-$ 等效电路。

如图 6-8(b)所示。则有

$$u_C(0_-) = R_2 I_s = 2 \times 3 = 6(\text{V})$$

由换路定律

$$u_C(0_+) = u_C(0_-) = 6(\text{V})$$

（2）作 $t = 0_+$ 时的等效电路，如图 6-8(c) 所示

$$i_1(0_+) = -\frac{u_C(0_+)}{R_1} = -\frac{6}{6} = -1(\text{A})$$

$$i_2(0_+) = \frac{u_C(0_+)}{R_2} = \frac{6}{3} = 2(\text{A})$$

$$i_C(0_+) = i_1(0_+) - i_2(0_+) = -3(\text{A})$$

（3）$t > 0$ 时的电路如图 6-8(d) 所示，求时间常数

其等效电阻如图 6-8(e) 所示

$$R = R_1 // R_2 = \frac{R_1 R_2}{R_1 + R_2} = \frac{6 \times 3}{6 + 3} = 2(\Omega)$$

故电路的时间常数

$$\tau = RC = 2 \times 0.5 = 1(\text{s})$$

根据零输入响应的表示式

$$f(t) = f(0_+) e^{-\frac{t}{\tau}} \qquad (t > 0)$$

可得

$$u_C = 6e^{-t}\text{V} \qquad (t > 0)$$

$$i_1 = -e^{-t}\text{A} \qquad (t > 0)$$

$$i_2 = 2e^{-t}\text{A} \qquad (t > 0)$$

$$i_C = -3e^{-t}\text{A} \qquad (t > 0)$$

也可以在图 6-8(d) 所示电路中，求得

$$i_1(t) = -\frac{u_C(t)}{R_1} = -e^{-\tau}\text{A}$$

$$i_2(t) = \frac{u_C(t)}{R_2} = 2e^{-\tau}\text{A} \qquad (t > 0)$$

$$i_C(t) = C\frac{du_C(t)}{dt} = -3e^{-\tau}\text{A}$$

【例 6-4】 如图 6-9(a) 所示为一测量电路，已知 $L = 0.4\text{H}$, $R = 1\Omega$, $U_s = 12\text{V}$，电压表的内阻 $R_V = 10\text{k}\Omega$，量程为 50V。开关 S 原来闭合，电路已处于稳态。在 $t = 0$ 时，将开关打开，试求：

（1）电流 $i(t)$ 和电压表两端的电压 $u_V(t)$；

（2）$t = 0$ 时（S 刚打开）电压表两端的电压。

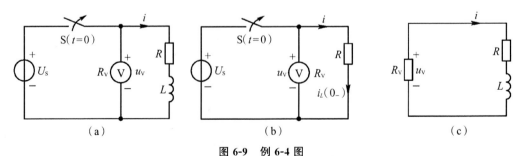

图 6-9 例 6-4 图

【解】　(1) $t=0_-$ 电路如图 6-9(b) 电感中电流的初始值为

$$i_L(0_-)=\frac{U_s}{R}=12\text{A}$$

由换路定律得　　　　　　　　$i(0_+)=i_L(0_-)=12\text{A}$

(2) $t\geqslant0$ 电路如图 6-9(c) 所示,电路的时间常数为

$$\tau=\frac{L}{R+R_\mathrm{V}}\approx\frac{0.4}{10\times10^3}=4\times10^{-5}(\text{s})$$

则电感电流的表达式和电压表两端的电压分别为

$$i(t)=i(0_+)\mathrm{e}^{-\frac{t}{\tau}}=12\mathrm{e}^{-2.5\times10^4 t}\text{A}$$

$$u_\mathrm{V}(t)=-R_\mathrm{V}i(t)=-12\times10^4\mathrm{e}^{-2.5\times10^4 t}\text{V}\qquad(t>0)$$

(3) 当 $t=0$ 时

$$u_\mathrm{V}=-12\times10^4\text{V}$$

该数值远远超过电压表的量程,将损坏电压表。在断开电感电路时,必须先拆除电压表。从上例分析中可见,电感线圈的直流电源断开时,线圈两端会产生很高的电压,从而出现火花甚至电弧,轻则损坏开关设备,重则引起火灾。因此工程上都采取一些保护措施。常用的办法是在线圈两端并联续流二极管或接入阻容吸收电路。

6.3　一阶电路的零状态响应

6.3.1　RC 电路的零状态响应

零状态响应是指电路换路时储能元件没有初始储能,电路仅由外加电源作用产生的响应。由于动态元件的初始状态是零,即 $u_C(0_+)=0,i_L(0_+)=0$。所以叫零状态响应。

1. RC 电路的零状态响应的数学分析

如图 6-10 所示的电路中,$t<0$,开关 S 闭合前,电容上没有充电,$u_C(0_-)=0,t=0$ 时开关 S 闭合,电源通过电阻对电容充电。

依 KVL,在 $t>0$ 时,有

$$u_R(t)+u_C(t)=U_s\qquad(t>0)$$

将 R,C 的伏安关系

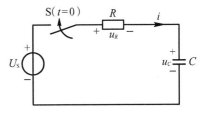

图 6-10　RC 电路零状态响应

$$i(t)=C\frac{\mathrm{d}u_C(t)}{\mathrm{d}t},u_R(t)=Ri(t),\text{代入上式后可得}$$

$$RC\frac{\mathrm{d}u_C(t)}{\mathrm{d}t}+u_C(t)=U_s\quad(t>0)\tag{6-13}$$

式(6-13)是一个常系数一阶线性非齐次微分方程。由高等数学知识可知,它的解由其特解 u_{cp} 和相应齐次方程的通解 u_{ch} 两部分组成,即

$$u_C(t)=u_{cp}+u_{ch}\tag{6-14}$$

对应于式(6-13)的齐次微分方程即式(6-2),其通解为

$$u_{ch}=A\mathrm{e}^{-\frac{t}{\tau}}$$

其中 $\tau=RC$,为时间常数。

非齐次方程式(6-13)的特解为电路达到稳态时的解

$$u_{cp} = U_s$$

因此 u_C 的全解为

$$u_C(t) = U_s + Ae^{-\frac{t}{\tau}} \qquad (t>0) \tag{6-15}$$

将初始条件 $u_C(0_+) = u_C(0_-) = 0$ 代入上式,可得

$$A = -U_s$$

则电容电压的零状态响应为

$$u_C(t) = U_s - U_s e^{-\frac{t}{\tau}} = U_s(1 - e^{-\frac{t}{\tau}}) \qquad (t>0) \tag{6-16}$$

充电电流 $i(t)$ 和电阻电压 $u_R(t)$ 分别为

$$i(t) = C\frac{du_C(t)}{dt} = \frac{U_s}{R}e^{-\frac{t}{\tau}} \qquad (t>0) \tag{6-17}$$

$$u_R(t) = Ri = U_s e^{-\frac{t}{\tau}} \qquad (t>0) \tag{6-18}$$

2. RC 电路零状态响应曲线

电流、电压随时间变化波形如图 6-11 所示。

从曲线可以可以看出,电容 u_C 从起始的零值按指数规律上升,当 $t \to \infty$ 时,增长到 U_s,达到稳态。这个过程是电容的充电过程。而电流 i 则是从它的初始值开始,按指数规律逐渐衰减至零。u_R 的变化与电流 i 的变化相同。u_C, i, u_R 的变化快慢同样取决于电路的时间常数 τ,它与零输入响应的 τ 的计算方法相同。注意,u_C 是连续变化的,而 $t=0$ 时 i 和 u_R 发生了跃变。

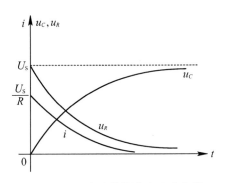

图 6-11 RC 电路的零状态响应曲线

6.3.2 RL 电路零状态响应

如图 6-12 所示的电路中,$t<0$ 时,开关 S 闭合前,电感元件中的电流为零,$i_L(0_-) = 0$,$t=0$ 时开关 S 闭合,电路与电源接通。

依 KVL,在 $t>0$ 时,有

$$u_R(t) + u_L(t) = U_s$$

根据元件的伏安关系得

$$\frac{L}{R}\frac{di_L(t)}{dt} + i_L(t) = \frac{U_s}{R} \qquad (t>0) \tag{6-19}$$

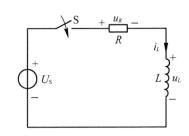

图 6-12 RL 电路的零状态响应

这也是一个一阶线性非齐次微分方程,它的解同样由其特解 i_{lp} 和相应的齐次方程的通解 i_{lh} 组成,即

$$i_L(t) = i_{lp} + i_{lh}$$

其中,特解仍是电路达到稳态时的解

$$i_{lp} = \frac{U_s}{R}$$

齐次微分方程的通解与 RL 串联电路的零输入响应形式相同,即

$$i_L(t) = Ae^{-\frac{t}{\tau}}$$

因此 i_L 的全解为

$$i_L(t) = \frac{U_s}{R} + Ae^{-\frac{t}{\tau}} \qquad (t>0) \qquad\qquad (6\text{-}20)$$

其中，$\tau = \dfrac{L}{R}$；A 可由换路定律来求解，将 $i_L(0_+) = i_L(0_-) = 0$ 代入式(6-20)得

$$A = -\frac{U_s}{R}$$

代入(6-20)式得电路的零状态响应 $i_L(t)$ 为

$$i_L(t) = \frac{U_s}{R}(1 - e^{-\frac{t}{\tau}}) \qquad (t>0) \qquad\qquad (6\text{-}21)$$

电感上的电压

$$u_L(t) = L\frac{di_L(t)}{dt} = U_s e^{-\frac{t}{\tau}} \qquad (t>0) \qquad\qquad (6\text{-}22)$$

电阻上的电压

$$u_R(t) = Ri(t) = U_s(1 - e^{-\frac{t}{\tau}}) \qquad (t>0) \qquad\qquad (6\text{-}23)$$

画出 i_L，u_L，u_R 曲线，如图 6-13 所示。

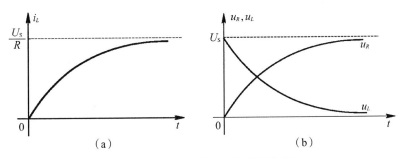

图 6-13 一阶 *RL* 电路零状态响应波形

注意，在 *RL* 电路的零状态响应中，电感电流 i_L、电阻电压 u_R 按指数规律增长；u_L 按指数规律衰减。

6.3.3 一阶电路的零状态响应的一般形式

由一阶 *RC*，*RL* 电路的零状态响应式(6-16)、式(6-21)可以看出：电容电压 u_C、电感电流 i_L 都是按指数规律由零状态逐渐上升到新的稳态值，而式(6-17)、式(6-22)则标明电容电流、电感电压都是按指数规律衰减的。如果用 $f(\infty)$ 表示电路的新稳态值，τ 仍为时间常数（即 *RC* 电路中 $\tau = RC$，*RL* 电路中 $\tau = \dfrac{L}{R}$)，则一阶电路的零状态响应的 u_C 或 i_L 可以表示为一般形式，即

$$f(t) = f(\infty)(1 - e^{-\frac{t}{\tau}}) \qquad (t>0) \qquad\qquad (6\text{-}24)$$

注意：式(6-24)只能用于求解零状态下 *RC* 电路中的 u_C 和 *RL* 电路中的 i_L，而电容电流、电感电压及电阻电压、电流要由 u_C 或 i_L 求出。求时间常数 τ 时，可将储能元件以外的电路应用戴维宁定理进行等效变换，等效电阻 R_0 即是 τ 中的 R。

【例 6-5】 图 6-14(a)所示电路，$t=0$ 时开关 S 闭合。已知 $u_C(0_-) = 0$，求 $t \geqslant 0$ 时的 $u_C(t)$，$i_C(t)$ 和 $i(t)$。

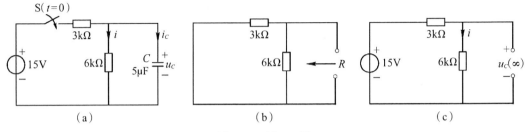

图 6-14　例 6-5 图

【解】　（1）$t = 0_-$ 时

$$u_C(0_-) = 0$$

（2）$t = 0_+$ 时，由换路定律

$$u_C(0_+) = u_C(0_-) = 0$$

故换路后，电路属于零状态响应。因此电容电压可套用式（6-24）求出。

（3）$t \geqslant 0$ 时，求时间常数。如图 6-14(b) 所示，其等效电阻

$$R = \frac{3 \times 6}{3 + 6} = 2(\text{k}\Omega)$$

故电路的时间常数

$$\tau = RC = 2 \times 10^3 \times 5 \times 10^{-6} = 10 \times 10^{-3}(\text{s})$$

（4）$t \to \infty$ 电路稳定后，电容相当于开路，如图 6-14(c) 所示，可得

$$u_C(\infty) = \frac{6}{3 + 6} \times 15 = 10(\text{V})$$

由式（6-24）得

$$u_C(t) = 10(1 - e^{-100t})\text{V} \qquad (t \geqslant 0)$$

$$i_C(t) = C\frac{\mathrm{d}u_C}{\mathrm{d}t} = 5e^{-100t}\text{mA} \qquad (t \geqslant 0)$$

$$i(t) = \frac{u_C(t)}{6} = \frac{5}{3}(1 - e^{-100t})\text{mA} \qquad (t \geqslant 0)$$

6.4　一阶电路的全响应

当一个非零初始状态的电路受到外加电源的作用时，电路的响应为全响应。从电路中能量的来源可以推论：线性动态电路的全响应，必然是由储能元件初始储能产生的零输入响应，与外加电源产生的零状态响应的代数和。从响应与激励的关系看，这是叠加定理的一个应用。

6.4.1　一阶电路的全响应的规律

在图 6-15(a) 所示的电路中，开关 S 闭合前，电容已有储能，设 $u_C(0_-) = U_0$，在 $t = 0$ 时 S 闭合，换路后可以将电路的全响应，视为图 6-15(b) 所示电路的零输入响应与图 6-15(c) 所示零状态响应电路的相叠加。即

$$u_C = u_C^{(1)} + u_C^{(2)}$$

由前面分析可知 RC 电路的零输入响应

$$u_C^{(1)} = U_0 e^{-\frac{t}{RC}} \qquad (t > 0)$$

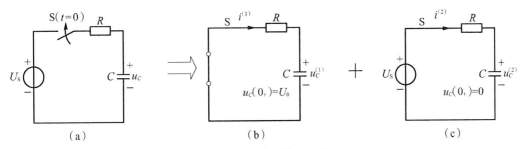

图 6-15　一阶电路全响应

RC 电路的零状态响应

$$u_C^{(2)} = U_s(1 - e^{-\frac{t}{RC}}) \qquad (t > 0)$$

所以,电路的全响应

$$u_C = u_C^{(1)} + u_C^{(2)} = U_0 e^{-\frac{t}{RC}} + U_s(1 - e^{-\frac{t}{RC}}) \qquad (t > 0) \tag{6-25}$$

即

$$\text{全响应} = \text{零输入响应} + \text{零状态响应}$$

式(6-25)还可以写成

$$u_C = U_s + (U_0 - U_s)e^{-\frac{t}{RC}} \qquad (t > 0) \tag{6-26}$$

其中,U_s 称为稳态分量,也称为强制分量,$(U_0 - U_s)e^{-\frac{t}{RC}}$ 称为暂态分量,也称为自由分量。于是全响应还可表示为

$$\text{全响应} = \text{稳态分量} + \text{暂态分量}$$

6.4.2　RC 电路的全响应曲线

图 6-16 给出了 $U_0 < U_s$,$U_0 = U_s$,$U_0 > U_s$ 三种情况下,用零输入响应和零状态响应叠加而得到的 $u_C(t)$ 的全响应曲线。

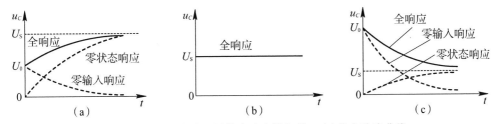

图 6-16　零输入响应和零状态响应叠加的 $u_C(t)$ 的全响应曲线

(a)$U_0 < U_s$　(b)$U_0 = U_s$　(c)$U_0 > U_s$

图 6-17 给出了 $U_0 < U_s$,$U_0 = U_s$,$U_0 > U_s$ 三种不同初始状态下,用稳态分量和暂态分量叠加而得到的 $u_C(t)$ 的全响应曲线,其结果与零输入响应和零状态响应叠加是一样的。

从图 6-17 中可以看出。

(1)暂态分量 $(U_0 - U_s)e^{-\frac{t}{RC}}$。它随时间按指数规律逐渐衰减,最终趋近于零(工程上取经过$(3 \sim 5)\tau$ 时间衰减至零)。暂态分量的变化规律与输入激励无关,它与电路结构和元件的参数有关。

(2)稳态分量 U_s。它是 $t \to \infty$ 时电路已经进入稳态的 u_C 值;稳态分量的变化规律由输入激励来决定,这里讨论的输入激励是直流,因此稳态分量是恒定的;如果输入的是周期性激励,则稳态分量也是同周期变化的周期函数。

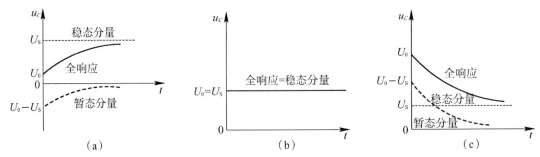

图6-17 稳态分量和暂态分量叠的 $u_C(t)$ 的全响应曲线

(a)$U_0 < U_S$ (b)$U_0 = U_S$ (c)$U_0 > U_S$

RL 串联电路的全响应与 RC 串联电路的全响应类似。其电感电流为

$$i_L = \underbrace{I_0 e^{-\frac{R}{L}t}}_{\text{零输入响应}} + \underbrace{\frac{U_S}{R}(1 - e^{-\frac{R}{L}t})}_{\text{零状态响应}} \qquad (t > 0) \qquad (6\text{-}27)$$

$$i_L = \underbrace{\frac{U_S}{R}}_{\text{稳态分量}} + \underbrace{(I_0 - \frac{U_S}{R})e^{-\frac{R}{L}t}}_{\text{暂态分量}} \qquad (t > 0) \qquad (6\text{-}28)$$

6.5 一阶电路的三要素法

三要素法是对一阶电路的求解方法及其响应形式进行归纳后得出的一个有用的方法。该方法能够比较方便的求得一阶电路全响应。

6.5.1 三要素法

1. 三要素公式

上节分析可知一阶电路的全响应为零输入响应和零状态响应之和,所以全响应是动态电路响应的一般形式,而零输入响应和零状态响应则是全响应的特例。一阶电路响应的一般公式为

$$f(t) = f(0_+)e^{-\frac{t}{\tau}} + f(\infty)(1 - e^{-\frac{t}{\tau}}) \qquad (t > 0)$$

整理后,得

$$f(t) = f(\infty) + [f(0_+) - f(\infty)]e^{-\frac{t}{\tau}} \qquad (t > 0) \qquad (6\text{-}29)$$

由上式可见,响应 $f(t)$ 主要由初始值 $f(0_+)$、换路后的稳态值 $f(\infty)$ 和时间常数 τ 三个因素决定,因此称 $f(0_+)$、$f(\infty)$ 和 τ 为一阶电路的三要素,式(6-29)为求解一阶电路的三要素公式。运用三要素公式求解一阶电路的响应的方法,称为三要素法。

2. 三要素公式说明

(1)适用范围:直流激励下一阶电路中任意处的电流和电压。

(2)三要素法不仅可以求全响应,也可以求零输入响应和零状态响应分量。

6.5.2 三要素法的求解方法

三要素法的关键是确定 $f(0_+)$、$f(\infty)$ 和 τ,其求解方法如下。

(1) 求初始值 $f(0_+)$:首先根据换路前,即 $t = 0_-$ 时电路所处的状态求出 $u_C(0_-)$ 或

$i_L(0_-)$,在直流稳态下,按电容相当于开路求出 $u_C(0_-)$,按电感相当于短路求出 $i_L(0_-)$;然后依换路定律求出 $u_C(0_+)$ 或 $i_L(0_+)$。若要求其他元件(电阻等)的电压或电流初始值,可根据替代定理,用电压为 $u_C(0_+)$ 的电压源和电流为 $i_L(0_+)$ 的电流源分别代替电容和电感,在 $t = 0_+$ 的电阻电路中求各初始值。

(2)求稳态值 $f(\infty)$:在换路以后,$t \to \infty$ 时,电路进入直流稳态,作出 $t \to \infty$ 时的稳态等效电路。此时,电容开路,电感短路。

(3)求时间常数 τ:因为时间常数是反映换路后瞬态响应变化快慢的量,所以求 τ 必须在换路后($t>0$)的电路中进行。它只与电路的结构和参数有关,RC 电路的 $\tau = RC$,RL 电路的 $\tau = \dfrac{L}{R}$,其中电阻 R 是将电路中所有独立源置零后,动态元件 C 或 L 两端看进去的等效电阻。

由上可见,三要素的值都是由其所对应的等效电路求得,利用电路的求解方法确定三要素,避免了微分方程的求解。

【例 6-6】 如图 6-18(a)所示电路中,开关 S 断开前电路处于稳态。设已知 $U_s = 20\text{V}$,$R_1 = R_2 = 1\text{k}\Omega$,$C = 1\mu\text{F}$。求开关打开后,$u_C$ 和 i_C 的解析式,并画出其曲线。

【解】 (1) $t = 0_-$ 时,等效电路如图 6-18(b)所示。换路前电容上电压为

$$u_C(0_-) = \frac{R_2}{R_1 + R_2}U_s = 10\text{V}$$

(2) $t = 0_+$ 时由换路定律得

$$u_C(0_+) = u_C(0_-) = 10\text{V}$$

(3) $t \to \infty$ 电路稳定后,电容相当于开路,如图 6-18(c)所示。得

$$u_C(\infty) = U_s = 20\text{V}$$

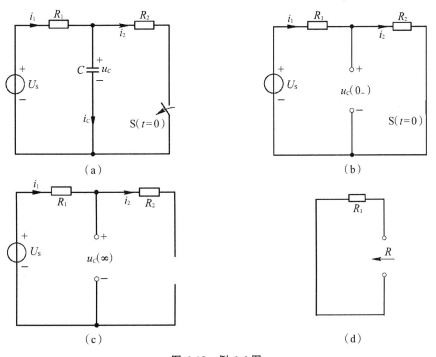

图 6-18 例 6-6 图

(4)求时间常数。如图 6-18(d)所示

$$\tau = R_1 C = 1 \times 10^3 \times 1 \times 10^{-6} = 10^{-3}(\text{s})$$

由于 $U_0 < U_S$,所以换路后电容将继续充电。

将上述数据代入式 $f(t) = f(\infty) + [f(0_+) - f(\infty)]e^{-\frac{t}{\tau}}$,得

$$u_C = u_C(\infty) + [u_C(0_+) - u_C(\infty)]e^{-\frac{t}{\tau}} = 20 + (10-20)e^{-\frac{t}{10^{-3}}}$$

$$= 20 - 10e^{-10^3 t} \text{V} \qquad\qquad (t > 0)$$

$$i_C = C\frac{\mathrm{d}u_C}{\mathrm{d}t} = 10e^{-10^3 t}\text{mA} \qquad (t > 0)$$

u_C, i_C 随时间的变化曲线如图 6-19 所示

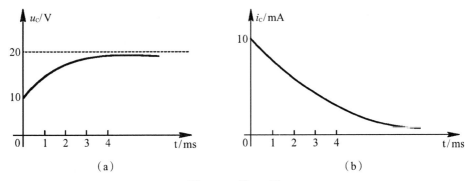

图 6-19　例 6-6 图

【例 6-7】　如图 6-20(a)所示电路,开关 S 在位置 1 时电路已经稳定。$t = 0$ 时开关由位置 1 合向位置 2,求 $t > 0$ 时的 $i(t)$ 和 $u_L(t)$。

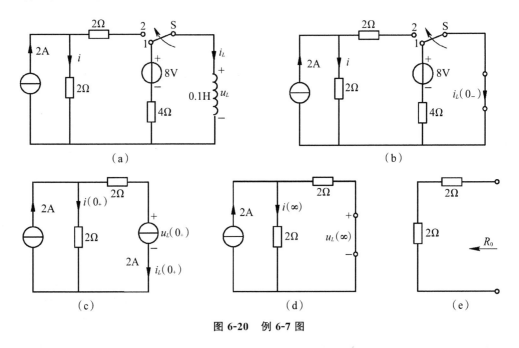

图 6-20　例 6-7 图

【解】　(1)求初始值 $i_L(0_+)$,$u_L(0_+)$。

据 $t=0_-$ 的等效电路如图 6-20(b) 所示,求出 $i_L(0_-)$。则

$$i_L(0_-) = \frac{8}{4} = 2(\text{A})$$

根据换路定律,得

$$i_L(0_+) = i_L(0_-) = 2\text{A}$$

(2)作出 $t=0_+$ 时的等效电路,如图 6-20(c) 所示,其中电感用电流源代替,其大小和方向与 $i_L(0_+)$ 相同,则可求出

$$i(0_+) = 2-2 = 0(\text{A})$$

$$u_L(0_+) = (-2 \times 2 + 2 \times 0) = -4(\text{V})$$

(3)求稳态值 $i(\infty)$,$u_L(\infty)$。$t \to \infty$ 时,电路处于换路后的直流稳定状态,电感用短路代替,作出 $t \to \infty$ 时的等效电路,如图 6-20(d) 图所示,可求得

$$i(\infty) = \frac{2}{2+2} \times 2 = 1(\text{A})$$

$$u_L(\infty) = 0$$

(4)求时间常数 τ。如图 6-20(e) 所示。按戴维南等效电阻的求解方法,将电流源开路,可求得

$$R_0 = 2+2 = 4(\Omega)$$

则时间常数

$$\tau = \frac{L}{R_0} = \frac{0.1}{4} = 0.025(\text{s})$$

(6)求 $i(t)$,$u_L(t)$

将上述数据代入式 $f(t) = f(\infty) + [f(0_+) - f(\infty)]\text{e}^{-\frac{t}{\tau}}$ 得

$$i(t) = i(\infty) + [i(0_+) - i(\infty)]\text{e}^{-\frac{t}{\tau}}$$

$$= 1 + (0-1)\text{e}^{-\frac{t}{0.025}} = (1 - \text{e}^{-40t})\text{A} \qquad (t > 0)$$

$$u_L(t) = u_L(\infty) + [u_L(0_+) - u_L(\infty)]\text{e}^{-\frac{t}{\tau}}$$

$$= 0 + (-4-0)\text{e}^{-\frac{t}{0.025}} = -4\text{e}^{-40t}\text{V} \qquad (t > 0)$$

小　结

1. 过渡过程产生的原因

内因是电路含有储能元件,外因是换路。其实质是能量不能跃变。

2. 换路定律

设 $t=0$ 时电路发生换路,则换路定律是:若电容电流和电感电压在换路时为有限值,其电容电压不能跃变;电感电流不能跃变。即

$$u_C(0_+) = u_C(0_-)$$

$$i_L(0_+) = i_L(0_-)$$

3. 一阶动态电路的响应

(1)零输入响应是由电路的初始储能产生的。对一阶电路,它的变化规律为

$$f(t) = f(0_+)\text{e}^{-\frac{t}{\tau}} \qquad (t > 0)$$

(2)零状态响应是由外加电源产生的。一阶电路的零状态响应的 u_C 或 i_L 的变化规律为

$$f(t) = f(\infty)(1 - \mathrm{e}^{-\frac{t}{\tau}}) \qquad (t > 0)$$

（3）一阶电路的全响应

$$f(t) = f(0_+)\mathrm{e}^{-\frac{t}{\tau}} + f(\infty)[1 - \mathrm{e}^{-\frac{t}{\tau}}] \qquad (t > 0)$$

全响应＝零输入响应＋零状态响应

$$f(t) = f(\infty) + [f(0_+) - f(\infty)]\mathrm{e}^{-\frac{t}{\tau}} \qquad (t > 0)$$

全响应＝稳定分量＋暂态分量

（4）一阶电路的变化规律是按指数规律衰减或增加，$f(t)$ 衰减或增加的速度与 τ 有关，τ 与电路参数 R, C 或 R, L 有关。

4. 一阶电路的三要素法

直流激励下的三要素公式

$$f(t) = f(\infty) + [f(0_+) - f(\infty)]\mathrm{e}^{-\frac{t}{\tau}} \qquad (t > 0)$$

三要素法的关键是确定 $f(0_+), f(\infty)$ 和 τ。

习　题　六

6.1　如图 6-21 图所示电路已处于稳定状态，已知 $R_0 = 4\Omega, R_1 = R_2 = 8\Omega, U_S = 12\mathrm{V}$，在 $t = 0$ 时刻开关 S 闭合，求 S 闭合后各支路电流的初始值和电容电压 $u_C(0_+)$，电感电压 $u_L(0_+)$。

6.2　如图 6-22 图所示电路中，已知 $U_S = 18\mathrm{V}, R_1 = 1\Omega, R_2 = 2\Omega, R_3 = 3\Omega, L = 0.5\mathrm{H}, C = 4.7\mu\mathrm{F}$，开关 S 在 $t = 0$ 时合上，设 S 合上前电路已进入稳态。试求 $i_1(0_+), i_2(0_+), i_3(0_+), u_L(0_+), u_C(0_+)$。

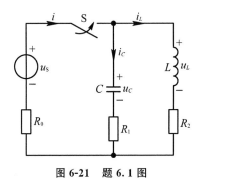

图 6-21　题 6.1 图

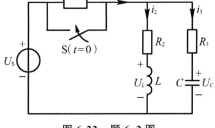

图 6-22　题 6.2 图

6.3　如图 6-23 所示电路，$U_S = 9\mathrm{V}, R_1 = 3\Omega, R_2 = 6\Omega, L = 1\mathrm{H}$，在 $t = 0$ 时换路，即开关 S 由位置 1 合到位置 2。设换路前电路已经稳定，求换路后的初始值 $i_1(0_+), i_2(0_+)$ 和 $u_L(0_+)$。

6.4　已知如图 6-24 所示电路中，$U_S = 24\mathrm{V}, R_1 = 2\Omega, R_2 = 3\Omega, R_3 = 6\Omega, L = 0.9\mathrm{H}$，开关 S 打开前电路稳定，$t = 0$ 时刻开关 S 打开，试求 $i_L(t)$ 和 $u_L(t)$，并画出其波形图。

6.5　如图 6-25 所示 RC 电路，开关 S 打开前电路稳定，$t = 0$ 时刻 S 打开，求 $t > 0$ 时的 $u_C(t)$ 和 $i_C(t)$。

6.6　已知如图 6-26 所示电路中，$U_S = 10\mathrm{V}, R_1 = 5\Omega, R_2 = 2\Omega, C = 0.5\mu\mathrm{F}$，开关 S 闭合前电路稳定，在 $t = 0$ 时刻 S 闭合，求 $t > 0$ 时的 $u_C(t)$ 和 $i_C(t)$。

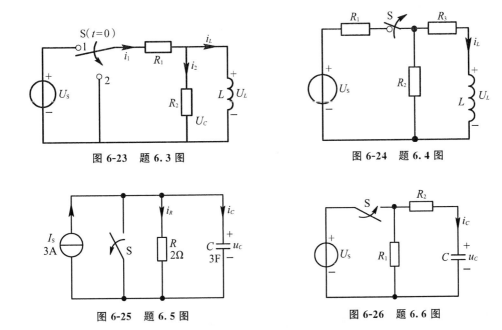

图 6-23　题 6.3 图　　　　图 6-24　题 6.4 图

图 6-25　题 6.5 图　　　　图 6-26　题 6.6 图

6.7　已知如图 6-27 所示电路中，$R_1 = R_2 = R_3 = 3\text{k}\Omega$，$C = 10^3\text{pF}$，$U_S = 12\text{V}$，开关 S 打开前电路稳定，在 $t = 0$ 时刻 S 打开，试用三要素法求 $u_C(t)$。

6.8　如图 6-28 所示 RL 电路已处于稳定，已知 $R_1 = R_3 = 10\Omega$，$R_2 = 40\Omega$，$L = 0.1\text{H}$，$U_S = 180\text{V}$，$t = 0$ 时刻开关 S 闭合，求 $t > 0$ 时的 i_L，i_3。

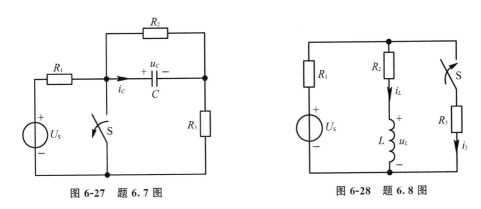

图 6-27　题 6.7 图　　　　图 6-28　题 6.8 图

6.9　如图 6-29 所示电路，$t < 0$ 时电路稳定，$t = 0$ 时刻开关 S 闭合，求 $t > 0$ 时的 i_L 和电压 u，并画出其波形。

6.10　已知如图 6-30 所示电路中，$U_S = 15\text{V}$，$I_S = 3\text{A}$，$R_1 = 1\Omega$，$R_2 = 2\Omega$，$C = 0.01\text{F}$，$t < 0$ 时刻 S_1 闭合 S_2 打开，电路稳定，$t = 0$ 时刻 S_1 打开 S_2 闭合，求 $t > 0$ 时的 $u_C(t)$，并画出其波图。

6.11　如图 6-31 所示电路，$I_S = 3\text{A}$，$U_S = 18\text{V}$，$R_1 = 3\Omega$，$R_2 = 6\Omega$，$L = 2\text{H}$，在 $t < 0$ 时电路已处于稳态，当 $t = 0$ 时开关 S 闭合，求 $t \geqslant 0$ 时的 $i_L(t)$，$u_L(t)$ 和 $i(t)$。

6.12　如图 6-32 所示电路，$I_S = 6\text{A}$，$U_S = 12\text{V}$，$R_1 = 6\Omega$，$R_2 = R_4 = 6\Omega$，$R_3 = 3\Omega$，

$L = 3H$。在 $t < 0$ 时开关 S 位于 1，电路已处于稳态。$t = 0$ 时开关 S 由 1 闭合到 2。求 $t \geqslant 0$ 时的电流 $i_L(t)$ 和电压 $u(t)$ 的零输入响应和零状态响应。

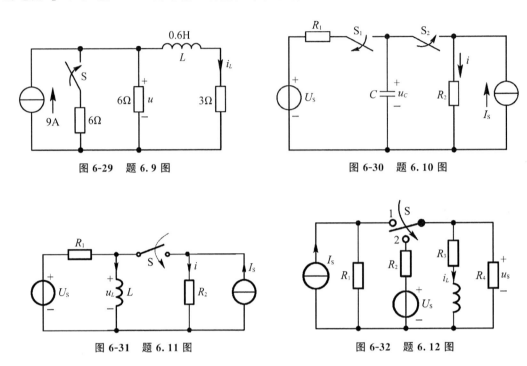

图 6-29 题 6.9 图   图 6-30 题 6.10 图

图 6-31 题 6.11 图   图 6-32 题 6.12 图

6.13 如图 6-33 所示电路，S 闭合前电路处于稳定状态，当 $t = 0$ 时闭合 S，求 $t \geqslant 0$ 时的 $i(t)$ 和 $i_L(t)$。

6.14 如图 6-34 是一种测速装置的原理电路。图中 A，B 为金属导体，A，B 相距为 $S = 1m$，当子弹匀速地击断 A 再击断 B 时，测得 $u_C = 8V$，求子弹的速度。

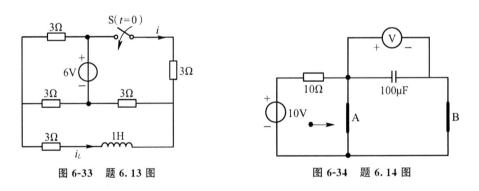

图 6-33 题 6.13 图   图 6-34 题 6.14 图

6.15 在如图 6-35 所示的电路中，当 $t = 0$ 时，开关 S 闭合，电路接通直流电源。开关闭合前电容没有储能。试用三要素法求换路后电容电压 $u_C(t)$ 和电源支路的电流 $i(t)$。

6.16 如图 6-36 所示电路，换路前电路已达稳态，在 $t = 0$ 时开关 S 打开，求 $t \geqslant 0$ 时的 $i_L(t)$ 和 $u_L(t)$。

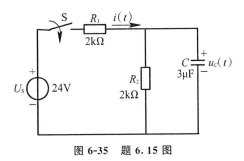

图 6-35　题 6.15 图

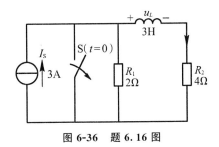

图 6-36　题 6.16 图

7 三相交流电路

7.1 三相电源

7.1.1 三相电源的组成

如图 7-1 所示的是三相交流发电机的原理图,它的主要组成部分是电枢和磁极。

电枢是固定的,亦称定子。定子铁心的内圆周表面冲有槽,用以放置三相电枢绕组。每相绕组是同样的,如图 7-1(a)所示。它们的首端标以 A,B,C,末端标以 X,Y,Z。每个绕组的两边放置在相应的定子铁心的槽内,但要求绕组的始端之间或末端之间空间上彼此相隔 120°。

三相交流电的三相电源是由三个频率相同、幅值相等、相位差互为 120° 的正弦电压源按一定的方式连接而成,也称为三相对称电源。三相交流发电机就是一个三相电源。

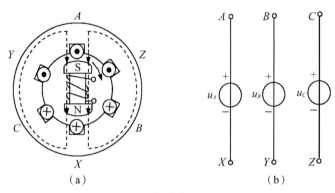

(a)　　　　　　　　　(b)

图 7-1　三相发电机原理图

发电机的转子上装有励磁绕组,通直流电来建立磁场,选择合适的极面形状和励磁绕组的布置情况,可使空气隙中的磁感应强度按正弦规律分布。

当转子由原动机拖动并做匀速旋转时,转子磁场也随着做匀速旋转并切割定子,其在各个绕组里产生感应电动势,这些电动势按正弦规律作周期性变化。在三个绕组中产生的振幅相同、频率相同、相互间相位差均为 120° 三相交流电,也称为三相对称电源,其电路符号如图 7-1(b)所示,AX,BY,CZ 分别被称为 A 相、B 相、C 相。

三相交流电压出现正幅值(或相应零值)的顺序称为相序。在此,相序是 $A{\to}B{\to}C$。

取 A 相为参考正弦量,其初相为零,则三相电源电压的瞬时表达式为

$$\left.\begin{aligned} u_A &= U_{\mathrm{m}}\cos\omega t \\ u_B &= U_{\mathrm{m}}\cos(\omega t - 120°) \\ u_C &= U_{\mathrm{m}}\cos(\omega t - 240°) = U_{\mathrm{m}}\cos(\omega t + 120°) \end{aligned}\right\} \tag{7-1}$$

对称三相电源的波形如图 7-2(a)所示

由式(7-1)知三个正弦电压的相量形式为:

$$\left.\begin{aligned} \dot{U}_A &= U\angle 0° \\ \dot{U}_B &= U\angle -120° \\ \dot{U}_C &= U\angle 120° \end{aligned}\right\} \tag{7-2}$$

显然对称三相正弦电压满足

$$u_A + u_B + u_C = 0$$

$$\dot{U}_A + \dot{U}_B + \dot{U}_C = 0 \tag{7-3}$$

三相电源的相量图如图 7-2(b)所示。

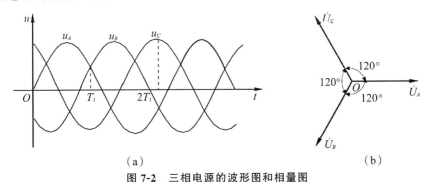

（a）　　　　　　　　　　　（b）

图 7-2　三相电源的波形图和相量图

7.1.2　三相电源的联结

1. 三相电源的星形联结

如图 7-3 所示,从三相电源的正极性端引出三根输出线,称为相线或端线,俗称火线。三相电源的负极性端连接成一点,称为电源中性点,用 N 表示,从中性点引出的导线称为中线或称为零线。这种连接方式的电源称为星形电源,通常在配电线上以黄、绿、红三种颜色分别代表 A,B,C 三相相线,以黑色代表中线。

星形电源中电压的表示方式如下:端线与中线之间的电压称为相电压,分别用 $\dot{U}_A$、$\dot{U}_B$、$\dot{U}_C$ 表示,其有效值用 U_p 表示。由图 7-3 可知

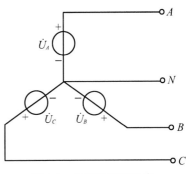

图 7-3　电源的星形联结

$$\left.\begin{array}{l} \dot{U}_{AN} = \dot{U}_A \\ \dot{U}_{BN} = \dot{U}_B \\ \dot{U}_{CN} = \dot{U}_C \end{array}\right\} \tag{7-4}$$

端线与端线之间的电压称为线电压,分别用 $\dot{U}_{AB}$,$\dot{U}_{BC}$,$\dot{U}_{CA}$ 表示,其有效值用 U_1 表示。则星形电源线电压与相电压的关系为

$$\left.\begin{array}{l} \dot{U}_{AB} = \dot{U}_A - \dot{U}_B \\ \dot{U}_{BC} = \dot{U}_B - \dot{U}_C \\ \dot{U}_{CA} = \dot{U}_C - \dot{U}_A \end{array}\right\} \tag{7-5}$$

将式(7-2)代入式(7-5)可得线、相电压的关系为

$$\left.\begin{array}{l} \dot{U}_{AB} = U\angle 0° - U\angle -120° = \sqrt{3}\dot{U}_A\angle 30° \\ \dot{U}_{BC} = U\angle -120° - U\angle 120° = \sqrt{3}\dot{U}_B\angle 30° \\ \dot{U}_{CA} = U\angle 120° - U\angle 0° = \sqrt{3}\dot{U}_C\angle 30° \end{array}\right\} \tag{7-6}$$

式(7-6)表明,对称三相电源星形联结时,线电压和相电压有如下关系:其有效值关系为 $U_1 = \sqrt{3}U_p$;其相位关系为线电压超前相应的相电压30°。其相量关系如图7-4所示。

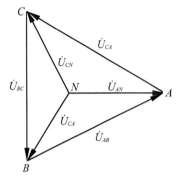

图7-4 星形电源线、相电压的向量关系

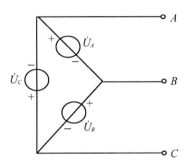

图7-5 电源的三角形联结

2. 三相电源的三角形联结

如图7-5所示,把三相电源的三个绕组,首尾依次相接,从三个连接点引出三根端线,这种连接方式称为三相电源的三角形联结,如图7-5所示,可知

$$\left.\begin{aligned} \dot{U}_{AB} &= \dot{U}_A \\ \dot{U}_{BC} &= \dot{U}_B \\ \dot{U}_{CA} &= \dot{U}_C \end{aligned}\right\} \tag{7-7}$$

式(7-7)说明,三角形电源的线电压和对应的相电压有效值相等,相位相同。

当对称三角形电源正确连接时,有 $\dot{U}_A + \dot{U}_B + \dot{U}_C = 0$,即内部不会产生环电流。如果出现连接错误,电源内部将形成很大的环流,造成事故。因此,在大容量的三相交流发电机中很少采用三相电源的三角形联结。

7.2 三相负载的连接

实际生产和生活中的负载可看作无源网络,即可以用阻抗表示负载。三组负载可分别用三个阻抗等效代替,当这三个阻抗相等时,称为对称三相负载,否则为不对称三相负载。三相负载的连接方式也有两种:星形(Y形)联结和三角形(△形)联结。

7.2.1 三相负载的星形(Y形)联结

三相电源和三相负载之间用四根导线连接的电路系统称为三相四线制,一般线路的阻抗远小于负载的阻抗,此时线路的阻抗可以忽略不计,如图7-6所示。在三相四线制中,每相负载中的电流称为相电流,其参考方向为由负载端头指向负载的中性点;每根相线中的电流称为线电流,其参考方向规定为从电源指向负载;流过中线的电流称为中线电流,其参考方向为由负载的中性点 N' 指向电源的中性点 N 。对于图7-6所示的星形联结的三相负载,其线电流和相电流为同一电流,即线电流等于相电流。三相四线制中的中线电流由KCL可知

$$\dot{I}_N = \dot{I}_A + \dot{I}_B + \dot{I}_C \tag{7-8}$$

如果三相电流 $\dot{I}_A, \dot{I}_B, \dot{I}_C$ 对称,则

$$\dot{I}_N = \dot{I}_A + \dot{I}_B + \dot{I}_C = 0 \tag{7-9}$$

此时中线可以省去,得到如图 7-7 所示电路,该电路只由三根导线将三相电源和三相负载相连接,称为三相三线制。

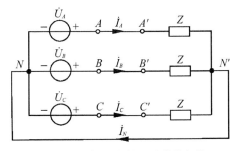

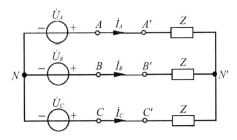

图 7-6　三相四线制星形联结负载　　　　　图 7-7　三相三线制星形联结负载

【例 7-1】　三相四线制电路中,星形负载各相阻抗分别为 $Z_A = 8 + j6\Omega$,$Z_B = 3 - j4\Omega$,$Z_C = 10\Omega$,电源线电压为 $380V$,求各相电流及中线电流。

【解】　由题意知,电源为星形联结,则

$$U_p = \frac{U_1}{\sqrt{3}} = 220V$$

设

$$U_A = 220\angle 0°V$$

则各相负载的相电流为

$$\dot{I}_A = \frac{\dot{U}_A}{Z_A} = \frac{220\angle 0°}{8 + j6} = \frac{220\angle 0°}{10\angle 36.9°} = 22\angle -36.9°A$$

$$\dot{I}_B = \frac{\dot{U}_B}{Z_B} = \frac{220\angle -120°}{3 - j4} = \frac{220\angle -120°}{5\angle -53.1°} = 44\angle -66.9°A$$

$$\dot{I}_C = \frac{\dot{U}_C}{Z_C} = \frac{220\angle 120°}{10} = \frac{220\angle 120°}{10\angle 0°} = 22\angle 120°A$$

中线电流为

$$\dot{I}_N = \dot{I}_A + \dot{I}_B + \dot{I}_C$$
$$= 22\angle -36.9° + 44\angle -66.9° + 22\angle 120°$$
$$= 17.6 - j13.2 + 17.3 - j40.5 - 11 + j19.1$$
$$= 23.9 - j34.6$$
$$= 42\angle -55.4°A$$

7.2.2　三相负载的三角形(△形)联结

负载三角形联结的三相电路一般可用图 7-8 所示电路来表示。其负载上的线电压和相电压是相等的。$\dot{I}_A$,$\dot{I}_B$,$\dot{I}_C$ 分别为三相负载各相的线电流,而 $\dot{I}_{A'B'}$,$\dot{I}_{B'C'}$,$\dot{I}_{C'A'}$ 分别为三相负载各相的相电流,I_p 为相电流的有效值。当三相负载的阻抗相等且分别为 Z 时,则称三相负载对称。设

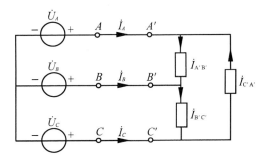

图 7-8　三相负载的三角形联结

$$\left.\begin{array}{l} \dot{I}_{A'B'} = I_p \angle 0° \\ \dot{I}_{B'C'} = I_p \angle -120° \\ \dot{I}_{C'A'} = I_p \angle 120° \end{array}\right\} \tag{7-10}$$

$$\left.\begin{array}{l} \dot{I}_A = \dot{I}_{A'B'} - \dot{I}_{C'A'} \\ \dot{I}_B = \dot{I}_{B'C'} - \dot{I}_{A'B'} \\ \dot{I}_C = \dot{I}_{C'A'} - \dot{I}_{B'C'} \end{array}\right\} \tag{7-11}$$

将式(7-10)代入式(7-11)得

$$\left.\begin{array}{l} \dot{I}_A = \sqrt{3}\dot{I}_{A'B'} \angle -30° \\ \dot{I}_B = \sqrt{3}\dot{I}_{B'C'} \angle -30° \\ \dot{I}_C = \sqrt{3}\dot{I}_{C'A'} \angle -30° \end{array}\right\} \tag{7-12}$$

所以当三相负载为对称三角形联结时,线相电流之间的关系为:

(1)线电流的有效值是相电流有效值的$\sqrt{3}$倍,即$I_1 = \sqrt{3}I_p$;

(2)线电流在相位上滞后相应相电流30°。

其向量关系如图7-9所示。

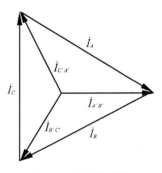

图7-9 向量关系图

【例7-2】 对称负载接成三角形,接入线电压为380V的三相电源,若每相阻抗$Z = (6+j8)\Omega$,求负载各相电流及各线电流。

【解】 设线电压$\dot{U}_{AB} = 380\angle 0°$,则负载各相电流为

$$\dot{I}_{AB} = \frac{\dot{U}_{AB}}{Z} = \frac{380\angle 0°}{6+j8} = \frac{380\angle 0°}{10\angle 53.1°} = 38\angle -53.1°\text{A}$$

$$\dot{I}_{BC} = \frac{\dot{U}_{BC}}{Z} = \dot{I}_{AB}\angle -120° = 38\angle -53.1° -120° = 38\angle -173.1°\text{A}$$

$$\dot{I}_{CA} = \frac{\dot{U}_{CA}}{Z} = \dot{I}_{AB}\angle 120° = 38\angle -53.1° +120° = 38\angle 66.9°\text{A}$$

负载各线电流为

$$\dot{I}_A = \sqrt{3}\dot{I}_{AB}\angle -30° = \sqrt{3}\times 38\angle -53.1 -30° = 66\angle -83.1°\text{A}$$

$$\dot{I}_B = \dot{I}_A\angle -120° = 66\angle -83.1° -120° = 66\angle 156.9°\text{A}$$

$$\dot{I}_C = \dot{I}_A\angle 120° = 66\angle -83.1° +120° = 66\angle 36.9°\text{A}$$

7.3 对称三相电路的计算

7.3.1 对称三相电路的分析

在三相电路中,如果三相电源和三相负载都对称,且每一相的线路阻抗相等时,则该电

路称为对称三相电路。三相电路是正弦交流电路的一种特殊类型,因此正弦交流电路的所有分析方法对三相电路都适用。利用对称三相电路的对称性特点,可以简化对称三相电路的分析。

图 7-10 为一对称三相四线制 Y-Y 电路。Z_1 为线路阻抗,Z 为负载阻抗。由节点电压法得

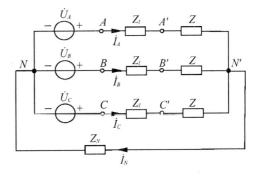

图 7-10 对称三相四线制 Y-Y 电路

$$\dot{U}_{N'N} = \frac{\dfrac{\dot{U}_A}{Z+Z_1} + \dfrac{\dot{U}_B}{Z+Z_1} + \dfrac{\dot{U}_C}{Z+Z_1}}{\dfrac{1}{Z+Z_1} + \dfrac{1}{Z+Z_1} + \dfrac{1}{Z+Z_1} + \dfrac{1}{Z_N}} \tag{7-13}$$

又三相电源对称,即 $\dot{U}_A + \dot{U}_B + \dot{U}_C = 0$,所以 $\dot{U}_{N'N} = 0$,即 N',N 为等电位点。中线将不起作用。

$$\left.\begin{aligned} \dot{I}_A &= \frac{\dot{U}_A - \dot{U}_{N'N}}{Z+Z_1} = \frac{\dot{U}_A}{Z+Z_1} \\[4pt] \dot{I}_B &= \frac{\dot{U}_B - \dot{U}_{N'N}}{Z+Z_1} = \frac{\dot{U}_B}{Z+Z_1} \\[4pt] \dot{I}_C &= \frac{\dot{U}_C - \dot{U}_{N'N}}{Z+Z_1} = \frac{\dot{U}_C}{Z+Z_1} \end{aligned}\right\} \tag{7-14}$$

因为 $\dot{U}_A,\dot{U}_B,\dot{U}_C$ 对称,所以电流 $\dot{I}_A,\dot{I}_B,\dot{I}_C$ 对称,即 $\dot{I}_N = \dot{I}_A + \dot{I}_B + \dot{I}_C = 0$。负载端相电压、线电压的关系分别为

$$\left.\begin{aligned} \dot{U}_{A'N'} &= Z\dot{I}_A \\ \dot{U}_{B'N'} &= Z\dot{I}_B \\ \dot{U}_{C'N'} &= Z\dot{I}_C \end{aligned}\right\} \tag{7-15}$$

$$\left.\begin{aligned} \dot{U}_{A'B'} &= \dot{U}_{A'N'} - \dot{U}_{B'N'} = \sqrt{3}\dot{U}_{A'N'}\angle 30° \\ \dot{U}_{B'C'} &= \dot{U}_{B'N'} - \dot{U}_{C'N'} = \sqrt{3}\dot{U}_{B'N'}\angle 30° \\ \dot{U}_{C'A'} &= \dot{U}_{C'N'} - \dot{U}_{A'N'} = \sqrt{3}\dot{U}_{C'N'}\angle 30° \end{aligned}\right\} \tag{7-16}$$

由式(7-15)和式(7-16)可知,负载上相、线电压对称。

由上可知,在分析对称三相电路时,只要分析计算三相中的任一相,其他两相的电压、电流就能按对称顺序写出。对于其他连接方式的对称三相电路,可以根据星形和三角形的等效互换,化成为对称的 Y-Y 三相电路,然后归结为一相的计算方法。

【例 7-3】 如图 7-11(a)所示对称三相电路中,负载每相阻抗 $Z = (6+j8)\,\Omega$,端线阻抗 $Z_1 = (1+j1)\,\Omega$,电源线电压有效值为 380V,求负载各相电流、每条端线中的电流、负载相电压。

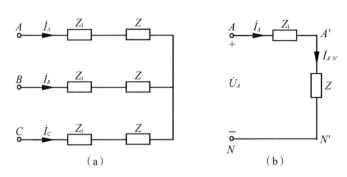

图 7-11　例 7-3 图

【解】　已知 $U_1 = 380\text{V}$，得 $U_p = \dfrac{U_1}{\sqrt{3}} = \dfrac{380}{\sqrt{3}}$ V $= 220$V

单独画出 A 相的电路，如图 7-11(b) 所示。设 $\dot{U}_A = 220\angle 0°$V，则 A 相电流为

$$\dot{I}_{A'N'} = \frac{\dot{U}_A}{Z_1 + Z} = \frac{220\angle 0°}{(1 + \text{j}1) + (6 + \text{j}8)}\text{A} = \frac{220\angle 0°}{11.4\angle 52.1°}\text{A} = 19.3\angle -52.1°\text{A}$$

A 相负载相电压为

$$\dot{U}_{A'N'} = \dot{I}_{A'N'}Z = 19.3\angle -52.1° \times (6 + \text{j}8)\text{V} = 192\angle 1°\text{V}$$

因为负载是 Y 联结，所以端线上的线电流等于相电流，为

$$\dot{I}_A = \dot{I}_{A'N'} = 19.3\angle -52.1°\text{A}$$

而 B,C 两相相、线电流，相电压可根据对称性得到

$$\dot{I}_B = \dot{I}_{B'N'} = 19.3\angle -172.1°\text{A} \qquad \dot{U}_{B'N'} = 192\angle -119°\text{V}$$

$$\dot{I}_C = \dot{I}_{C'N'} = 19.3\angle 67.9°\text{A} \qquad \dot{U}_{C'N'} = 192\angle 121°\text{V}$$

7.3.2　三相电路的功率

1. 有功功率

如图 7-12 所示，在三相电路中，三相负载的有功功率是各相负载的有功功率之和，即

$$P = P_A + P_B + P_C \tag{7-17}$$

$$P = U_A I_A \cos\varphi_A + U_B I_B \cos\varphi_B + U_C I_C \cos\varphi_C \tag{7-18}$$

其中 U_A，U_B，U_C 为负载的相电压，I_A，I_B，I_C 为负载的相电流，φ_A，φ_B，φ_C 为 A，B，C 三相的阻抗角。

当三相电路对称时，有 $P_A = P_B = P_C$，所以对称三相电路的有功功率为

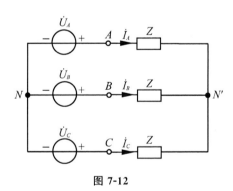

图 7-12

$$P = 3P_A \tag{7-19}$$

$$P = 3U_p I_p \cos\varphi = \sqrt{3}U_1 I_1 \cos\varphi \tag{7-20}$$

U_p，I_p 分别为对称三相电路的相电压，相电流，U_1，I_1 分别为对称三相电路的线电压，线电流，角度 φ 为各相的阻抗角。

2. 无功功率

在三相电路中,三相负载的无功功率等于各相负载的无功功率之和,即

$$Q = Q_A + Q_B + Q_C \tag{7-21}$$

对图 7-12 所示电路

$$Q = U_A I_A \sin\varphi_A + U_B I_B \sin\varphi_B + U_C I_C \sin\varphi_C \tag{7-22}$$

对于对称三相电路,无功功率则为

$$Q = 3Q_A \tag{7-23}$$

$$Q = 3U_p I_p \sin\varphi = \sqrt{3} U_l I_l \sin\varphi \tag{7-24}$$

3. 视在功率

三相电路的视在功率为

$$S = \sqrt{P^2 + Q^2} \tag{7-25}$$

当三相电路对称时

$$S = 3U_p I_p = \sqrt{3} U_l I_l \tag{7-26}$$

4. 复功率

三相负载吸收的复功率等于各相复功率之和,即

$$\overline{S} = \overline{S}_A + \overline{S}_B + \overline{S}_C \tag{7-27}$$

其中 $\overline{S}_A = P_A + jQ_A$ $\overline{S}_B = P_B + jQ_B$ $\overline{S}_C = P_C + jQ_C$

当三相电路对称时

$$\overline{S} = \overline{3S_A} \tag{7-28}$$

5. 三相负载的功率因数

三相负载的总功率因数为

$$\lambda = \frac{P}{S} \tag{7-29}$$

当三相电路对称时

$$\lambda = \cos\varphi \tag{7-30}$$

即为一相负载的功率因数。

6. 对称三相电路中的瞬时功率

对称三相电路中的各相瞬时功率之和为

$$p = p_A + p_B + p_C \tag{7-31}$$

对图 7-12 所示电路,设 $u_A = \sqrt{2}U_A\cos\omega t$, $i_A = \sqrt{2}I_A\cos(\omega t - \varphi)$

$$p_A = u_A i_A = \sqrt{2}U_A\cos(\omega t) \times \sqrt{2}I_A\cos(\omega t - \varphi)$$
$$= U_A I_A [\cos\varphi + \cos(2\omega t - \varphi)]$$
$$p_B = u_B i_B = \sqrt{2}U_A\cos(\omega t - 120°) \times \sqrt{2}I_A\cos(\omega t - \varphi - 120°)$$
$$= U_A I_A [\cos\varphi + \cos(2\omega t - \varphi - 240°)]$$
$$p_C = u_C i_C = \sqrt{2}U_A\cos(\omega t + 120°) \times \sqrt{2}I_A\cos(\omega t - \varphi + 120°)$$
$$= U_A I_A [\cos\varphi + \cos(2\omega t - \varphi + 240°)]$$

它们的和为

$$p = p_A + p_B + p_C = 3U_A I_A \cos\varphi \tag{7-32}$$

由式(7-20)和式(7-22)可知,对称三相电路中,瞬时功率为一个不随时间变化的常数,在任一瞬间都等于有功功率 P,这种特性称为"瞬时功率的平衡"。对于三相发电机或三相电动机而言,瞬时功率不随时间变化意味着机械转矩不随时间变化,这样可以避免电机在运转时因转矩变化产生的震动,这是三相电路的一个优点。

7. 三相电路的功率测量

(1)对于三相四线制的星形连接电路,无论对称或不对称,一般可用三只功率表进行测量。

(2)接线原则:三只功率表的电流线圈串入三相中,即分别流过的是三相相电流;电压线圈的两端分别并在端线与中线上,即电压分别是三相的相电压,如图 7-13 所示。

三只功率表分别测量的是 A,B,C 三相各相负载吸收的功率,三只功率表读数相加,就是三相负载吸收的总功率。

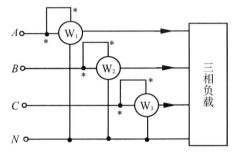

图 7-13　三相四线制功率测量

【例 7-4】 设三相对称负载 $Z=(6+\mathrm{j}8)\Omega$,接在 380V 的线电压上,试分别求星形(Y 形)接法和三角形(△形)接法时,三相电路的总功率。

【解】 当负载为 Y 联结时,线电压 $U_\mathrm{l}=380\mathrm{V}$,则相电压 $U_\mathrm{p}=220\mathrm{V}$

$$I_\mathrm{l}=I_\mathrm{p}=\frac{U_\mathrm{p}}{|Z|}=\frac{220}{\sqrt{6^2+8^2}}=22(\mathrm{A})$$

$$Z=(6+\mathrm{j}8)\Omega=10\angle53.1°\Omega$$

对称三相电路的总功率为

$$P=3U_\mathrm{p}I_\mathrm{p}\cos\varphi=3\times220\times22\times\cos\angle53.1°=8.68(\mathrm{kW})$$

负载为△形连接时,将△形等效转换为 Y 形,阻抗 $|Z|$ 则变为原来的 $\dfrac{1}{3}$,所以线电流为星形联结的 3 倍,即

$$I_\mathrm{l}=22\times3=66(\mathrm{A})$$

$$P=\sqrt{3}U_\mathrm{l}I_\mathrm{l}\cos\angle\varphi=\sqrt{3}\times380\times66\times\cos\angle53.1°=26.04(\mathrm{kW})$$

由上可知,在电源电压不变时,同一负载由星形联结改为三角形联结时,功率变为原来的3倍。

*7.4　不对称三相电路的特点及分析

7.4.1　不对称三相电路的特点

不对称三相电路主要有两种可能情况:第一,三相电源的大小或角度不同而使相位有差异;第二,负载阻抗不相等。在实际电力系统中,三相电源一般都是对称的,而三相负载一般不对称。例如,各相负载分配不均匀、电路系统发生不对称故障如短路或断线)等都将引起不对称。下面将主要研究三相电源对称而三相负载不对称的三相电路。

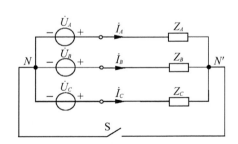

图 7-14　不对称三相电路

如图 7-14 所示电路中,开关 S 断开(不连中性线)时,由于 Z_A,Z_B,Z_C 不相等,就构成了不对称的 Y-Y 电路。该电路的节点电压方程为

$$\dot{U}_{N'N}\left(\frac{1}{Z_A} + \frac{1}{Z_B} + \frac{1}{Z_C}\right) = \frac{\dot{U}_A}{Z_A} + \frac{\dot{U}_B}{Z_B} + \frac{\dot{U}_C}{Z_C}$$

$$\dot{U}_{N'N} = \frac{\dfrac{\dot{U}_A}{Z_A} + \dfrac{\dot{U}_R}{Z_B} + \dfrac{\dot{U}_C}{Z_C}}{\dfrac{1}{Z_A} + \dfrac{1}{Z_B} + \dfrac{1}{Z_C}} \neq 0$$

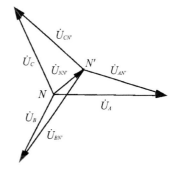

显然负载中性点与电源中性点之间的电压不等于零,此时的 Y-Y 不对称电路的电压相量关系如图 7-15所示。从电压向量图可以看出,中性点不重合,这种现象称为中性点位移。在电源对称的情况下,可以根据中性点位移的情况判断负载的不对称程度。当中性点位移较大时,会造成负载端的电压严重不对称,从而可能使负载的工作不正常。

如图 7-14 所示电路中,当开关 S 闭合时,且不考虑中性线阻抗的情况下,中性点间电压为零,三相电路就相当于三个单相电路的组合。中性线电流为

图 7-15 不对称电路的电压向量关系

$$\dot{I}_N = \dot{I}_A + \dot{I}_B + \dot{I}_C$$

中性线阻抗等于零的不对称三相电路特点是:三相负载端电压是对称的,它们的有效值是相等的;另外由于三相电流是不对称的,所以中性线电流不等于零。在给居民生活用电进行输送时,为了确保用电安全,均采用这种连接方式,同时为了减小或消除负载中性点偏移,中性线选用电阻低、机械强度高的导线,并且中性线上不允许安装保险丝和开关。

7.4.2 不对称三相电路的分析

对于不对称三相电路的分析,因为各组电压、电流不再满足对称关系,故不能统一用 7.3 介绍的归结为一相的方法来计算,但是,在有些情况下,不对称三相电路中某部分仍然对称,比如上面分析的电源电压,所以我们在计算的时候仍然可以利用这些特殊关系。

【例 7-5】 一组三相照明负载,接在三相四线制电路中,已知 $R_A = 5\Omega$,$R_B = 10\Omega$,$R_C = 20\Omega$,电源相电压为 220V,当中线断开时,求各负载上的电压、电流和中线电流。

【解】 根据本题给出的参数,可知三相负载为不对称负载,当中线断开时就会出现中点位移。设 $\dot{U}_A = 220\angle0°\text{V}$,则

$$\dot{U}_B = 220\angle-120°\text{V}, \quad \dot{U}_C = 220\angle120°\text{V}$$

各相负载导纳为

$$G_A = \frac{1}{R_A} = \frac{1}{5} = 0.2(\text{S}), \quad G_B = \frac{1}{R_B} = \frac{1}{10} = 0.1(\text{S}), \quad G_C = \frac{1}{R_C} = \frac{1}{20} = 0.05(\text{S})$$

由于中线断开,可看成 $Z_N = \infty$,故 $G_N = 0$,中点电压为

$$\dot{U}_{N'N} = \frac{220 \times 0.2 + 220\angle-120° \times 0.1 + 200\angle120° \times 0.05}{0.2 + 0.1 + 0.05}$$

$$= 83\angle-19.1°\text{V} = (78.5 - \text{j}27.1)\text{V}$$

各相负载电压为

$$\dot{U}'_A = \dot{U}_A - \dot{U}_{N'N} = [220\angle0° - (78.5 - j27.1)] = 144\angle10.8°(V)$$

$$\dot{U}'_B = \dot{U}_B - \dot{U}_{N'N} = [220\angle-120° - (78.5 - j27.1)] = 249\angle-139.2°(V)$$

$$\dot{U}'_C = \dot{U}_C - \dot{U}_{N'N} = [220\angle120° - (78.5 - j27.1)] = 287\angle130.9°(V)$$

各相电流为

$$\dot{I}_A = \dot{U}'_A G_A = 144\angle10.8° \times 0.2 = 28.8\angle10.8° = (28.27 + j5.43)(A)$$

$$\dot{I}_B = \dot{U}'_B G_B = 249\angle-139.2° \times 0.1 = 24.9\angle-139.2° = (-18.85 - j16.29)(A)$$

$$\dot{I}_C = \dot{U}'_C G_C = 287\angle130.9° \times 0.05 = 14.4\angle130.9° = (-9.42 + j10.86)(A)$$

$$\dot{I}_N = \dot{I}_A + \dot{I}_B + \dot{I}_C = (28.27 + j5.43) + (-18.85 - j16.29) + (-9.42 + j10.86) = 0(A)$$

小　结

1. 三相电源

由三个频率相同、有效值相等、相位依次相差 120°的电压源构成的对称电源称三相电源。对称三相电源有两种连接方式，即 Y 形联结和△形联结，对于 Y 形联结三相电源，线、相电压满足关系式 $U_l = \sqrt{3}U_p$，线电压相位超前相应相电压 30°；对于△形联结的三相电源，线、相电压有效值相等，相位相同。

2. 三相负载

三相负载的连接同三相电源一样，有 Y 形联结和△形联结。对于 Y 形联结，电流关系有：线电流等于相电流，且 A,B,C 三相电流对称。负载的线、相电压关系和三相电源 Y 形联结时的关系相同。而对于三相负载的△形联结，线电流的有效值是相电流有效值的 $\sqrt{3}$ 倍，线电流在相位上滞后相应相电流 30°，三相负载的线电压和相电压相等。

3. 功率

三相电路的功率包括有功功率，无功功率，视在功率，复功率和对称三相电路的瞬时功率，对功率的计算可以直接运用公式。

4. 对称三相电路的分析计算

对于对称三相电路的计算，我们可以用归结为一相计算的方法求解，其余两相可以根据它们的对称性直接写出结果。

5. 不对称三相电路

对于不对称三相电路产生了一个中性点位移现象，故我们常人为使 $\dot{U}_{NN'} = 0$，使得各相的工作状况相互独立。对不对称三相电路的计算，应按复杂交流电路的分析方法进行。

习　题　七

7.1 已知某星形联结的三相电源的 B 相电压为 $u_{BN} = 240\cos(\omega t - 165°)V$，求其他两相的电压及线电压瞬时值表达式，并作相量图。

7.2 有一三相负载作星形联结，每相电阻为 $R = 6\Omega$，$X_L = 8\Omega$，电源电压对称，线电压 $\dot{U}_{CA} = 38\angle30°V$，求各相电流。

7.3　不对称三相负载作星形联结,已知 $Z_A = (3+j4)\Omega$, $Z_B = 10\angle -30°\Omega$, $Z_C = 22\Omega$ 对称电源的线电压为 $\dot{U}_{CA} = 380\angle 0°V$。求各相负载电流和中线电流,并作出相量图。

7.4　已知三角形联结的对称三相负载,$Z = (10+j10)\Omega$,其对称线电压 $\dot{U}_{A'B'} = 450\angle 30°V$,求其他两相线电压、相电压、线电流、相电流相量,并作相量图。

7.5　已知对称三相线电压 $U_1 = 380V$(电源端),三角形负载阻抗 $Z = (4.5+j14)\Omega$,端线阻抗 $Z_1 = (1.5+j2)\Omega$。求线电流和负载的相电流,并作相量图。

7.6　一对称三相三线制系统中,电源 $U_1 = 450V$,60Hz 三角形负载每相由一个 $10\mu F$ 电容、一个 100Ω 电阻及一个 $0.5H$ 电感串联组成,线路阻抗 $Z_1 = (2+j1.5)\Omega$,求负载线路电源及相电流。

7.7　对称三相电路的线电压 $U_1 = 230V$,负载阻抗 $Z = (12+j16)\Omega$。试求:(1)星形联结负载时的线电流及吸收的总功率;(2)三角形连接负载时的线电流、相电流和吸收的总功率;(3)比较(1)和(2)的结果能得到什么结论?

7.8　对称三相负载星形联结,已知每相阻抗为 $Z = 31+j22\Omega$,电源线电压为 $380V$,求三相交流电路的有功功率、无功功率、视在功率和功率因数。

7.9　如图 7-16 所示对称 Y-Y 三相电路中,电压表的读数为 $1143.16V$,$Z = (12+j15\sqrt{3})\Omega$,$Z_1 = (1+j2)\Omega$,求图示电路电流表的读数和线电压 U_{AB}。

7.10　如图 7-17 所示电路,电源对称,当满足条件:(1)线路阻抗 $Z_1 = 0$;(2)线路阻抗 $Z_1 = j2\Omega$ 时,分别求线电流。

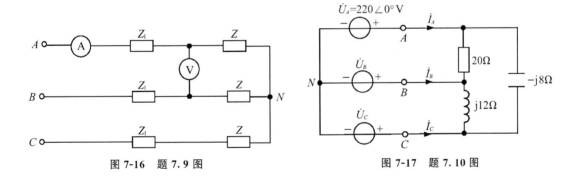

图 7-16　题 7.9 图　　　　　　　图 7-17　题 7.10 图

8 三相异步电动机的控制

8.1 常用低压电器

低压电器是电气控制电路中最基本的组成部分,其额定电压等级在交流 1200V、直流 1500V 以下,广泛应用于生产和生活实际中。

低压电器种类繁多,结构各异,用途不同,按动作方式可分为两类。

(1)自动电器:依靠自身参数的变化或外来信号的作用,自动完成接通或分断等动作,如接触器、继电器等。

(2)手动电器:用手动操作来进行切换的电器,如刀开关、转换开关、按钮等。

下面介绍继电—接触器控制电路中的几种低压电器。

8.1.1 低压开关

低压开关主要用做接通或断开电路,负荷开关还具有一定的保护功能。

1. 刀开关

1)刀开关的种类与符号

刀开关属于手动电器,主要用于低压配电设备中不频繁接通、断开电路或隔离电源。按其搬动方向可分为单掷、双掷二种,按其极数不同可分为单极、双极、三极等。

其实物如图 8-1 所示。

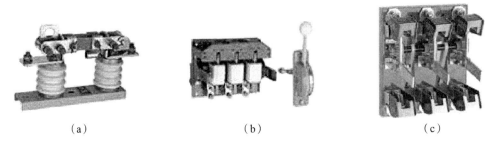

（a） （b） （c）

图 8-1 刀开关实物图
(a)户外刀开关 (b)熔断器式刀开关 (c)双掷刀开关

图形符号如图 8-2 所示,文字符号为 QS。

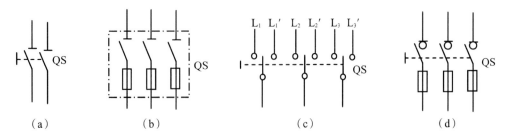

（a） （b） （c） （d）

图 8-2 刀开关图形符号
(a)二极刀开关 (b)带熔断器刀开关 (c)双掷刀开关 (d)负荷刀开关

2）刀开关的选用与安装

刀开关结构简单、使用方便,但体积大、动作速度慢。带负荷操作时容易产生电弧,不安全,因此,应选择带灭弧装置的刀开关。目前新开发的保护型刀开关将导电部分基本密封,在一定程度上提高了操作的安全性。

刀开关额定电流的选择一般应等于或者大于所分断电路中各个负载额定电流的总和。对于电动机负载要考虑其启动电流;若再考虑电路出现的短路电流,还应选用额定电流更大一级的刀开关。

刀开关垂直安装时,操作把柄向上合为接通电源,向下拉为断开电源,不能反装,否则会因闸刀松动自然下落误将电源接通。

2. 组合开关

组合开关又叫转换开关,是一种转动式的刀开关,控制容量比较小,结构紧凑,一般用于电气设备的非频繁操作、切换电源和负载以及控制小容量感应电动机和小型电器。

组合开关分单极、双极和多极。一般由动触头、静触头、绝缘连杆转轴、手柄、定位机构及外壳等部分组成。其动、静触头分别叠装于数层绝缘壳内,当转动手柄时,每层的动触片随转轴一起转动。

组合开关的实物和图形符号如图 8-3 所示。

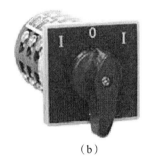
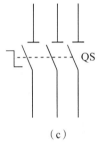

（a）　　　　　　　　　　（b）　　　　　　　　　　（c）

图 8-3　组合开关实物图与实物符号

8.1.2　低压断路器

低压断路器又称自动空气开关或自动空气断路器,能够带负载接通或断开电路,并具有过载、短路和失压等保护功能,可以有效地保护电路、电气设备及人身安全。断路器的实物图如图 8-4 所示、原理图及符号如图 8-5 所示。

（a）　　　　　　　　　　　　（b）

图 8-4　断路器实物图

1. 断路器的结构和工作原理

断路器主要由三个基本部分组成,即触头、灭弧系统和脱扣器。其中脱扣器包括过电流脱扣器、失压(欠压)脱扣器、热脱扣器、分励脱扣器和自由脱扣器。

图8-5(a)是塑壳式断路器工作原理图,断路器开关靠操作机构手动或电动合闸,触头闭合后,自由脱扣机构将触头锁在合闸位置。当电路发生故障时,通过各自的脱扣器使自由脱扣机构动作实现保护功能。

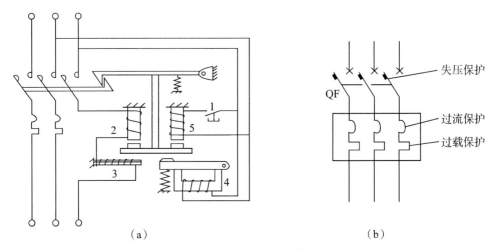

(a)   (b)

图 8-5　断路器原理图及符号图

(a)断路器工作原理图　(b)断路器图形符号

1. 遥控按钮；2. 过流脱扣器；3. 热脱扣器；4. 失压脱扣器；5. 分励脱扣器

过流脱扣器用于线路的短路和过电流保护。热脱扣器用于线路的过负荷保护,其工作原理和热继电器相同。失压(欠压)脱扣器用于失压保护。分励脱扣器用于远距离跳闸保护。

不同断路器的保护功能是不同的,应根据实际需要选用。断路器的保护方式一般标注在图形符号中,如图8-5(b)中,断路器图形符号中标注了失压、过流、过载3种保护方式。

2. 低压断路器的型号含义

低压断路器的型号含义如下。

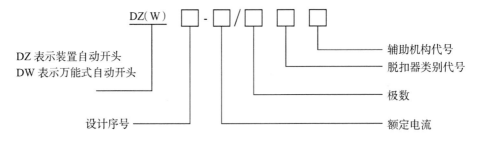

3. 低压断路器的选择原则

低压断路器的选择应从以下几方面考虑。

(1)断路器类型的选择:应根据使用场合和保护要求来选择。如一般选用塑壳式;短路电流很大时选用限流型;额定电流比较大或有选择性保护要求时选用框架式;控制和保护含有半导体器件的直流电路时应选用直流快速断路器等。

(2)断路器额定电压和额定电流应大于或等于线路、设备的正常工作电压和工作电流。

(3)断路器极限通断能力大于或等于电路最大短路电流。

(4)欠压脱扣器额定电压等于线路额定电压。

(5)过电流脱扣器的额定电流大于或等于线路的最大负载电流。

8.1.3　熔断器

1.熔断器的概述

熔断器是应用最广泛的保护电器,将它串联在被保护的电路中,当电路发生短路时,熔断器中的熔体将自动熔断,从而切断电路,起到保护作用。

熔断器一般由支座和熔体两部分组成。常用的熔断器有插入式、螺旋式、密封管式等。各种熔断器的实物图和图形符号如图8-6所示。

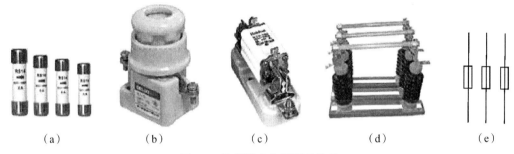

图8-6　熔断器实物及图形符号

(a)插入式熔断器　(b)螺旋式熔断器　(c)密封管式熔断　(d)高压熔断器　(e)熔断器图形符号

2.熔断器的主要技术参数

(1)额定电压:指保证熔断器能长期正常工作的电压。

(2)熔体额定电流:指熔体长期通过而不会熔断的电流。

(3)熔断器额定电流:指保证熔断器能长期正常工作的电流。

(4)极限分断能力:指熔断器在额定电压下所能开断的最大短路电流。

8.1.4　交流接触器

1.交流接触器的结构和工作原理

交流接触器用于频繁地、远距离接通或切断主电路或大容量控制电路,兼有欠压、失压保护功能。主要用于控制电动机,电热设备、电焊机和电容器组等,是电力拖动与自动控制中非常重要的低压电器。图8-7是交流接触器的实物图。

图8-7　交流接触器实物图

交流接触器主要由电磁操作机构、触点和灭弧装置等三部分组成。图 8-8 所示为交流接触器的结构示意图及图形符号。

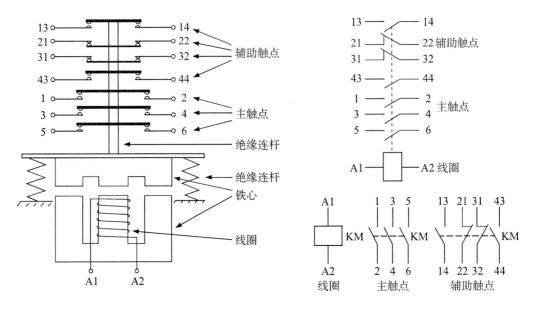

图 8-8 交流接触器的结构示意图及图形符

(a)接触器结构示意图 (b)接触器图形符号

(1)电磁机构:电磁机构由线圈、动铁心(衔铁)和静铁心组成。

(2)触头系统:交流接触器的触头系统包括主触头和辅助触头。主触头用于通断主电路,有 3 对或 4 对常开触头;辅助触头用于控制电路,起电气连锁或控制作用,通常有两对常开、两对常闭触头。

(3)灭弧装置:容量在 10A 以上的接触器都有灭弧装置。

(4)其他部件:包括反作用弹簧、缓冲弹簧、触头压力弹簧、传动机构及外壳等。

接触器上标有端子标号,线圈为 A1,A2,主触头 1,3,5 接电源侧,2,4,6 接负荷侧。辅助触头用两位数表示,前一位为辅助触头顺序号,后一位的 3,4 表示常开触头,1,2 表示常闭触头。

接触器的控制原理,当线圈两端加上额定电压时,产生电磁力,克服弹簧反力,吸引动铁心向下运动,动铁心带动绝缘连杆和动触头向下运动使常开触头闭合,常闭触头断开。当线圈失电或电压低于释放电压时,电磁力小于弹簧反力,常开触头断开,常闭触头闭合。

2. 接触器的主要技术参数

(1)额定电压:接触器的额定电压是指主触头的额定电压。交流有 220V,380V 和 660V,在特殊场合应用的额定电压高达 1140V,直流主要有 110V,220V 和 440V。

(2)额定电流:接触器的额定电流是指主触头的额定工作电流。它是在一定的条件(额定电压、使用类别和操作频率等)下规定的,目前常用的电流等级为 10~800A。

(3)吸引线圈的额定电压:交流有 36V,127V,220V 和 380V,直流有 24V,48V,220V 和 440V。

3. 接触器的选择

(1)根据负载性质选择接触器的类型。

(2)额定电压应大于或等于主电路工作电压。

(3)额定电流应大于或等于被控电路的额定电流。对于电动机负载,还应根据其运行方式适当增大或减小。

(4)吸引线圈的额定电压与频率要与所在控制电路的电压和频率相一致。

8.1.5　控制继电器

控制继电器用于电路的逻辑控制,继电器具有逻辑记忆功能,能组成复杂的逻辑控制电路,继电器用于将某种电量(如电压、电流)或非电量(如温度、压力、转速、时间等)的变化量转换为开关量,以实现对电路的自动控制功能。

1. 中间继电器

中间继电器是最常用的继电器之一,它的结构和接触器基本相同,如图 8-9 为中间继电器实物图及图形符号。

中间继电器在控制电路中起逻辑变换和状态记忆的功能,以及用于扩展接点的容量和数量。中间继电器体积小,动作灵敏度高,一般不用于直接控制电路的负荷。中间继电器的工作原理和接触器一样,触点较多,一般为四对常开和四对常闭触点。

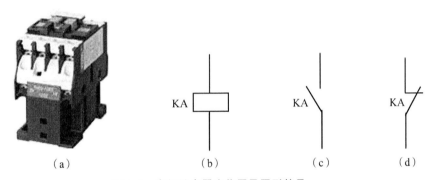

(a)　　　　(b)　　　　(c)　　　　(d)

图 8-9　中间继电器实物图及图形符号

(a)中间继电器　(b)线圈　(c)动合触点　(d)动断触点

2. 时间继电器

时间继电器用于各种保护和自动控制线路中,使被控制元件的动作得到可调的延时,其实物图如图 8-10 所示,其图形符号如图 8-11 所示。

图 8-10　时间继电器实物图

时间继电器在选用时应根据控制要求选择其延时方式,根据延时范围和精度选择继电器的类型。

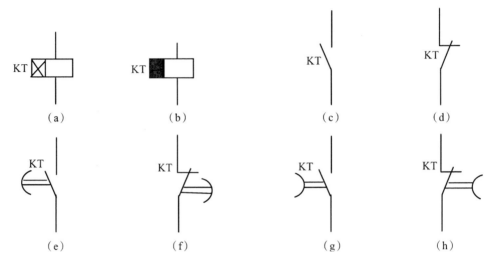

图 8-11　时间继电器图形符号

(a)通电延时线圈　(b)断电延时线圈　(c)瞬时动合触点　(d)瞬时动断触点

(e)延时闭合的动合触点(未得电前常开得电后延时闭合)

(f)延时断开的动断触点(未得电前常闭得电后延时断开)

(g)延时开启的动合触点(得电闭合断电时延时断开)　(h)延时开启的动断触点(得电断开断电时延时闭合)

3. 热继电器

热继电器主要用于电气设备(如电动机等)的过负荷保护,是一种利用电流热效应原理工作的保护电器,主要由发热元件、双金属片触点系统和传动机构等部分组成,其实物图、图形符号如图 8-12 所示。

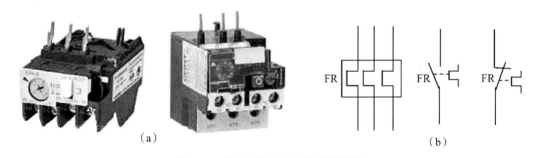

图 8-12　热继电器实物图及图形符号

(a)热继电器实物图　(b)热继电器符号

当电流超过额定电流时,动作机构使热继电器动作。电流越大,动作时间越短。因此,热继电器常用于电动机或其他负载的过载保护与缺相运行保护。热继电器动作后,按下复位按钮即可复位,重新使用。

8.1.6　控制按钮

按钮是一种最常用的主令电器,常用来接通或断开电流较小的控制电路,其结构简单,控制方便。实物图及图形符号如图 8-13 所示。

（a）

常闭按钮　　常开按钮　　复合按钮

（b）

图 8-13　控制按钮实物图及符号图

（a）控制按钮实物图　　（b）控制按钮符号

如果按钮按下时触点闭合,称动合触点;按下时触点断开,称动断触点,一个按钮通常有多对动合触点和动断触点。当按钮松开后,所有的触点将恢复初始状态。

8.2　三相异步电动机

利用电磁原理实现电能与机械能互相转换的电气机械,称为电机。其中将机械能转换为电能的电机称为发电机,将电能转换为机械能的电机,称为电动机。按用电性质的不同,电动机可分为交流电动机和直流电动机。交流电动机又分为异步电动机和同步电动机,工农业生产中都普遍使用三相异步电动机,而电冰箱、洗衣机、电扇等家用电器则使用单相异步电动机。本节主要介绍三相异步电动机。

三相异步电动机与其他电动机相比,具有结构简单、运行可靠、维护方便、效率较高、价格低廉、使用广泛等优点,但三相异步电动机调速性能较差,功率因数较低。随着电力电子技术的发展,变频调速已广泛应用于工业控制,使三相异步电动机的应用得到进一步完善和发展。

8.2.1　三相异步电动机的结构

三相异步电动机主要由固定不动的定子和旋转的转子两个基本部分组成。它的外形和内部结构如图 8-14 所示。

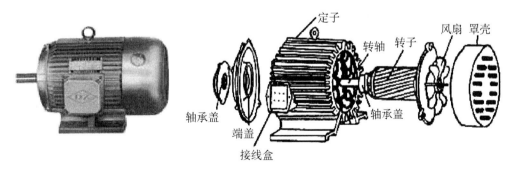

定子　　转轴　转子　风扇　罩壳

轴承盖

端盖

接线盒

轴承盖

图 8-14　三相异步电动机外形和结构图

1.　定子及定子绕组的接法

定子的最外面是铸铁或铸钢制成的机座,机座内装有由互相绝缘的硅钢片叠成的定子铁芯,铁芯内腔均匀分布着若干个槽,槽内安放着三个彼此独立的绕组构成对称的三相绕相,图 8-15 所示为定子铁芯与定子绕组图。

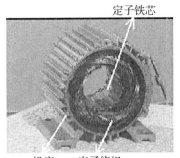

图 8-15　定子铁芯与定子绕组图

　　三相异步电动机的定子绕组联结成星形还是三角形,应根据电动机的额定电压和电源电压来确定。图 8-16(a)、(b)分别是定子绕组的星形联结方式和三角形联结方式。

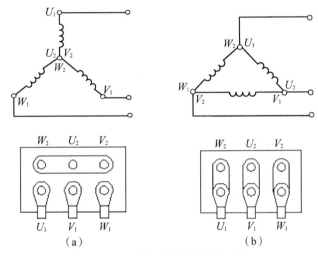

图 8-16　三相定子绕组的联结方式
(a)星形联结方式　(b)三角形联结方式

2. 转子

　　转子的基本组成部分是转子铁芯和转子绕组。转子铁芯是由硅钢片叠成的圆柱体,图8-17(a)所示为转子铁芯的硅钢片,表面有冲槽,槽内安放转子绕组。根据转子绕组结构的不同,三相异步电动机有鼠笼式转子和绕线式转子两种型式。如图 8-17(b),(c)所示。

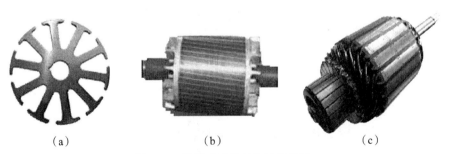

图 8-17　转子硅刚片与转子实物图
(a)转子硅刚片　(b)铸铝鼠笼式转子　(c)绕线式转子

8.2.2 三相异步电动机的工作原理

1. 旋转磁场

1)旋转磁场的产生

图 8-18 是三相定子绕组的分布情况,当三相定子绕组接通三相交流电源后(图 8-19 是三相对称交流电流的波形),就在定子内建立起一个连续旋转的磁场,旋转磁场的旋转方向与三相电流的相序一致,任意调换两根电源进线,则旋转磁场反转,图 8-20 是三相交流电流产生旋转磁场的示意图。

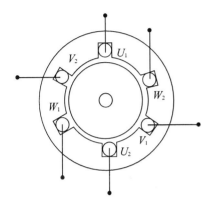

图 8-18 三相定子绕组的分布图

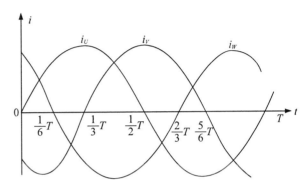

图 8-19 三相对称交流电流的波形

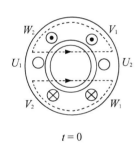

$t=0$

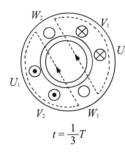

$t=\dfrac{1}{3}T$

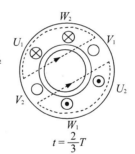

$t=\dfrac{2}{3}T$

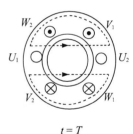

$t=T$

图 8-20 三相电流产生的旋转磁场($p=1$)

2)旋转磁场的转速(同步转速)

$$n_0 = \frac{60f}{p} \ (\text{r/min}) \tag{8-1}$$

式(8-1)表明,n_0 与电网频率 f 有关,故又称其为同步转速。

在我国电网频率 f 为 50Hz,可得磁极对数 p 与同步转速 n_0 对照表,如表 8-1 所示。

表 8-1 $f=50$Hz 时的同步转速

磁极对数 p	1	2	3	4	5	6
同步转速 n_0/(r/min)	3000	1500	1000	750	600	500

2. 三相异步电动机的转动原理

旋转磁场与转子绕组内的感应电流相互作用,产生电磁转矩,从而使转子转动。转子导体所受电磁力形成的电磁转矩与旋转磁场的转向一致，故转子旋转的方向与旋转磁场的方向相同，且转子转速 n 低于同步转速 n_0。这也就是"异步"电动机名称的由来。旋转磁场换向时，转子旋转方向同时改变。电动机长期稳定运行时，电磁转矩 T 和机械负载转矩 T_2 相等，即 $T = T_2$ 时匀速转动。

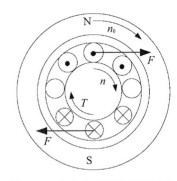

图 8-21 异步电动机转动的原理

3. 转差率

旋转磁场的同步转速和电动机转子转速之差与旋转磁场的同步转速之比称为转差率，用 s 表示，它反映了转子转速与旋转磁场转速相差的程度。

$$s = \frac{n_0 - n}{n_0} \qquad 0 < s \leqslant 1 \tag{8-2}$$

启动瞬间：$n = 0$，$s = 1$；运行中：n 趋近于 n_0，$s = 0.01 \sim 0.09$。

【例 8-1】 有一台三相异步电动机的额定转速为 $n_N = 975 \text{r/min}$，电源频率为 $f = 50 \text{Hz}$。试求电动机的同步转速 n_0、磁极对数 p 和额定运行时的转差率 s。

【解】 对照表 8-1，显然与 $n_N = 975 \text{r/min}$ 接近的同步转速为 $n_0 = 1000 \text{r/min}$，$p = 3$。

额定状态时的转差率叫额定转差率，故

$$s = \frac{n_0 - n_N}{n_N} = \frac{1000 - 975}{1000} = 0.025$$

8.2.3 三相异步电动机的电磁转矩和机械特性

1. 电磁转矩

异步电动机的电磁转矩是由定子绕组产生的旋转磁场与转子绕组的感应电流相互作用而产生的。磁场 Φ 越强，转子电流越大，则电磁转矩 T 也越大。它们之间的关系如下

$$T = K_T \Phi I_2 \cos\varphi_2 \tag{8-3}$$

式中，K_T 为与电动机结构有关的常数，Φ 为旋转磁场的每极磁通，I_2 为转子电流，$\cos\varphi_2$ 为转子电路的功率因数。

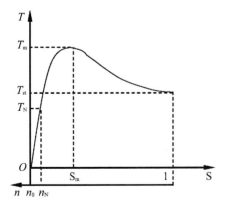

图 8-22 三相异步电动机的转矩特性图

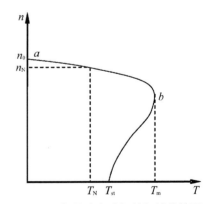

8-23 三相异步电动机的机械特性图

从图 8-22 三相异步电动机的转矩特性图可以看到，当 $s = 0$ 时，即 $n = n_0$ 时，$T = 0$，这是理想的空载运行；随着 s 的增大，T 也开始增大，但到达最大值 T_m 以后，随着 s 的继续上

升,T反而减小。最大转矩T_m又称临界转矩,对应于T_m的s_m称为临界转差率。

2. 机械特性

转矩曲线可变换为机械特性曲线。b以上段:稳定工作区;b以下段:非稳定工作区。电动机启动后,很快由非稳定区进入稳定区开始正常工作。在稳定区工作时,电动机的电磁转矩可以随负载的变化而自动调整,这种能力称为自适应负载能力。

3. 三个重要参数

1)额定转矩 T_N

额定转矩T_N是电动机在额定电压下以额定转速运行输出额定功率时其转轴上输出的转矩。单位是 N·m。

$$T_N = 9550 \frac{P_N}{n_N} \tag{8-4}$$

2)过载系数

最大转矩是电动机能提供的极限转矩。电动机运行中的最大机械负载不能超过最大转矩。电动机的短时允许过载能力,通常用过载系数λ表示,λ为最大转矩与额定转矩的比值即

$$\lambda = \frac{T_m}{T_N} \tag{8-5}$$

一般三相异步电动机的过载系数λ为 $1.8 \sim 2.0$。

3)启动转矩倍数

启动转矩是电动机在接通电源启动的瞬间,$n = 0$,$s = 1$时的转矩。如果启动转矩小于负载转矩,则电机不能启动。启动转矩倍数是衡量电动机启动性能好坏的重要指标,通常用启动转矩与额定转矩的比值T_{st}/T_N来表示,即

$$\lambda_{st} = \frac{T_{st}}{T_N} \tag{8-6}$$

一般三相异步电动机的λ_{st}为 $0.8 \sim 2.2$。

【例 8-2】 已知两台三相异步电动机的额定功率都是 5.5kW,其中一台电动机额定转速为 2900r/min,过载系数为 2.2,另一台电动机的额定转速 960r/min,过载系数为 2.0,试求它们的额定转矩和最大转矩各是多少?

【解】 第一台电动机的额定转矩

$$T_{N1} = 9550 \frac{P_{N1}}{n_{N1}} = 9550 \times \frac{5.5}{2900} \text{N·m} = 18.1 \text{N·m}$$

最大转矩 $\quad T_{m1} = \lambda_1 T_{N1} = 2.2 \times 18.1 \text{N·m} = 39.8 \text{N·m}$

第二台电动机的额定转矩

$$T_{N2} = 9550 \frac{P_{N2}}{n_{N2}} = 9550 \times \frac{5.5}{960} \text{N·m} = 54.7 \text{N·m}$$

最大转矩 $\quad T_{m2} = \lambda_2 T_{N2} = 2.0 \times 54.7 \text{N·m} = 109 \text{N·m}$

本例说明,如果两台电动机的输出功率相同,转速不同,则转速低的电动机转矩较大。

4. 三相异步电动的效率

电动机的效率是指其输出功率与输入功率的比值,即

$$\eta = \frac{P_0}{P_i} \times 100\% = \frac{P_0}{\sqrt{3}U_1 I_1 \cos\varphi} \times 100\% \tag{8-7}$$

$$= \frac{P_0}{P_0 + \Delta P_{Fe} + \Delta P_{Cu} + \Delta P_m} \times 100\%$$

式中，ΔP_{Cu}，ΔP_{Fe} 和 ΔP_{m} 分别为铜损、铁损和机械损耗。

空载时 $P_0 = 0$ 而 $P_i > 0$，故 $\eta = 0$；随着负载的增大，开始时 η 上升很快，后因铜损迅速增大(铁损和机械损耗基本不变)η 反而有所减小，η 的最大值出现在额定负载的 80% 附近，其值约为 80%～90%。

三相异步电动机在其额定负载的 70%～100% 时运行，其功率因数和效率都比较高。因此应该合理选用电动机的额定功率，使它运行在满载或接近满载的状态，尽量避免或减少运行轻载和空载运行。

8.2.4 三相异步电动机的使用

1. 铭牌数据

每台电动机的外壳上都附有一块铭牌，以显示出电动机的一些基本数据，如表 8-2 所示。

表 8-2 异步电动机的铭牌

三相异步电动						
型号	Y180M-4	功率	18.5kW	电压	380V
电流	35.9A	频率	50Hz	转速	1470r/min
接法	△	重量	180kg	温升	75℃
产品编号	××××××××	工作方式	S1	绝缘等级	B 级

××电机厂××××年××月××日

【例 8-3】 一台电动机的铭牌数据如下：

三相异步电动机

型号：Y112-4　　　　接法：△

功率：4.0kW　　　　电流：8.8A

电压：380V　　　　转速：1440r/min

已知其满载时的功率因数为 0.8。求：(1)电动机的磁极数；(2)电动机满载运行时的输入电功率；(3)额定转差率；(4)额定效率；(5)额定转矩。

【解】 (1)由 $n_0 = 1440\text{r/min}$，可得 $P = 2$ 电动机为四极三相异步电动机。

(2)$P_i = \sqrt{3}U_lI_l\cos\varphi = \sqrt{3} \times 380 \times 8.8 = 4.64(\text{kW})$

(3)$s_N = \dfrac{n_0 - n}{n_0} = \dfrac{1500 - 1440}{1500} = 0.04$

(4)$\eta = \dfrac{P_0}{P_i} \times 100\% = \dfrac{4}{4.64} \times 100\% = 86.2\%$

(5)$T_N = 9550 \times \dfrac{4.0}{1440} = 26.5(\text{N} \cdot \text{m})$

2. 调速

调速是指在电动机负载不变的情况下人为地改变电动机的转速。三相异步电动机结构简单、坚固耐用、维护方便、造价低廉,大量被用来拖动转速基本不变的生产机械。在实际应用中,有许多机械需要调速,如车床、机车、风机、水泵等,以前常用闸阀控制,现在为了运行平稳和节约能源,则要求设法从电机本身出发进行电气调速。由式(8-1)和式(8-2)可得

$$n = (1-s)n_0 = (1-s)\frac{60f_1}{p} \tag{8-8}$$

由上式可知异步电动机调速方法有变极调速、变频调速和变转差率调速三种方法。其中变极调速和变频调速适用于鼠笼式异步电动机,变转差率调速只适用于绕线式异步电动机。

1)变极调速

改变异步电动机定子绕组的接线,可以改变磁极对数,从而得到不同的转速。由于磁极对数 p 只能成整数倍地变化,这种方法不能实现无级调速。这种方法简单、经济,在金属切削机床上常被用来扩大齿轮箱调速的范围。

2)变频调速

改变三相异步电动机的电源频率,可以得到平滑的调速。由 $\Phi_m = \dfrac{U}{4.44fN}$ 可知,要保持 Φ_m 磁通不变,在改变频率 f 的同时必须改变电源电压 U,使电压和频率的比值 U/f 保持不变。

变频调速是改变电动机定子电源的频率,从而改变其同步转速的调速方法。变频调速框图如图 8-24 所示。变频调速的特点:效率高,调速过程中没有附加损耗;应用范围广,调速范围大,特性好,精度高;但由于技术复杂,造价高,维护检修困难。这种方法适用于要求精度高、调速性能较好场合。

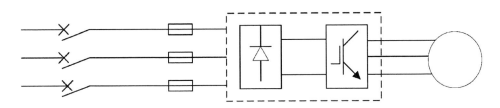

图 8-24　变频调速框图

3)变转差率调速

在转子回路中串联一个调速电阻,通过改变串联电阻的大小,可以调节电动机的转速。

3. 制动

1)反接制动

如图 8-25,停车时,将电动机接电源的三根导线中的任意两相反接,使电动机的旋转磁场反转,以达到制动的目的。反接制动方法简单可靠、效果较好,但能耗较大,振动和冲击也大,对加工精度有一定的影响。反接制动适用于起停不频繁且功率较小的金属切削机床的主轴制动。

2)能耗制动

如图 8-26,在切断三相电源的同时,接通直流电源,让直流电流通入定子绕组,直流电流的磁场是固定不变的,而转子由于惯性继续沿原方向转动。根据右手定则和左手定则不难确定此时的转子电流与固定磁场相互作用产生的转矩方向。它与电动机转动的方向相反,所以起制动作用。

这种制动是先把转子的动能转化为电能,再以热能的形式消耗,故称为能耗制动。它的优点是能量消耗小、制动平稳、停机准确可靠、对交流电网无冲击,缺点是需要直流电源。它适用于某些金属切削机床。

3)回馈制动

在电动机转速 n 大于定子旋转磁场转速 n_0 时产生回馈制动,例如,当起重机下放重物时重物拖动转子使转速 $n>n_0$,这时转子绕组切割定子旋转磁场方向与原电动状态相反,则转子绕组感应电动势和电流方向也随之相反,电磁转矩方向也反了,即由与转向同向变为反向,成为制动转矩(如图 8-27 所示),使重物受到制动而匀速下降。实际上这台电动机已转入发电机运行状态,它将重物的势能转变为电能而回馈到电网,故称回馈制动。

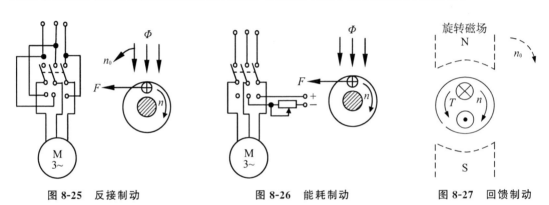

图 8-25　反接制动　　　　图 8-26　能耗制动　　　　图 8-27　回馈制动

8.3　三相异步电动机的直接启动控制电路

三相异步电动机常用的启动方法有直接启动和降压启动。直接启动方法简单、经济,启动时间短,但启动电流大(为额定电流的 5~7 倍),功率因数较低,启动转矩并不大。通常只适用于小容量电动机,下面作简单介绍。

8.3.1　刀开关控制电路

如图 8-28(a)所示为刀开关控制电路,生产车间的三相电风扇和砂轮机等常使用这种控制电路。

8.3.2　单向点动控制电路

图 8-28(b)是电动机单向点动控制电路,采用按钮和接触器控制。电路的动作原理如下。

(1)先闭合主回路中的电源控制开关 QS,为电动机的启动做好准备。

(2)按下启动按钮 SB,接触器线圈 KM 得电,KM 的三对主触点闭合,电动机主电路接通,电动机启动运转。

(3)松开按钮 SB,接触器 KM 线圈失电,KM 的三对主触点随即断开,电动机主电路断电,电动机停止运行。实现了三相异步电动机的点动控制。

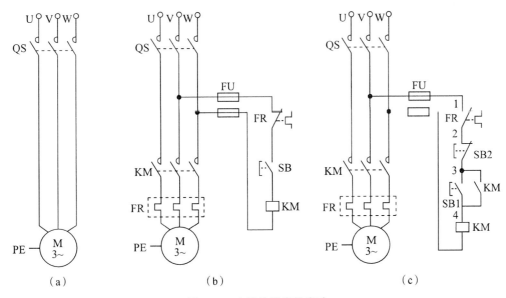

图 8-28 电动机的直接启动

(a)电动机的刀开关控制 (b)电动机的点动控制 (c)电动机的单向连续运转控制

点动控制电路在工业生产中应用较多,电动葫芦、砂轮机和机床工作台的上、下移动等控制电路通常采用点动控制电路。

8.3.3 单向连续运行控制电路

大多数控制电路要求满足电动机连续运转的控制要求。图 8-28(c)是电动机单向连续运转控制电路,与点动控制电路相比,电路中多了一个接触器 KM 的辅助常开触点用来作自锁,还有一个停止按钮 SB2。控制原理如下。

1. 启动过程

在启动电动机之前先合上低压断路器 QS,当按下启动按钮(SB1)时,接触器的线圈(KM)就有电流流过而吸合,使接触器常开主触头和与启动按钮并联的辅助常开触头闭合。电动机 M 开始工作,当松开启动按钮(SB1)时 3、4 两点之间由辅助常开触头接通,使接触器线圈继续吸合。这里辅助常开触头(KM)起着自锁的作用。

2. 停止过程

如果要使电动机 M 停止工作,只须将停止按钮 SB2 按下,2,3 之间断开,接触器的线圈失电,常开主触头和与启动按钮 SB1 并联的辅助常开触头 KM 释放,电动机 M 停止工作。松开停止按钮 SB2 到原来位置,即使 2,3 之间又接通,但电动机 M 却不能工作,这就为再次启动准备了条件。

3. 保护过程

当电动机因长时间过流导致热继电器的发热元件发热使感受元件动作,断开接在控制电路中的常闭触头 FR,从而断开控制电路 1,2,使接触器的线圈断电,于是主电路断开,起到电动机过载保护作用。

8.4 三相异步电动机的可逆控制电路

在工程实际中,往往要求电动机能够实现可逆运行。如起重机的升降、车刀的进和退、机床主轴的正转和反转等都要求电动机能够可逆运转。由电动机原理可知,若将接至电动机的三相电源进线中的任意两相对调,即可使电动机反转。下面介绍两种常用可逆控制线路。

8.4.1 转换开关控制电动机可逆运转

切断电源,利用转换开关将电动机接电源的三根导线中的任意两相对调,改变相序,使电动机的旋转磁场改变方向,再接通电源,可以使电动机改变原来的运转方向,实现可逆运转。如图 8-29 所示

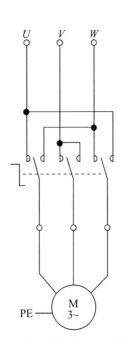

图 8-29 转换开关控制电动机可逆运转

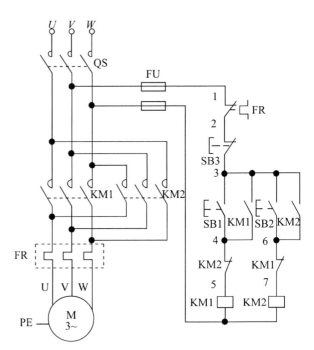

图 8-30 接触器控制电动机的可逆运转

8.4.2 接触器控制电动机的可逆运转

三相异步电动机可逆运转主、控制电路如图 8-30 所示。控制过程如下。

(1)先闭合主回路中的电源控制开关 QS,为电动机的启动做好准备。

(2)按下正转启动按钮 SB1,正转接触器线圈 KM1 得电,KM1 串接在反转控制回路中的辅助常闭触头打开互锁(电动机正转时反转控制电路不能接通),KM1 的三对主触头闭合,主电路接通,电动机正转启动,同时 KM1 的辅助常开触头闭合自锁,保证电动机正向连续运转。

(3)点动停止按钮 SB3,接触器 KM1 线圈失电,KM1 的三对主触点随即断开,电动机主电路断电,电动机正向运行停止,同时 KM1 的辅助触头复位。

(4)按下反转启动按钮 SB2,反转接触器线圈 KM2 得电,KM2 串接在正转控制回路中的辅助常闭触头打开互锁(电动机反转时正转控制电路不能接通),KM2 的三对主触头闭合反转主电路接通,电动机反转启动,同时 KM2 的辅助常开触头闭合自锁,以保证电动机反向连续运转。

(5)当需要反转停止时,按下停止按钮 SB3,接触器 KM2 的线圈失电,KM2 的三对主触点随即断开,电动机主电路断电,电动机反向运行停止。同时 KM2 的辅助触头复位。

从主电路可以看出,KM1 和 KM2 的主触头是不允许同时闭合的,否则会发生相间短路。

因此要求各自的控制电路中串联接入对方的辅助常闭触头。当正转接触器 KM1 通电时,其辅助常闭触头断开,即使按下 SB2 也不能使 KM2 线圈通电,同理,当反转接触器 KM2 通电时,其辅助常闭触头断开,即使按下 SB1 也不能使 KM1 线圈通电。这两个接触器利用各自的触头,封锁对方的控制电路,称为"互锁"。这两个辅助常闭触头称为"互锁触头"。控制电路中加入了互锁环节后能够有效地避免两个接触器同时通电,从而防止了相间短路事故的发生。

8.5 三相异步电动机 Y/△ 启动控制电路

前面介绍了三相异步电动机的全压启动(直接启动)控制电路。其优点是电气设备少,控制电路简单,维修量小。异步电动机全压启动时,启动电流一般为额定电流的 4～7 倍,在电源变压器容量不够大,而电动机功率较大的情况下,直接启动将导致电源变压器输出电压下降,不仅减少电动机本身的启动转矩,而且会影响同电网中其他电气设备的正常工作。因此,较大容量的电动机需采用降压启动。

三相异步电动机降压启动方法有串联电阻或电抗器降压启动、自耦变压器降压启动、Y/△ 变换降压启动、延边三角形降压启动等,其中 Y/△ 变换降压启动是用的较多的一种。

Y/△ 启动用于电压为 220/380V 电动机,其绕组接法相应为 Y/△ 两种。启动时绕组为 Y 形联结,待转速增加到一定程度时再改 △ 形联结。这种启动方法可使每相定子绕组所承受的电压在启动时降低到电路电压的 57.7%,其电流为直接启动时的 1/3,由于启动电流的减小,启动转矩也同时减小到直接启动时的 1/3,所以这种启动方法只能工作在空载或轻载启动的场合。图 8-31 是 Y/△ 降压启动控制原理图。

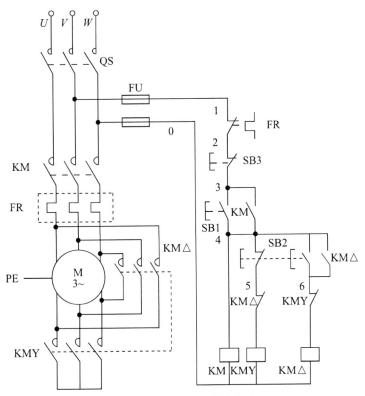

图 8-31 Y/△ 降压启动控制原理

其控制电路原理分析如下。按下启动按钮 SB1,KM 线圈得电,其常开主触点和辅助常开触点(自锁)闭合,同时 KMY 主触点闭合电动机 M 接成 Y 形启动。待 M 转速上升到一定值时,按下转换按钮 SB2,KMY 失电,其主触点断开,KM△常开主触点和辅助常开触点(自锁)闭合,使电动机 M 接成△形投入正常运转。

按下停按钮 SB3 控制电路失电,电动机 M 失电停转。

【例 8-4】 已知一台三相异步电动机的额定功率为 28kW,启动系数为 1.1,额定转速 1455r/min,三角形联结,$I_{st}/I_N = 6$,供电变压器要求启动电流不大于 150A,负载转矩为 73.5N·m,问可否采用星形—三角形降压启动法启动?

【解】 能否采用星形—三角形降压启动法启动的关键有两点:一是启动电流不能超过供电变压器的要求;二是启动转矩必须大于负载转矩。

电动机的额定转矩

$$T_N = 9550 \frac{P_N}{n_N} = 9550 \times \frac{28}{1455} \text{N·m} = 183.8 \text{(N·m)}$$

三角形联结时的启动转矩

$$T_{st} = 1.1 T_N = 1.1 \times 183.8 = 202.2 \text{(N·m)}$$

$$I_{st} = 6I_N = 6 \times 56 = 336 \text{(A)}$$

星形—三角形降压启动时

$$I_{stY} = \frac{1}{3} I_{st\triangle} = \frac{1}{3} \times 348 = 116 \text{(A)} < 150 \text{(A)}$$

$$T_{stY} = \frac{1}{3} T_{st\triangle} = \frac{1}{3} \times 202.2 = 67.4 \text{(N·m)} < 73.5 \text{(N·m)}$$

在本例中,虽然启动电流小于供电变压器要求的启动电流,但启动转矩小于负载转矩。所以不能采用星形—三角形降压启动。

小　结

(1)常用控制电器是组成继电接触器控制电路的基本器件:包括刀开关、断路器、熔断器、接触器、按钮、行程开关和继电器等。

刀开关一般用作隔离开关,有时也可作负荷开关直接启动小容量电动机。

断路器不仅能控制电动机的启动,同时还具有保护功能,可进行过载保护、短路保护和欠压保护。

接触器是一种自动的电磁开关,用来控制动力电路。

继电器有多种,各类继电器在不同的信号下触点动作,用来控制各类控制电路。

熔断器和热继电器等属于保护电器。熔断器串接在动力电路或控制电路中作为短路保护;热继电器的热元件串接在主电路中,常闭触点串接在控制电路中,用作电动机的过载保护。

(2)由常用控制电器可以组成几种最基本的、典型的控制电路。

(3)三相异步电动机由定子和转子二部分组成。转子按结构型式的不同,分为笼型异步电动机和绕线型异步电动机两种。

异步电动机的转动原理是:在三相定子绕组通入三相交流电流产生旋转磁场;旋转磁场切割转子绕组,在转子绕组产生感应电动势(电流);转子感应电流在旋转磁场作用下产生电磁转矩,驱动电动机旋转。

(4)转子转速 n 恒小于旋转磁场转速 n_0,这是异步电动机旋转的必要条件。

转子转向与旋转磁场方向(即三相电流相序)一致,这是异步电动机改变转向的原理。

转差率定义

$$s = \frac{n_0 - n}{n_0} \text{ 或 } n = (1-s)n_0$$

它是反映转速快慢的一个物理量。转差率是异步电动机的一个极为重要参数。

(5)电磁转矩 $T = K_T \Phi I_2 \cos\varphi_2$ 它是分析异步电动机运行性能的依据。

额定转矩: $T_N \approx 9550 \dfrac{P_N}{n_N}$

过载系数:转矩倍数 $\lambda_T = \dfrac{T_m}{T_N}$

启动系数: $\lambda_{st} = \dfrac{T_{st}}{T_N}$

这三个参数是使用和选择异步电动机的依据。

(6)铭牌是电动机的运行依据。

(7)笼型异步电动机常用的降压(Y-△换接)启动,只适用于空载或轻载启动。

(8)笼型异步电动机的调速有变极调速,如变频调速;绕线型异步电动机采用变转差率调速,即在转子回路串可变电阻。

(9)异步电动机的反接制动是改变电流相序形成反向旋转磁场而产生制动转矩;借助于外界能耗制动是将三相绕组脱离交流电源,把直流电接入其中两相绕组,形成恒定磁场而产生制动转矩。

习 题 八

8.1 三相异步电动机的旋转方向决定于( )。

A. 电源电压大小   B. 电源频率高低   C. 定子电流的相序

8.2 三相异步电动机产生的电磁转矩是由于( )。

A. 定子磁场与定子电流的相互作用

B. 转子磁场与转子电流的相互作用

C. 旋转磁场与转子电流的相互作用

8.3 三相异步电动机的转差率 $s = 1$ 时,其转速为( )。

A. 额定转速   B. 同步转速   C. 零

8.4 额定电压为 220/380V 的三相异步电动机,其连接形式在铭牌上表示为( )。

A. Y/△   B. △/Y   C. △·Y

8.5 采取适当措施降低三相鼠笼式电动机的启动电流是为了( )。

A. 防止烧坏电机   B. 防止烧断熔丝

C. 减小启动电流所引起的电网电压波动

8.6 欲使电动机反转,可采取的方法是( )。

A. 将电动机端线中任意两根对调后接电源

B. 将三相电源任意两相和电动机任意两端线同时调换后接电动机

C. 将电动机的三根端线调换后接电源

8.7 Y801-2 型三相异步电动机的额定数据如下：$U_N = 380V$，$I_N = 1.9A$，$P_N = 0.75kW$，$n_N = 2825r/min$，$\cos\varphi = 0.84$，Y 形接法。求：(1)在额定情况下的效率 η_N 和额定转矩 T_N；(2)若电源线电压为 220V，该电动机应采用何种接法才能正常运转？此时的额定线电流为多少？

8.8 一台三相异步电动机，铭牌数据如下：△形接法，$P_N = 10kW$，$U_N = 380V$，$\eta_N = 85\%$，$\cos\varphi = 0.83$，$I_{st}/I_N = 7$，$T_{st}/T_N = 1.6$。试问此电动机用 Y-△ 启动时的启动电流是多少？当负载转矩为额定转矩的 40% 和 70% 时，电动机能否采用 Y-△ 启动法启动。

8.9 一台三相异步电动机，铭牌数据如下：Y 形接法，$P_N = 2.2kW$，$U_N = 380V$，$n_N = 2970r/min$，$\lambda_N = 0.83$。试求此电动机的额定相电流、线电流及额定转矩，并问这台电动机能否采用 Y-△ 启动方法来减小启动电流？为什么？

8.10 某三相异步电动机，铭牌数据如下：△形接法，$P_N = 10kW$，$U_N = 380V$，$I_N = 19.9A$，$n_N = 1450r/min$，$I_{st}/I_N = 7$，供电变压器要求启动电流不大于 150A，$f = 50Hz$。负载转矩为 75N·m。求：(1)电动机的磁极对数及旋转磁场转速 n_0；(2)能否采用 Y-△ 方法启动；(3)已知 $T_{st}/T_N = 1.8$，直接启动时的启动转矩。

9　工业用电与安全用电

9.1　发电与输电

9.1.1　电力系统简介

1. 电能

电能是现代生产、生活不可缺少的能源和动力,它在人类社会的进步与发展过程中起着及其重要的作用,电能作为二次能源应用也越来越广泛,它具有以下特点:

(1)电能既易于由其他形式的能量转化而来,又易于转化为其它形式的能量供于使用;

(2)电能的输送和分配既简单、经济又便于控制、调节和测量;

(3)电能有利于实现生产过程自动化和提高人类的生活质量。

2. 电力系统

由发电厂、电力网和电能用户组成的一个集发电、输送电、变配电和用电的整体称为电力系统。如图 9-1 所示。

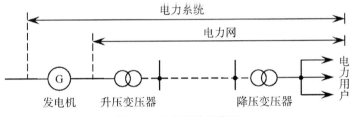

图 9-1　电力系统示意图

电力系统中的各级电压线路及其联系的变配电所,称为电力网。电力网是电力系统的重要组成部分,其作用是将电能从发电厂输送并分配到电能用户。

9.1.2　电能的产生

1. 电能的产生

电能是由发电厂生产的。发电厂是将自然界中的多种形式的能源转换为电能的特殊工厂。一般建在一次能源(煤炭、石油、水力等)较丰富的地方。

各种发电厂中的发电机多是三相同步发电机,它由定子和转子两个基本部分组成。同步发电机的定子也叫电枢,由机座、铁芯和三相绕组等组成,转子为磁极,有显极和隐极两种。显极式转子具有凸出的磁极,励磁绕组绕在磁极上。显极式同步发电机的结构简单,机械强度较低,适用于低速($n=1000$r/min 以下),如水轮发电机和柴油发电机。隐极式转子呈圆柱形,励磁绕组分布在转子大半个表面的槽中。隐极式同步发电机的制造工艺较为复杂,机械强度较高,适用于高速($n=1500$r/min 以上),如汽轮发电机大多是隐极式。

目前已采用半导体励磁系统,将交流励磁机的三相交流经三相半导体整流器变换成直流,供励磁用。

2. 发电的方式

目前世界各国电能的生产方式主要是火力发电、水力发电、核能发电和新能源发电。

(1)火力发电:它是利用煤炭、石油燃烧后产生的能量来加热水,使之成为高温高压的蒸汽去推动汽轮机旋转并带动三相交流同步发电机发电。其特点是建厂速度快、投资成本相对较低。但是消耗大量的燃料,发电成本较高,同时对环境污染较为严重。目前我国及世界上绝大多数国家仍以火力发电为主。

(2)水力发电:它是通过水库和在河道修建大坝的方式提高水位,利用水的落差及流量去推动水轮机旋转并带动三相交流同步发电机发电。其特点是发电成本低,对环境无污染,可实现水利的综合利用,但投资规模大,时间长,而且受自然条件的影响较大。我国水利资源丰富,开发潜力很大,特别是长江三峡水利工程的建设成功,使我国水力发电量得到大幅度的提高。

(3)核能发电:它是利用核燃料在反应堆中的裂变反应所产生的巨大能量来加热水,使之成为高温高压的蒸汽去推动汽轮机旋转并带动三相交流同步发电机发电。其特点是发电消耗的燃料少,发电成本低,但建站难度大,投资大,周期长。目前全世界核能发电量占总发电量的比逐年上升,发展核能将成为必然趋势。

(4)新能源发电:它是利用太阳能、风能、潮汐、地热等能源发电,它们属于环保能源,无环境污染,具有很好的开发前景。

9.1.3 电能的输送

发电厂一般远离城市,电能从发电厂必须用输电线进行远距离输送到用户,电流在输电线中产生电压降落和功率损耗,为了降低输电线路的电能损耗,提高输电效率,通常采用高压输电,即将发电厂生产的电能经过升压变压器升压后再进行远距离输电,输电电压的高低视输电容量和输电距离而定,一般原则:容量越大,距离越远,输电电压就越高。随着电力技术的发展,输电电压不断由高压(110～220kV)向超高压(330～750kV)和特高压(750kV以上)升级。目前我国远距离输电电压有 3kV,6kV,10kV,35kV,63kV,110kV,220kV,330kV,500kV,750kV 十个等级。

由于发电机自身结构和材料的限制,不可能直接产生这样的高压,因此在输电时首先必须通过升压变压器将电压提升。随着电力电子技术的进一步发展,超高压远距离输电已经开始采用直流输电方式,与交流输电相比,具有更高的输电质量和效率。我国葛洲坝水电站的强大电力就是通过直流输电方式送到华东地区的。

9.2 工业配电

9.2.1 变配电所

当高压电送到工业企业后,由工业企业的变配电站进行变电和配电,它是接受电能变换电压和电能分配的场所。变电是指变换电压的等级;配电是指电力的分配。

大中型工厂都有自己的变配电站,设有中央变电所和车间变电所,如图 9-2 所示。小型企业往往只有一个变电所,如图 9-3 所示,装有一台或两台变压器。中央变电所接受送来的电能,把 35～110kV 电压降为 6～10kV 后再向各车间变电站或高压用电设备供电,再由车间变电所或配电箱(配电板)将电能分配给各低压用电设备。高压配电线的额定电压有3kV,6kV 和 10kV 三种。低压配电线的额定电压是 380V/220V。用电设备的额定电压多半是 220V 和 380V,大功率电动机的电压是 3kV 和 6kV,机床局部照明的电压是 36V。低压供配电线路是企业供配电系统的重要组成部分,其主要任务是输送和分配电能。从车间变电所或配电箱(配电板)到用电设备的线路属于低压配电线路。

变电所中的主要电器设备是降压变压器和受电、配电设备及装置。用来接受和分配电能的电气装置称为配电装置，其中包括开关设备、母线、保护电器、测量仪表及其他电器设备等。对于 10kV 及以下系统，为了安装和方便，总是将受电、配电设备及装置做成成套的开关柜。

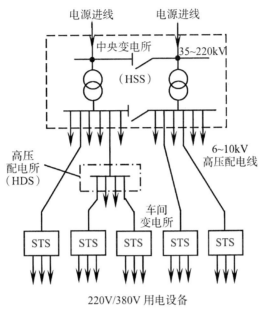

图 9-2　大、中型工厂的供电系统图

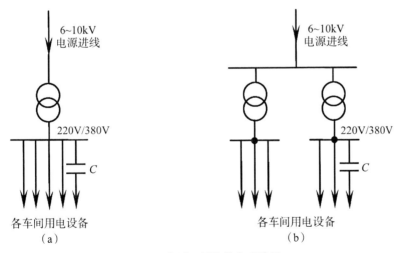

图 9-3　小型工厂的供电系统图
(a)装有一台变压器　(b)装有两台变压器

9.2.2　电力线路

电力线路又称输电线，其作用是输送电能，并把发电厂、变配电所和电能用户连接起来，电力线路按其用途及电压等级分为输电线路和配电线路。电压在 35kV 及以上的电力线路为输电线路；电压在 10kV 及以下的电力线路称为配电线路，分为高压配电线路和低压配电线路;电力线路按其架设方法可分为架空线路和电缆线路;按其传输电流的种类又可分为交流线路和直流线路。

工业企业高压配电线路主要作为厂区内输送、分配电能用。高压配电线路应尽可能采用架空线路,因为架空线路建设投资少且便于检修维护。但在厂区内,由于对建筑物距离的要求和管线交叉、腐蚀性气体等因素的限制,不便于架设架空线路时,可以敷设地下电缆线路。

工业企业低压配电线路主要作为向低压用电设备输送、分配电能用。户外低压配电线路一般采用架空线路,因为架空线路与电缆相比有较多优点,如成本低、投资少、安装容易、维护和维修方便、易于发现和排除故障。电缆线路与架空线路相比,虽具有成本高、投资大、维修不便等缺点,但是它具有运行可靠、不易受外界影响、不需架设电杆、不占地面空间、不碍观瞻等优点,特别是在有腐蚀性气体和易燃、易爆场所,不宜采用架空线路时,则只有敷设电缆线路。

9.3 安全用电

9.3.1 触电

1. 电流对人体的伤害

人体触及带电体,或人体接近带电体并在其间形成了电弧,都有电流流过人体而造成伤害,这称为触电。按照对人体伤害的不同,触电可分为电击与电伤两种。电击是电流通过人体内部器官(如心脏、呼吸器官、神经系统等),对人体内部组织造成伤害,乃至死亡。电伤是电流的热效应、化学效应与机械效应对人体外部造成伤害,如电弧烧伤等,电伤的危害性比电击的小,但严重的电伤仍可致人死亡。

触电的伤害程度与通过人体电流的大小、电流流动途径、持续的时间、电流的种类、交流电的频率及人体的健康状况等因素有关,其中以通过人体电流的大小对触电者的伤害程度起决定性作用。人体对触电电流的反应,见表 9-1。

表 9-1 电流对人体的影响

电流/mA	交流电/50Hz		直流电
	通电时间	人体反应	人体反应
0～0.5	连续	无感觉	无感觉
0.5～5	连续	有麻刺、疼痛感,无痉挛	无感觉
5～10	数分钟内	痉挛、剧痛,但可摆脱电源	有针刺、压迫及灼热感
10～30	数分钟内	迅速麻痹,呼吸困难,不能自由	压痛、刺痛,灼热强烈,有抽搐
30～50	数秒至数分钟	心跳不规则,昏迷,强烈痉挛	感觉强烈,有剧痛痉挛
50～100	超过3秒	心室颤动,呼吸麻痹,心脏麻痹而停跳	剧痛,强烈痉挛,呼吸困难或麻痹

2. 触电的原因

发生触电事故的主要原因如下。

(1)缺乏用电常识,触及带电导线。

（2）没有遵守操作规程，人体直接与带电部分接触。

（3）由于用电设备管理不当，使绝缘损坏，发生漏电，人体碰触漏电设备外壳。

（4）高压线路落地、造成跨步电压引起对人体的伤害。

（5）检修中，安全组织措施和安全技术措施不完善，接线错误，造成触电事故。

（6）其他偶然因素，如人体受雷击等。

9.3.2　触电方式

1. 单相触电

单相触电是指人体某一部分触及一相电源或触到漏电的电气设备，电流通过人体流入大地造成触电。触电事故中大部分属于单相触电，而单相触电又分为中性点接地的单相触电和中性点不接地的单相触电两种。

（1）中性点接地的单相触电。人站在地面上，如果人体触及一根相线，电流便会经导体流过人体到大地，再从大地流回电源中性线形成回路，如图 9-4（a）所示。这时人体承受 220V 的相电压。

（2）中性点不接地单相触电。人站在地面上，接触到一根相线，这时有两个回路的电流通过人体；一个回路的电流从 L1 相线出发，经人体、大地、对地电容到 L2 相；另一个回路从 L1 相出发，经人体、大地、对地电容到 L3 相。如图 9-4（b）所示。

单相触电大多是由于电气设备损坏后绝缘不良，使带电部分裸露而引起的。

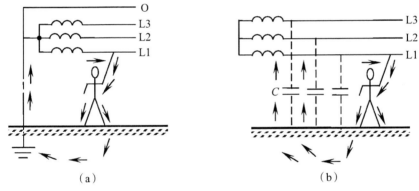

图 9-4　单相触电示意图

（a）中性点接地系统的单相触电　（b）中性点不接地系统的单相触电

2. 双相触电

如图 9-5 所示，两相触电是人体的两部分分别触及两根相线，这时人体承受 380V 的线电压，危险性比单相触电更大，但这种情况不常见。

3. 跨步电压触电

在高压电网接地点或防雷接地点及高压火线断落后绝缘损坏处，有电流流入地下时，强大的电流在接地点周围的地面上产生电压降。因此，当人走近接地点附近时，两脚因站在不同的电位上而承受跨步电压，即两脚之间的电位差，见图 9-6。

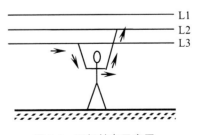

图 9-5　两相触电示意图

跨步电压能使电流通过人体而造成伤害。因此,当设备外壳带电或通电导线断落在地面时,应立即将故障地点隔离,不能随便触及,也不能在故障地点走动。

已受到跨步电压威胁者应采取单脚或双脚并拢方式迅速跳出危险区域。

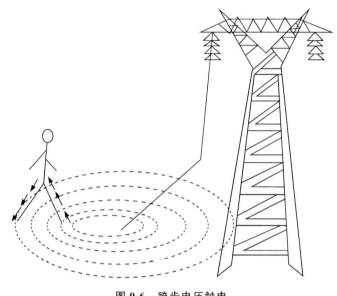

图 9-6　跨步电压触电

9.3.3　常用的安全用电措施

1. 安全电压

由于触电时对人体的危害性极大,为了保障人的生命安全,使触电者能够自行脱离电源,各国都规定了安全操作电压。我国规定的安全电压:对 $50\sim500\,\mathrm{Hz}$ 的交流电压安全额定值为 $42\,\mathrm{V},36\,\mathrm{V},24\,\mathrm{V},12\,\mathrm{V},6\,\mathrm{V}$ 五个等级供不同场合选用,规定安全电压在任何情况下都不得超过 $50\,\mathrm{V}$ 有效值。当电器设备采用 $24\,\mathrm{V}$ 以上的安全电压时,必须有防止人体触电的保护措施。

2. 安全用电常识

(1)保护用具是保证工作人员安全操作的工具。设备带电部分应有防护罩,或置于不易触电的高处,或采用连锁装置。带有双重绝缘结构的携带式电气化设备是一种新型的、安全性能较高的电器设备;使用手电钻等移动电器时,应使用绝缘手套、绝缘垫等防护用具,不能赤脚或穿潮湿的鞋子站在潮湿的地面上使用电器;带电装卸熔断器时,要戴防护眼镜和绝缘手套,必要时要使用绝缘夹钳,站在绝缘垫上操作。这样使人与大地或人与电器设备外壳隔离,这是一项简单易行、行之有效的基本安全措施。

(2)安全用电常识:判断电线或用电设备是否带电必须用试电器(如测电笔等),决不允许用手去触摸;在检修电气设备时应切断电源,并在开关处挂上"严禁合闸"的牌子;安装照明线路时开关和插座离地一般不低于 $1.3\,\mathrm{m}$;不要用湿手去摸开关、插座、灯头等,也不要用湿布擦灯泡;拆开的或断裂的带电线头,必须及时用绝缘胶带包好,并放在人身不易接触到的地方;根据需要选择熔断器的熔丝粗细,严禁用铜丝代替熔丝;在电力线路附近,不要安装收音机电视机的天线、放风筝、钓鱼、打鸟等活动;发现电线或电器设备起火,应迅速切断电源,使用"1211"灭火器或二氧化碳灭火器,在带电状态下,严禁使用水或泡沫灭火器灭火;雷雨天不要在大树下躲雨或站在高处,而应就地蹲在凹处,并且两脚尽量并拢。

3.保护接地和保护接零

1)保护接地

为了保障人身安全,避免发生触电事故,将电气设备在正常情况下不带电的金属部分(如外壳等)与接地装置实行良好的金属性连接,这种方式便称为保护接地,简称接地。见9-7(a)图,它是一种防止触电的基本技术措施,使用相当普遍。

当电气设备由于各种原因造成绝缘损坏时就会产生漏电;或是带电导线碰触机壳时,都会使本不带电的金属外壳等带上电(具有相当高或等于电源电压的电位)。若金属外壳未实施接地,则操作人员碰触时便会发生触电;如果采用了保护接地,此时就会因金属外壳已与大地有了可靠而良好的连接,便能让绝大部分电流通过接地体流散到地下。

人体若触及漏电设备外壳,因人体电阻与接地电阻相并联,且人体电阻比接地电阻起码大200倍以上,由于分流作用,通过人体的故障电流将比流经接地电阻的要小得多,对人体的危害程度也就极大地减小了,如图9-7(b)所示。保护接地宜用于中性点不接地的低压系统中。

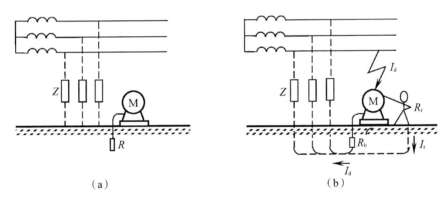

图 9-7　保护接地原理图

(a)设备保护接地　(b)接地保护原理

此外,在中性点接地的低压配电网络中,假如电气设备发生了单相碰壳故障,若实行了保护接地时,由于电源相电压为220V,如按工作接地电阻为4Ω,保护接地电阻为4Ω计算,则故障回路将产生27.5A的电流。一般情况下,这么大的故障电流定会使熔断器熔断或自动开关跳闸,从而切断电源,保障了人身安全。

但保护接地也有一定的局限性,这是由于为保证能使熔丝熔断或自动控制开关跳闸,一般规定故障电流必须分别大于熔丝或开关额定电流的2.5倍或1.25倍,因此,27.5A故障电流便只能保证使额定电流为11A的熔丝或22A的开关动作;若电气设备容量较大,所选用的熔丝与开关的额定电流超过了上述数值,此时便不能保证切断电源,进而也就无法保障人身安全了。所以保护接地存在着一定的局限性,即中性点接地的系统不宜再采用保护接地。

2)保护接零

将电气设备在正常情况下不带电的金属部分用导线直接与低压配电系统的零线相连

接,这种方式便称为保护接零,简称接零。它与保护接地相比,能在更多的情况下保证人身安全,防止触电事故。

在实施上述保护接零的低压系统中,如果电气设备一旦发生了单相碰壳漏电故障,便形成了一个短路回路。因该回路内不包含工作接地电阻与保护接地电阻,整个回路的阻抗就很小,因此故障电流必须必将很大(远远超过7.5A),足以保证在最短的时间内使熔丝熔断、保护装置或自动开关跳闸,从而切断电源,保障了人身安全。如图9-8所示。

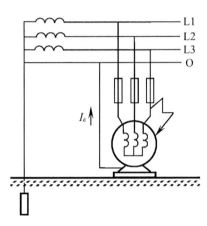

图9-8 工作接地和保护接零

显然,采取保护接零方式后,便可扩大安全保护的范围,同时也克服了保护接地方式的局限性。

3)注意事项

在低压配电系统内采用接零保护方式时,应注意以下要求。

(1)三相四线制低压电源的中性点必须良好接地,工作接地电阻值应符合要求。

(2)在采用接零保护方式的同时,还应装设足够的重复接地装置。

(3)同一低压电网中(指同一台配电变压器的供电范围内),在选择采用保护接零方式后,便不允许再采用保护接地方式(对其中任一设备)。

(4)零线上不准装设开关和熔断器。零线的敷设要求应与相线一样,以免出现零线断线故障。

(5)零线截面应保证在低压电网内任何一相短路时,能够承受大于熔断器额定电流2.5～4倍及自动开关额定电流1.25～2.5倍的短路电流,且不小于相线载流量的一半。

(6)所有电气设备的保护接零线,应以"并联"方式连接到零干线上。

必须指出,在实行保护接零的低压配电系统中,电器设备的金属外壳在正常情况下有时也会带电。为了确保接零保护方式的安全可靠,防止零线断线所造成的危害,系统中除了工作接地外,还必须在整个零线的其他部位再进行必要的接地。这种接地称为重复接地。

9.3.4 触电急救知识

发现有人触电首先必须使触电者迅速脱离电源(尽快请医生急救),对触电者进行就地诊断;并根据诊断结果正确选择急救方法对症急救。

1.脱离低压电源的方法

(1)若电源开关或插座距触电者较近,施救者应迅速断开开关或拔掉插头。如图9-9(a)

所示。

（2）若电源开关或插座距触电者很远，施救者可用带绝缘柄的电工钳或装有干燥木柄的刀、斧、铁锹等将电线切断（防止被切断的电源线触及人体）。如图9-9（b）所示

（3）若导线断落在触电者身上或压在身下时，施救者可用干燥木棒、竹竿或其他带有绝缘手柄的工具迅速将电线挑开（不能直接用手或用导电的物体去挑电线）。如图9-9（c）所示

（4）若触电者衣服是干燥的，而且电线并非紧缠其身时，施救者可站在干燥木板上用一只手拉住触电者的衣服将其拖离带电体。如图9-9（d）所示

（5）若触电者在高空，应采取安全措施，以防电源切断后触电者从高空坠落。

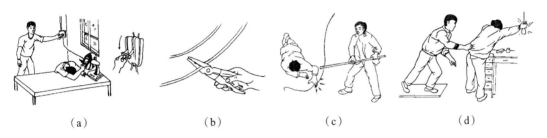

　（a）　　　　　　　（b）　　　　　　　（c）　　　　　　　（d）

图9-9　触电者脱离低压电源的方法

2．触电者脱离高压电源的方法

（1）若发现有人在高压带电设备上触电时，应立即通知供电部门停电。

（2）施救者戴上高压绝缘手套并穿上高压绝缘鞋，用相应电压等级的绝缘工具拉闸。如图9-10（a）所示

（3）施救者在做好高压绝缘与各种安全措施的条件下，强迫线路短路跳闸（若触电者在高处，应采取措施防止触电者从高处坠落）。

3．就地诊断

触电者脱离电源后，应马上将触电者移至通风、干燥的地方，使其仰卧，将其上衣与裤带放松，并立刻进行简单有效的诊断。

1）判断呼吸是否停止

观察胸部或腹部有无因呼吸而产生的起伏动作，若不明显，可用手或小纸条靠近触电者的鼻孔，观察有无气流流动；或用手放在触电者胸部，感觉有无呼吸动作，若没有，说明呼吸已停止。如图9-10（b）所示

2）判断脉搏是否搏动

用手检查颈部的颈动脉或腹股沟处的脉动脉，看有无搏动，如有，说明心脏还在工作。另外，还可用耳朵贴在触电者心区附近，倾听有无心脏跳动的声音，若有，也说明心脏还在工作。如图9-10（c）所示

3）判断瞳孔是否放大

瞳孔是受大脑控制的一个自动调节的光圈。如果大脑机能正常，瞳孔可随外界光线的强弱自动调节大小。处于死亡边缘或已死亡的人，由于大脑细胞严重缺氧，大脑中枢失去对瞳孔的调节功能，瞳孔会自行放大，对外界光线强弱不再做出反应。如图9-10（d）所示。

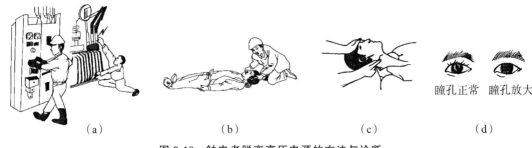

图 9-10 触电者脱离高压电源的方法与诊断

4. 急救方法选择

根据其受电流伤害的不同程度,采用不同的急救法。

(1)若触电者神智尚清醒,只是有些心慌,四肢发麻,全身无力,或者虽一度昏迷,但未失去知觉,则要使之安静休息,不要走路,并密切观察其病变。

(2)若触电者失去知觉,停止呼吸,但心脏微有跳动,则应采取口对口人工呼吸法。如果虽有呼吸,但心脏停跳,则应采取人工胸外按压心脏法。

(3)若触电者心跳和呼吸均已停止,则人工呼吸和胸外按压心脏两种方法要循环进行。

5. 口对口吹气的人工呼吸法

(1)首先迅速解开触电者的衣服、裤带、松上身的紧身衣、护胸罩和围巾等,使其胸部能自由扩张,不致妨碍呼吸。

(2)使触电者仰卧,不垫枕头,头先侧向一边,清除其口腔内的血块、假牙及其他异物等,如触电者的舌根下陷,则应将舌头拉出,使呼吸道畅通。如触电者牙关紧闭,可用开口钳、小木片、金属片等,小心地从口角伸入牙缝撬开牙齿,清除口腔内的异物。如图 9-11(a)所示。

(3)将其头部放正,使之尽量后仰,鼻孔朝天,呼吸道畅通。如图 9-11(b)所示。

(4)施救者位于触电者头部的左边或右边,用一只手捏紧触电者的鼻孔,使之不漏气;用另一只手将其下巴拉向前下方,使嘴张开,嘴上可盖一层纱布,施救者作深呼吸后,紧贴触电者的嘴,向他大口吹气,吹气时间 2s,如果掰不开嘴,可向鼻孔吹气,使其胸部膨胀。如图 9-11(c)所示。

(5)施救者吹气完毕后,应立即离开触电者的嘴(或鼻孔),并放松紧捏的鼻(或嘴),让触电者自由排气 3s。如图 9-11(d)所示。

口对口人工呼吸抢救过程中,若触电者胸部有起伏,说明人工呼吸有效,抢救方法正确;若胸部无起伏,说明气道不够畅通,或有梗阻,或吹气不足,(但吹气量也不宜过大,以胸廓上抬为准)抢救方法不正确等。

图 9-11 人工呼吸法

6. 胸外按压心脏法

(1)与人工呼吸法的要求一样,首先要解开触电者的衣物,并清除口腔内的异物,使其仰卧在硬地或木板上让胸部能自由扩张。

(2)施救者位于触电者一边,最好是跨腰跪在触电者腰部,手掌根部放在比心窝稍高一点的地方(掌根放在胸骨的1/3部位)。如图9-12(a)所示

(3)两手相叠(对儿童可只用一只手)。如图9-12(b)所示

(4)自上而下、垂直均衡地用力向下挤压(对儿童用力要适当小一些),压出心脏里面的血液。如图9-12(c)所示

(5)按压后,掌根迅速放松,使触电者胸部自动复原,心脏扩张,血液又回到心脏里来。如图9-12(d)所示

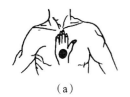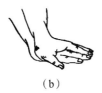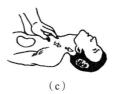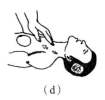

(a)　　　　　　　(b)　　　　　　　(c)　　　　　　　(d)

图 9-12　胸外按压心脏

胸外按压时,压力与操作频率要适当,不能作冲击式的按压,放松时应尽量放松,但手掌根部不要离开按压部位,以免造成下次错位。

在施行人工呼吸和心脏按压时,施救者员应密切观察触电者的反应。只要发现触电者有苏醒现象,如眼皮闪动或嘴唇微动,就应终止操作几秒钟,让触电者自行呼吸和心跳。人工呼吸与心脏按压对于施救者来讲是非常劳累的,但必须坚持不懈,直到触电者苏醒或医生前来救治为止。

9.4 节约用电

9.4.1 节约用电的意义

能源是国民经济发展的重要物质基础,节约用电是节约能源的主要方面之一。节约用电就是要采取技术可行、经济合理的环保措施,科学地、合理地使用电能,提高电能的使用效率。节约用电有着十分重要的意义:有利于节约发电所需的一次能源,减轻能源及交通运输的紧张程度;有利于节省国家对发电供电用电设备所需的基建投资;有利于企业采用新技术新工艺新材料,加强用电的科学管理,促进企业生产水平和管理水平的提高;有利于企业减少电费支出,降低产品的生产成本,提高经济效益。

9.4.2 节约用电的方法

节约用电主要从管理和技术两方面着手,从管理方面,应加强企业用电的计划性,及时进行负荷调整,降低高峰负荷,充分利用分时供电的政策,提高供用电效率。下面从技术角度介绍生产和生活用电的节约方法。

1. 照明节电

照明用电约占我国总用电量的5％,一些发达国家高达14％,因此,提高照明节电的效率是一项重要的工作。常用的方法如下。

(1)合理选择高效率的电光源,比如光效高的节能荧光灯管。

(2)充分利用自然采光。

(3)采用节电照明控制电路,比如走廊灯采用声光开关,电气箱、配电柜的信号指示灯采用节能型。

(4)合理选择照度水平和合理运用局部照明。

2. 机电设备节能

电动机是现代化生产中各种机械的主要动力源,电动机所消耗的电能占全国总发电量的 60%～70%。但是,由于我国许多工业生产企业还存在技术落后的状态,电动机的使用处于轻载、低效、高损耗等不合理状态,电能浪费较严重。因此,应在企业中加强电动机的节能技术推广和应用。

(1)优先选用新型节能电动机。以永久磁性材料作为磁极的永磁电动机,节省了励磁能源,故超出一般的电效率。我国家电行业已率先大面积应用,如变频空调、永磁同步电动机、无刷直流电动机等。

(2)合理配置电动机容量,避免用大功率电动机去拖动小功率设备的不合理用电情况。

(3)重视修旧利废,提高电动机的维修质量。

(4)长期轻载(负载低于额定负载的 40%)电动机应改△联结运行为 Y 联结运行。提高电动机的效率和功率因数。

3. 加热设备节能

电加热是以电为能源,对金属、非金属材料制品及其物品进行加热、干燥、烘烤等以获得新材料、新产品或提高产品性能和质量的一种加热技术。由于电加热具有能量转换效率高、易于控制和调节、易实现自动化和流水作业、不污染环境等优势,在冶金、轻纺、食品、机械和化工等行业得到了广泛的应用,年消耗电能约占全国总用电量的 15%。目前,仍有相当多的电加热设备的电能利用率只有 10%～30%,节约电能的潜力很大。可采取的节电方法有:

(1)优先选用燃料直接加热,节省电力这种二次能源。

(2)优先选用直接加热工艺流程。

(3)推广应用远红外加热,通常可比电阻加热节能 30% 以上。

(4)改造老式炼钢电弧炉,节耗水平可达 600kW·h/t 钢(非节能的电耗达 1000kW·h/t 钢)。

(5)推广应用盐浴炉快速启动节电技术。

4. 输配电设备节能

工业生产中输配电的节能,主要涉及电力变压器的节电和配电线路的节电,这两项的损耗占工业生产配电系统总损耗的 95% 以上。

1)电力变压器的节能

我国已明令在 1998 年底前淘汰了 S7,SL7 系列变压器,推广应用 S9 系列,而 S11 系列是目前推广应用的低损耗变压器。S11 型变压器卷铁芯改变了传统的叠片式铁芯结构。硅钢片连接卷制,铁芯无接缝,大大减小了磁阻,空载电流减小了 60%～80%,提高了功率因数,降低了电网线损,改善了电网的供电品质。连续卷绕充分利用了硅钢片的取向性,空载损耗降低 20%～35%。运行时的噪音水平降低到 30～45dB,保护了环境。

2)配电线路的节电

配电线路的节电与工业生产的配电线路网络状况、导线种类和生产负荷的变化规律等有关,其中设法减小无功损耗是一个非常重要的措施。

5．使用绿色电力能源

绿色电力是指由太阳能、风能、地热能、生物质能等可再生能源生产的电力,由于发电成本较高,目前"绿电"电价高出市电将近一倍。在电力管理、能源管理方面,我国政府和电业部门制定和出台了一系列相关管理法规、政策和鼓励措施,改进管理及借鉴国外好的管理模式。

小　　结

(1)电力系统是由发电厂、电力网和电能用户组成的一个集发电、输送电、变配电和用电的整体。

根据所用能源,发电厂分为火力发电、水力发电、原子能发电等。

(2)高压输电线路和低压配电线路统称为电力线路,其作用是输送电能,并把发电厂、变配电所和电能用户连接起来。变电是指变换电压的等级;配电是指电力的分配。低压配电线路的铺设可采用架空线路或电缆线路。

(3)电流通过人体叫触电。触电可分为电击与电伤两种。触电的伤害程度主要取决于通过人体电流的大小。触电的方式有单相触电双相触电和跨步电压触电。

(4)电器设备由于各种原因造成绝缘损坏时就会产生漏电;或是带电导线碰触机壳时,都会使本不带电的金属外壳等带上电,人体触及外壳会引起触电事故,所以电器设备必须有保护接地保护接零和重复接地等措施。

(5)触电急救过程中使触电者尽快摆脱电源是救活触电者的首要因素,其次,迅速判断其症状,采用不同的急救法,现场应采用的主要救护工作方法是人工呼吸和胸外心脏挤压法。

(6)节约用电有着十分重要的意义。生产和生活用电的节约方法包括照明节电、机电设备节能、输配电设备节能、加热设备节能、使用绿色电力能源等。

习　题　九

(1)什么是电力系统和电力网?电力系统由哪几个部分组成?

(2)变电所和配电所的作用是什么?二者的区别在哪里?

(3)什么是保护接地?什么是保护接零?

(4)什么是触电,它有哪些方式?

(5)工厂中的动力电源的电压为多少伏?照明电压为多少伏?安全电压为多少伏?

(6)安全用电应注意哪些方面问题?

(7)遇到触电事故应采用哪些措施?

(8)生产和生活中的节约用电方法有哪些?

10 电工测量

10.1 常用电工仪表简介

10.1.1 常用电工仪表的基本知识

电工仪表是实现电工测量过程所需技术工具的总称。电工仪表的种类繁多,有各种指示仪表、比较式仪表、数字式仪表、图示仪器等。电工仪表的测量对象主要是电学量与磁学量。电学量又分为电量与电参量。

通常要求测量的电量有电流、电压、功率、电能、频率等;要求测量的电参量有电阻、电容、电感等;通常要求测量的磁学量有磁感应强度、磁导率等。本章主要介绍几种常用的电工仪表。

1. 常用电工仪表的分类

(1)按测量对象不同:电流表、电压表、功率表、电度表、电阻表。

(2)按仪表的工作原理:磁电式、电磁式、电动式、感应式。

(3)按测量电流种类:交流表、直流表、交直流两用表。

(4)按使用性质和装置方法:固定式、便携式。

(5)按准确度等级可分为:0.1级、0.2级、0.5级、1.0级、1.5级、2.5级、5.0级共七个等级。

2. 电工仪表常用面板符号

电工仪表面板上的符号表示该仪表的使用条件,有关电气参数的范围、结构和精确度等级等,为该仪表的选择和使用提供了重要依据。(见附录 A)

3. 电工仪表的误差、精确度与灵敏度

1)误差类型

误差:在测量过程中,由于仪表本身的机构、电路参数或受外界因素影响而发生变化,导致仪表指示值与实际值之间产生的差值。按表示方法可以分为绝对误差和相对误差。

(1)绝对误差 ΔA:仪表指示值 A_x 与实际值 A 之间的差值

$$\Delta A = A_x - A \tag{10-1}$$

(2)相对误差 γ:绝对误差 ΔA 与实际值 A 比值的百分数,称为实际相对误差

$$\gamma_A = \frac{\Delta A}{A} \times 100\% \tag{10-2}$$

在实际情况下用 A_x 代替 A,称为标称相对误差

$$\gamma_x = \frac{\Delta A}{A_x} \times 100\% \tag{10-3}$$

(3)引用误差 γ_0:绝对误差 ΔA 与量程 A_m 之比

$$\gamma_0 = \frac{\Delta A}{A_m} \times 100\% \tag{10-4}$$

2)仪表的精确度和灵敏度

精确度:国家标准规定仪表的精确度等级共分七级,它与引用误差的对应关系如表10-1所示。

表 10-1 仪表的精确度等级和误差等级

精确度等级	0.1	0.2	0.5	1.0	1.5	2.5	5.0
引用误差等级	±0.1	±0.2	±0.5	±1.0	±1.5	±2.5	±5.0

上表中数字越小者精确度越高。

灵敏度 S

$$S = \frac{\Delta\beta}{\Delta A} \tag{10-5}$$

式中:$\Delta\beta$ 指针偏转角度变化量。ΔA 为被测量的变化量。

灵敏度越高,测量精确度越高,误差越小,仪表质量越好。

【例 10-1】 某待测电流约为 100mA,现有 0.5 级量程为 0～400mA 和 1.5 级量程为 0～100mA 的两个电流表,问用哪一个电流表测量较好?

【解】 用 0.5 级量程为 0～400mA 电流表测 100mA 时,

绝对误差为:$\Delta A_1 = \pm400 \times 0.5\% = \pm(2\text{mA})$

最大相对误差为:$\gamma_0 = \pm\frac{2}{100} \times 100\% = \pm2\%$

用 1.5 级量程为 0～100mA 电流表测量 100mA 时,

绝对误差为:$\Delta A_2 = \pm100 \times 1.5\% = \pm1.5(\text{mA})$

最大相对误差为:$\gamma_0 = \pm\frac{1.5}{100} \times 100\% = \pm1.5\%$

可知应选用 1.5 级量程为 0～100mA 的电流表。

4. 电工仪表使用注意事项

(1)先仔细阅读说明书,并严格按说明书要求存放和使用。

(2)长期使用或长期存放的仪表,应定期检验和校正。

(3)轻拿轻放,不得随意调试和拆装,以免影响灵敏度与准确性。

(4)在测量进行中不得更换挡位或切换开关。

(5)严格分清仪表测量功能和量程,不得用错,更不能接错测量线路。

10.1.2 常用指示仪表的基本结构和工作原理

指示式仪表的核心是测量机构,它主要由三部分组成:①产生转矩部分,使仪表的指示器(如带指针的转轴)偏转;②产生阻转矩的部分,使仪表的偏转角与被测量成一定比例,并与转矩平衡在一定的位置上,从而反映出被测量的大小;③产生阻尼力矩部分的阻尼器,使指针减少振荡,缩短测量时间。另外还有指示装置,用来指示被测量的大小,指示装置由指针和刻度盘组成,刻度盘固定不动,指针固定在活动部件上。

1. 磁电式仪表

1)结构

磁电式仪表的原理结构如图 10-1 所示。

固定部分:永久磁铁、极靴、圆柱形铁心。

可动部分：绕在铝框上的线圈、线圈两端的轴、指针、平衡重物、游丝。

永久磁铁置于可动线圈外面，可动线圈位于永久磁铁当中。

整个可动部分被支承在轴承上。

2）工作原理

永久磁铁的磁场与通有直流电流的可动线圈相互作用而产生偏转力矩，使可动线圈（简称动圈）发生偏转。同时与动圈固定在一起的游丝因动圈偏转而发生变形，产生反作用力矩。当反作用力矩与转动力矩相等的时候，活动部分最终将停留在相应的位置，指针在标度尺上指出被测量的数值。指针的偏转角与通过动圈的电流成正比。因此，标尺上的刻度是均匀的（即线性标尺）。如果线圈中通

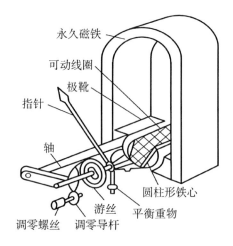

图 10-1　磁电式仪表的原理结构

入的是交流电，则因电流方向的不断改变，使线圈的平均转矩为零，指针就无法偏转，所以磁电式仪表只能用来测量直流电压、电流。要测量交流电时必须先经过整流。

3）优缺点

磁电式仪表准确度高，耗能小，刻度均匀，但过载能力差，价格较高。

2. 电磁式仪表

1）结构

电磁式仪表的原理结构如图 10-2 所示。

固定部分：固定线圈、固定铁片。

可动部分：可动铁片、转动轴、指针、游丝、零位调整装置。

2）工作原理

当电流通入电磁式仪表后，载流线圈产生磁场，线圈内的可动铁片和固定铁片均被磁化，铁片间产生一个推斥力，使可动铁片转动，同时带动转轴与指针一起偏转。偏转力矩与通入电流的平方成正比，刻度是非线性的。电磁式仪表能够测量交流电或直流电。

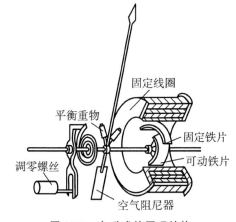

图 10-2　电磁式的原理结构

3）优缺点

电磁式仪表结构简单，成本低，过载能力强。但灵敏度较低，功耗较大，表盘刻度不均匀。

3. 电动式仪表

1）结构

电动式仪表的原理结构如图 10-3 所示。

固定部分：固定线圈。

可动部分：可动线圈、转动轴、指针、游丝、零位调整装置。

2）工作原理

可动线圈置于固定线圈之内，装在转轴上，当固定线圈通过电流和可动线圈通过电流时，固定线圈产生磁场，可动线圈和该磁场相互作用产生转动力矩，带动指针偏转指示出被测量值的大小。反作用力矩也由游丝产生，阻尼力矩由阻尼片在空气阻尼盒内的运动产生。转动力矩的大小与通过两线圈电流的乘积成正比。可动部分的偏转角可以衡量两线圈电流乘积的大小。

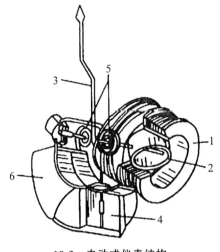

10-3　电动式仪表结构

1. 固定线圈；**2.** 可动线圈；**3.** 指针；

4. 阻尼片；**5.** 游丝；**6.** 阻尼盒

3）优缺点

电动式仪表可用在交流或直流电路中测量电流、电压和功率，准确度比电磁式仪表高。由于线圈工作磁场很弱，故易受外磁场影响；刻度不均匀，成本较高。

4. 电度表及电能的测量

用于测量负载在一定时间内所耗电能的仪表叫电度表。有单相电度表和三相电度表二种。其规格有：2A,4A,5A,10A,20A 等。

本节只介绍单相电度表，单相电度表外形如图 10-4 所示。

图 **10-4**　电度表外形

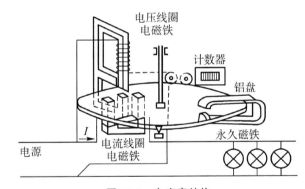

图 **10-5**　电度表结构

1）结构

如图 10-5 所示。两个电磁铁：一个线圈匝数多、线径小，与被测电路并联称为电压线圈；另一个线圈匝数少、线径大，与被测电路串联称为电流线圈。

一个铝盘：在电磁铁中因电磁感应产生感应电流，因而在磁场力作用下旋转。

一套计数机构：可在铝盘的带动下转动，改变电度表面板上的读数。电路中负载越大，电流越大，铝盘旋转越快，单位时间内读数越大，所消耗的电能越多。

2）电度表读数

在电度表面板上方有一个长方形的窗口，窗口内装有机械式计数器，从左到右依次为千、百、十、个和十分位，如图 10-6 所示。两次读数之差即为所用电的度数。

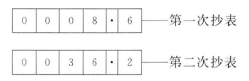

图 10-6 电度表读数

3)电度表的接线

电度表有四个接线桩,从左到右按 1,2,3,4 编号。直接接线方法一般有两种。

(1)按编号 1,3 接进线(1 接相线,3 接零线),2,4 接出线(2 接相线,4 接零线)。

(2)按编号 1,2 接进线(1 接相线,2 接零线),3,4 接出线(3 接相线,4 接零线)。

4)电度表的选用

选用时应注意与用户所使用的电器的总电流相匹配。

10.2 万用表

万用表是一种多用途的电表,可以用来测量电流、电压、电阻、电容量、电感量、β 值和音频电平等,也可用于判断三极管的类型和二极管的极性,是电工测量中最常用的一种仪表。目前万用表有指针式及数字式两种。

10.2.1 指针式万用表及其使用

1. 指针式万用表的面板

指针式万用表的面板有转换开关、表笔插孔、机械调零旋钮、零欧姆调节旋钮及刻度盘等组成。如图 10-7 所示。

MF47 型万用表表盘印有六条标度尺:最上面的是电阻刻度标尺,用"Ω"表示;第二条线从上到下依次是直流电压、交流电压及直流电流公共刻度尺,用"V"和"mA"表示;第三条线是测晶体管共发射极直流电流放大系数刻度标尺,用"h_{FE}"表示;第四条线是测电容容量刻度标尺,用 $C(\mu F)50H_z$ 表示;第五条线是测电感量刻度标尺,用 $L(H)50H_z$ 表示;最后一条线是测音频电平刻度标尺,用"dB"表示。刻度标尺有反光镜。

图 10-7 MF47 型万用电表

2. 指针式万用表的基本使用方法

1)交流电压的测量

(1)根据被测量的大小,将转换开关转至"V"挡位适当的量程上。大于 1000V 时,红表笔改插至 2500V 插孔中。

(2)表笔与被测电路并联。

(3)读数:第二条刻度线的下方有三个不同的标度数值,根据所选量程选择合适的标度数值。电压测量值等于每格表示的电压值乘以指针指示的格数。

注意:该仪表不得用于测量高于 1000V 的交流电压。若误用电流或电阻挡,轻则打弯指针,重则烧坏表头。

2)直流电压的测量

(1)根据被测量的大小,选择合适的直流电压挡位。

(2)表笔与被测电路并联,红表笔接被测电路高电位端,黑表笔接被测电路低电位端(读数同交流电压)。

注意:该仪表不得用于测量高于1000V的直流电压。

测直流电压时若误选交流电压挡,读数可能偏高也可能为零;

若误选电流或电阻挡,仍然会造成打弯指针或烧毁表头。

如果误用直流电压挡去测交流电压,那么表针不动或略微抖动。如果误用交流电压挡去测直流电压,则读数可能偏高一倍,或者读数为零。

3)直流电流的测量

(1)根据被测量的大小,选择合适的直流电流挡位,被测量大于500mA时红表笔改插至10A插孔中。

(2)接通电源,将万用表串入被测电路中,且红表笔接高电位端,黑表笔接低电位端。

注意:如果量程选择不对,过大电流会烧坏万用表。

4)测电阻

根据电阻标称值,将转换开关置于合适的欧姆挡位并调零,然后进行测量。

注意:所选挡位应使指针指在刻度盘满编刻度的2/3附近为宜。

刻度盘上所标的数值乘以相应倍率,即为该电阻的测量值。

严禁在被测电路带电的情况下测量电阻。因为这将使被测电阻两端电压被引入万用表内部测量线路,导致测量误差或损坏表头。

每次换挡后都应调零。调零即是将两表笔短接,用零欧姆调整旋钮将指针调至欧姆零位。

测试时手不要触及表笔金属部分,以保证测量准确度。

在测量某一电路中的电阻时,必须首先切断电路电源(如果被测电阻有并联支路,还应将其电阻的一端断开),以确保电阻中没有电流通过。

不允许用万用表电阻挡直接测量高灵敏度表头内阻。否则将会使流过表头的电流超过其承受能力(微安级)而烧坏表头。

5)电容的检测

用指针式万用表判断电容器质量,可选用$R \times 100$或$R \times 1K$挡。表笔接触电容器两端,指针不摆动,表笔对调再测,仍不动说明电容器断路。表笔接触电容器两端,指针不摆动,表笔对调再测,$R=0$,表示电容器短路。

(1)漏电情况和容量的检测。容量大于$0.047 \mu F$的电容用万用表$R \times 1$或$R \times 100$挡检测,小于$0.047 \mu F$的用$R \times 10K$的检测,容量太小时万用表无反应。

检测时,将红黑表笔接电容两端,观察表针摆动角度,摆幅越大容量越大。摆动至某值后指针回指到∞附近,所示值越大,说明电容漏电阻越大。一般正常的电解电容为数百kΩ以上,其它电容为∞。若所测电容使表针摆幅与正常电容相近,且漏电阻很大,说明电容是好的。测量一次后,最好交换表笔再测一次,这样可以比较电容的质量。

视电解电容器容量大小,通常选用万用表的$R \times 10$,$R \times 100$,$R \times 1K$挡进行测试判断。

红、黑表笔分别接电容器的负正极（每次测试前，需将电容器放电），由表针的偏摆来判断电容器质量。若表针迅速向右摆起，然后慢慢向左退回原位，一般来说电容器是好的。如果表针摆起后不再回转，说明电容器已经击穿。如果表针摆起后逐渐退回到某一位置停位，则说明电容器已经漏电。如果表针摆不起来，说明电容器电解质已经干涸失去容量。

注意：为提高测量精度，可把电容器电容分为三段，分别用三不同的电阻挡位测量，如小于 $10\mu F$ 的可用 10K 挡测量，大于 $100\mu F$ 的用 100K 挡测量，$10\sim100\mu F$ 的用 1k 挡测量。在测量前应该将电容两引脚短接放电。

（2）电解电容极性的判别。我们知道只有电解电容的正端接电源正极（电阻挡时的黑表笔），负端接电源负极（电阻挡时的红红表笔）时，电解电容的漏电流才较小（漏电阻大）。反之，则电解电容的漏电流较大（漏电阻小）。

测量时，先假定某极为"＋"极，让其与万用表的黑表笔相接，另一电极与万用表的红表笔相接，记下表针停止的刻度（表针靠左阻值大），然后将电容器放电（既两根引线碰一下），两只表笔对调，重新进行测量。两次测量中，表针最后停留的位置靠左（阻值大）的那次，黑表笔接的就是电解电容的正极。测量时最好选用 $R\times100$ 或 $R\times1K$ 挡。

3. 使用注意事项

（1）使用前应充分了解万用表的性能和各条标度尺的读法和转换开关等部件的用法并将表头置于机械零位。

（2）根据被测量的大小选择合适的量程。被测量无法估计时应从最大量程逐渐减小到合适挡次。

（3）观察万用表的读数时，视线应正对着表针。若表盘上有反射镜子，眼睛看到的表针应与镜子里的影子相重合。

（4）测量高电压或大电流时，不能带电旋转量程开关，以防止触头产生火花，损伤或烧坏转换开关。

（5）万用表使用完毕，应将转换开关旋至交流最高电压挡或者拨至 OFF 挡上，这样可防止由于无意中将两表笔碰到一起造成短路，引起电池消耗。应在干燥、无震动、无强磁场、环境温度适宜的条件下使用和保存万用表，对长期不用的万用表应将电池取出。

10.2.2 数字万用表

数字式万用表结构精密、性能稳定、可靠性高、使用方便，由测量线路及相关元器件、液晶显示器、插孔和转换开关组成。DT890 型万用表外形如图 10-8 所示。

数字万用表可测量的电量有：电压、电流、电阻、电容、二极管正向压降以及三极管直流放大倍数等，有的表还附有交直流大电流（10A）测量各一挡，还具有自动调零和显示极性的功能、超量程和电池低电压显示功能。并设有过

图 10-8　DT890 数字万用电表

电流过熔保险丝和过载保护等元件。数字万用表所能测量的量程挡可从万用表的表盘刻度上看出。现以 DT890 型数字万用表为例介绍数字万用表使用方法。

1. 数字式万用表的基本使用方法

1）直流电压的测量

（1）将黑表笔插入 COM 插孔，红表笔插入 V/Ω 插孔。

（2）根据被测量的大约数值，将转换开关转至"DCV"范围内适当的挡位上，黑表笔置于"COM"插口（以下各种测量，黑表笔的位置不变），红表笔插于"V/Ω"插口，电源开关推至"ON"位置。两表笔接触测量点之后，显示屏上便出现测量值。若量程开关置于"200m"挡位，屏幕上的显示值以"mV"为单位；置于其他四挡时，显示值以"V"为单位。

（3）表笔与被测电路并联，一般要求红表笔接被测电路高电位端，黑表笔接被测电路低电位端。若接反时，数字万用表能自动显示极性。

注意：该仪表不得测量高于 1000V 的直流电压。

2）交流电压的测量

（1）表笔插法同"直流电压测量"。

（2）将转换开关置于交流电压范围合适量程。

（3）测量时表笔与被测电路并联且红、黑表笔不分极性。

注意：该仪表不得测量高于 700V 的交流电压。

3）直流电流的测量

（1）将黑表笔插入 COM 插孔，测量最大值不超过 200mA 电流时，红表笔插"A"插孔；测 200mA～10A 范围电流时，红表笔应插"10A"插孔。

（2）接通电源，把表串入要测量的电路中，即可显示出读数。当量程开关置于"200m"，"20m"或"2mA"三挡，红表笔置于"A"插口时，显示屏上的读数以"mA"为单位；当转换开关置于"10"，红表笔置于"10A"插口时，其读数以"A"为单位。

（3）将该仪表串入被测线路且红表笔接高电位端，黑表笔接低电位端。

注意：如果量程选择过小，电流就会烧坏熔断器。

4）交流电流的测量

（1）表笔插法同"直流电流测量"。

（2）将转换开关置于交流电流范围合适量程。

（3）测量时表笔与被测电路串联且红、黑表笔不分极性。

5）电阻的测量

（1）将黑表笔插入 COM 插孔，红表笔插入 V/Ω 插孔。

（2）将转换开关置于 Ω 挡，根据所测值选择合适的量程，红表笔置于"V/Ω"插口，接通电源便可进行测量。当量程开关置于"2M"、"20M"或"200M"上时，显示的数字以"MΩ"（兆欧）为单位；当量程开关置于"200k"，"20k"或"2k"上时，显示的数字以"kΩ"为单位；当量程开关置于"200"上时，显示的值以"Ω"为单位。

（3）表笔与被测电路并联。注意：表中读数为阻值，无需乘倍率。测大于 1MΩ 电阻时，要几秒钟的稳定时间。严禁被测电阻带电。

6）电容的检测

将功能转换开关拨至"CAP（电容）挡"，选择合适的量程，将被测电容插入电容插座中，即显示电容值。只能直接测量小于 20μF 的电容。

不能带电测在线电容；测电容前一定要先放电；电容要插稳插牢后测量；不能用数字表

观察充放电。

7)二极管的测量

将功能转换开关拨至二极管(二极管图标)挡,红表笔插入"V/Ω"插孔,黑表笔插入"COM"插孔,红表笔接二极管正极,黑表笔接二极管负极,显示器将选示二极管的正向导通压降,调换表笔,显示器显示"1"则为正常。否则二极管反向漏电大。用来测量通断状态时,当被测点间的电阻低如 30Ω 时,蜂鸣器会发声表示通导状态。

8)三极管 h_{FE} 的测量

将功能转换开关拨至 h_{FE} 挡,将已知 PNP 型或 NPN 型三极管的三只引脚分别插入仪表面板上对应的插孔,显示器将显示 h_{FE} 的近似值。测试条件为 $V_{CE} \approx 3V, I_B \approx 10\mu A$。

9)检查电路通断

将转换开关转至有蜂鸣发声符号的位置,黑表笔置于"COM",红表笔置于"V·Ω"插口,接通万用表电源,将表笔触及被测电路。若两只表笔间电路的电阻值小于 20Ω,则仪表内的蜂鸣器发出叫声,说明电路是接通的。反之,若听不到声音,则表示电路不通或接触不良。

2. 使用注意事项

数字万用表使用中要严格按说明书规定的使用条件和方法,同时还要注意以下事项:

(1)将电源开关置于 ON 状态,液晶显示器应有符号显示。若此时显示电池符号,则表示电池电压不足,应更换表内的电池。

(2)表笔插孔旁的 $\triangle$ 符号,表示测量时输入电流、电压不得超过量程规定值,否则将损坏内部测量线路。

(3)测量前转换开关应置于所需量程。

(4)若显示器只显示"1",表示量程选择偏小,转换开关应置于更高量程。

(5)在高电压线路上测量电流、电压时,应注意人身安全。

(6)数字万用表一般只能测 10～20kHz 的低频信号,不能测高频信号。如果工作频率超过 20kHz,测量误差就迅速增大,无法保证 1.0% 的精度。

(7)仪表要轻拿轻放,防止跌落和挤压。

(8)测量完毕应将万用表电源开关置于 OFF 位置,将功能转换开关拨至交流电压最高挡。

10.3 钳形电流表

钳形电流表在测电流时不用切断电路把电流表串联接入被测电路,可在电路工作时在线测量,是一种便携式仪表。

10.3.1 钳形电流表的分类与结构

钳形电流表可分为互感器式钳形电流表、电磁系钳形电流表、数字式钳形电流表三大类。

其中互感器式钳形电流表由电流互感器和带整流装置的磁电系表头组成。

电磁系钳形电流表是由一只电磁式电流表和一只穿心式电流互感器组成,穿心式电流互感器的二次绕组缠绕在铁心上且与电流表相连,它的一次绕组即为穿过互感器中心的被测导线,旋钮实际上是一个量程选择开关,扳手的作用是开合穿心式互感器铁心的可动部分,以便使其钳入被测导线,如图 10-10 所示。

图 10-9　数字钳形表外形图

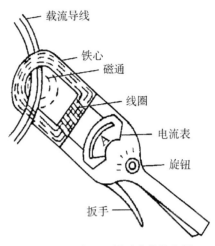

载流导线

铁心

磁通

线圈

电流表

旋钮

扳手

图 10-10　电磁系钳形表的结构图

　　数字式钳形电流表由二部分组成,其一是输入与变换部分,它的作用是采集信号;其二是 A/D 转换电路与显示部分。

10.3.2　钳形电流表的使用

　　测量电流时,按动扳手,打开钳口,将被测载流导线置于穿心式电流互感受器的中间,当被测导线中有交变电流通过时,交流电流的磁通在互感器二次绕组中感应出电流,该电流通过电磁式电流表的线圈,使指针发生偏转,在表盘标度尺上指出被测电流值。

　　测量前应注意调零。检查钳口的开合情况,要求钳口开合自如,两边钳口结合面接触紧密。正确选择量程,尽量让被测值超过中间刻度。当被测电路电流太小时,为提高精确度,可将被测载流导线在钳口部分的铁心柱上缠绕几圈后进行测量,将指针指示数除以穿入钳口内导线根数即得实际电流值。测量时,应使被测导线置于钳口内中心位置,以利于减小测量误差。钳形表不用时,应将量程选择旋钮旋至最高量程挡。

10.4　功率表

　　功率表用于测量直流电路和交流电路的功率,又称电力表或瓦特表(外形见图 10-11)。在交流电路中,由于测量电流的相数不同,又分为单相功率表和三相功率表。

10.4.1　功率表的结构

　　电功率由电路中的电压和电流决定,因此用来测量电功率的仪表有两个线圈,分别是电压线圈和电流线圈。

　　功率表大多采用电动式仪表的测量机构。它的固定

图 10-11　功率表的外形图

线圈导线较粗,匝数较少,称为电流线圈;可动线圈导线较细,匝数较多,串有一定的附加电阻,称为电压线圈。

线圈标有"*"的端应接电源,另一端接负载。电压线圈上标有"*"的电压端钮可以接至电流线圈的任一端,电压线圈的另一端则跨接至负载另一端,即电压线圈"*"端有前接和后接之分,如图 10-12 所示。

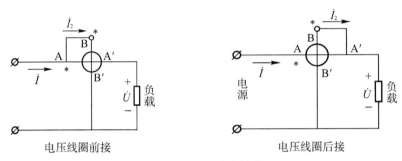

图 10-12　功率表的接线

10.4.2　直流功率和单相交流功率的测量

直流电功率可以用电压表和电流表间接测量求得,也可用功率表直接测量。接线方法同上,电流线圈应与负载串联,电压线圈(包括附加电阻)应与负载并联。特别要注意的是电流线圈和电压线圈的始端标记"*",应把这两个始端接于电源的同一侧,使通过这两个基本点接线端电流的参考方向同为流进或流出,否则指针将要反转。

功率表的电压线圈和电流线圈均各有几个量程。改变电压量程的方法和伏特计一样,即是用改变分压器的串联电阻值来扩大量程。电压一般有两个或三个量程。而电流线圈常常是由两个相同的线圈组成。当两个线圈并联时,电流量程要比串联时扩大一倍。因电流有两个量程,所以使用瓦特表测量功率时,要根据被测电压的大小选择瓦特表的电压量程,又要根据被测电流的大小选择电流量程(即电流线圈串联或并联)。由于功率表是多量限的,所以它的标度尺只标有分格数。在选用不同的电流量程和电压量程时,每一分格代表不同的瓦特数。因此在使用功率表时,要注意被测量的实际值与指针读数之间的换算关系。

假定在测量时,功率表指针读数为 α 格,则被测功率的数值(单位用瓦)应为

$$P = c \cdot \alpha \qquad (10\text{-}6)$$

其中 C 为功率表的分格常数,单位为瓦/格。

$$C = \frac{V_N I_N}{\alpha_N} \qquad (10\text{-}7)$$

式中:α_N 为功率表标度尺的满刻度的格数;V_N 为所使用的电压线圈的额定值(标注在电压线圈的接线端钮旁边);I_N 为所使用的电流线圈的额定值。

标注在表盖上,而在表盖上有四个电流接线钮,用两片金属联接片串联或并联来改变电流额定值。

单相交流功率测量时的接线和读数方法与测量直流功率时完全相同。

【**例 10-2**】　某功率表的满刻度格数为 1250,现选用电压为 250V、电流为 10A 的量程,读得指针偏转的刻度值为 400,求被测功率为多少?

【解】 功率表的分格系数为 $C = \dfrac{V_N I_N}{\alpha_N} = \dfrac{250 \times 10\,\text{W}}{1250\,\text{格}} = 2 \left(\dfrac{\text{W}}{\text{格}} \right)$

所以被测功率为 $P = c \cdot \alpha = 2 \times 400\,\text{W} = 800\,\text{W}$。

10.4.3 三相电路功率的测量

1. 用三个单相功率表测三相四线制电路的功率

在不对称的三相四线制电路中,可用三个单相功率表测三相四线制电路功率。接线图如图 10-13 所示。

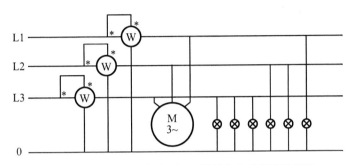

图 10-13 单相功率表测三相四线制电路功率的接线图

这时电路的总功率为三只功率表读数之和

$$P = P_1 + P_2 + P_3 \tag{10-8}$$

2. 用两只单相功率表测三相三线制电路的功率

用两只单相功率表测三相三线制电路功率的接线图如图 10-14 所示。

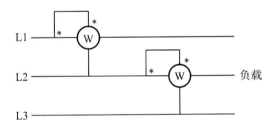

图 10-14 两只单相功率表测三相三线制电路功率

电路总功率为两只单相功率表读数之和,即

$$P = P_1 + P_2 \tag{10-9}$$

3. 用一只单相功率表测三相电路的功率

在对称的三相交流电路中,可用一只单相功率表测出其中一相的功率,再乘以 3 就能得到三相总功率。

4. 用一只三相功率表测三相电路的功率

相当于两只单相功率表的组合,它有两只电流线圈和两只电压线圈,其内部接线与两只单相功率表测三相三线制电路功率的接线相同。其接线如图 10-15 所示。

10.4.4 功率表使用注意事项

选用功率表时应注意功率表的电流量程应大于被测电路的最大工作电流,电压量程也应大于被测电路的最高工作电压。

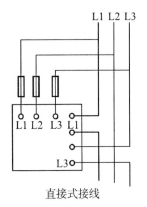 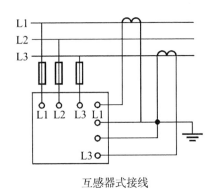

直接式接线   互感器式接线

图 10-15 　一只三相功率表测三相电路的功率

功率表的表盘刻度只标明分格数,往往不标明瓦特数。不同电流量程和电压量程的功率表,每个分格所代表瓦数不一样,在测量时,应将指针所示分格数乘上分格常数,才能得到被测电路的实际功率。

10.5　兆欧表

兆欧表又称摇表,是一种测量电气设备及电路绝缘电阻的仪表。

10.5.1　兆欧表的结构与工作原理

兆欧表有机电式(指针式)兆欧表和数字式兆欧表两类。因机电式兆欧表使用较为广泛,本节主要介绍机电式兆欧表。图 10-16 分别是这两类表的外形。

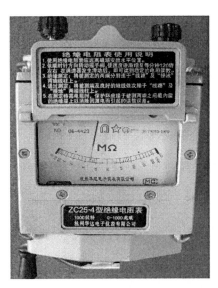 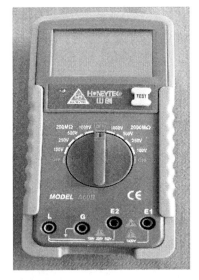

图 10-16 　兆欧表的外形图

机电式兆欧表主要由三个部分组成:一个作为电源的手摇发电机(有的用交流发电机加整流器)、作为测量机构的磁电式流比计和三个接线柱(L:线路端、E:接地端、G:屏蔽端)。测量时,摇动手柄,直流发电机向磁电式比流计的两个线圈及被测电阻 R_x 输出电流,可动线圈在电磁转矩作用下带动指针偏转,指示出被测电阻的阻值。指针的偏转角度只与两个线圈中流过的电流的比值有关,与电源电压无关;测量过程实际上是给被测物加上直流电压,测量其通过的泄漏电流,在表的盘面上读到的是经过换算的绝缘电阻值。工作原理示意如图 10-17 所示。

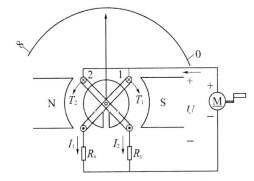

图 10-17　兆欧表的工作原理示意图

数字兆欧表由高压发生器、测量桥路和自动量程切换显示电路三部分组成。具有读数清晰直观、测量范围宽、分辨率高、输出电压稳定、使用寿命长、体积小、重量轻、便于携带、测量的准确度高、附加功能优越等优点。

10.5.2　兆欧表的使用

1. 兆欧表的选用

常用规格有:250V,500V,1000V,2500V 和 5000V。测量范围有 0～200MΩ,0～500MΩ,0～1000MΩ,0～2000MΩ 等几种。

选用兆欧表时主要从输出电压及测量范围两方面进行考虑,高压设备和电路应选用电压高的兆欧表,低压设备和电路可选用低压的兆欧表。表 10-2 列出了兆欧表的额定电压和量程选择参数。

表 10-2　兆欧表的额定电压和量程选择

被测对象	设备的额定电压/V	兆欧表的额定电压/V	兆欧表的量程/MΩ
线圈绝缘电阻	500 以下	500	0～200
变压器和电动机线圈的绝缘阻	500 以上	1000～2500	0～200
发电机线圈的绝缘电阻	500 以下	1000	0～200
低压电器设备的绝缘电阻	500 以下	500～1000	0～200
高压电器设备的绝缘电阻	500 以上	2500	0～2000
瓷瓶、高压电缆、刀闸	—	2500～5000	0～2000

2. 兆欧表的使用方法

1)使用前应首先检查兆欧表是否能正常工作可分两步进行

(1)空摇兆欧表,指针应指到∞。

(2)慢慢摇动手柄,使 L 和 E 瞬时短接,指针应迅速指零。

然后切断被测电路或设备的电源;对被测电路或设备放电。

2)测量过程

(1)将兆欧表置于平衡牢固的地方。

(2)正确接线。

接线柱:"E"(接地)、"L"(线路)和"G"(保护环或称屏蔽端子)。保护环的作用是消除表壳表面"L"和"E"接线柱间的漏电和被测绝缘物表面漏电的影响。

测线路绝缘电阻:"L"接待测部位,"E"接设备外壳。如图 10-18 所示。

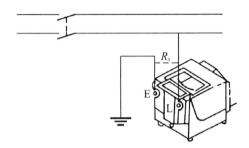

图 10-18　测线路绝缘电阻时的接线

测电机的绝缘电阻:"L"接待测绕组,"E"接电机外壳。若测两绕组间的绝缘电阻,两接线端分别接两绕组接线端。如图 10-19 所示。

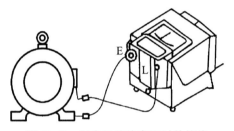

图 10-19　测电机绝缘电阻时的接线

测电缆的绝缘电阻:"L"接线芯,"E"接外壳,"G"接线心与外壳间的绝缘层。如图 10-20 所示。

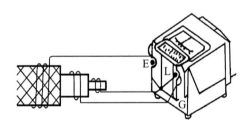

图 10-20　测电缆绝缘电阻时的接线

(3)测量时摇动手柄的转速要均匀,一般规定为 120r/min,误差不应超过 ±25%。摇动 1min 指针稳定后再读数,若测量中发现指针指零,应立即停止摇动。

3)使用注意事项

(1)测量完毕后,应对被测设备或电路充分放电。

(2)禁止在雷电时或附近有高压导体的设备上测量绝缘,只有在设备不带电又不可能受到其他电源感应而带电时,才能进行测量。

(3)兆欧表摇动时和未停止转动及被测设备未放电之前,不可用手去触及设备的测量部分或摇表接线柱,以防触电。拆线时,也不要触及引线的金属部分。

(4)定期对兆欧表进行校验。

小　结

(1)仪表的准确度是指最大绝对误差与满标值的比值。指示仪表按准确度分为 0.1, 0.2,0.5,1.0,2.0,2.5 和 5.0 七个等级。级数越小,准确度越高。

对于同一准确度的仪表,被测值越接近于仪表的满标值(即量程),则测量的相对误差越小。通常取满标值为被测值的 1.5～2 倍为宜。

(2)指示仪表主要有驱动装置、反作用装置和阻尼装置三部分组成。指示仪表按驱动原理分为磁电式、电磁式和电动式三种。

磁电式仪表的驱动装置由固定的永久磁铁和可动线圈构成,利用永久磁铁对载流线圈的作用产生驱动力矩;电磁式仪表的驱动装置由固定线圈和可动铁片构成,利用通电线圈对铁片的作用产生驱动力矩;电动式仪表的驱动装置由固定线圈和可动线圈构成,利用两个线圈的互相作用产生驱动力矩。他们的反作用力矩一般都由螺旋弹簧(游丝)产生。

(3)测量直流电流、电压一般用磁电式仪表,接线时要注意端子的正负极,改变量程的方法分别是改变分流器和倍压器的阻值。

测量交流电流、电压一般用电磁式仪表,要求高的则用电动式仪表。扩大量程的方法可分别使用电流互感器和电压互感器,也常用两组线圈的串、并联来改变电流表的量程。

测量电功率一般用电动式仪表,接线时要注意电流线圈的始端和电压线圈的始端要接于电源的同一端。单相交流电功率的测量方法与直流电功率一样。三相对称负载可用一表法测量,三相三线制可用二表法测量,三相不对称四线制则要三表法测量。

磁电式仪表刻度均匀,准确度高,只能用来测量直流电(测交流时需经过整流),且过载能力差,价格较贵,电磁式仪表价格低廉,交直流都可用,过载能力强,但刻度不均匀,准确度不高;电动式仪表,交直流都可用,准确度比电磁式仪表高,但过载能力不强,价格较高,刻度也不均匀。

磁电式仪表主要用作直流表、电压表和万用表的表头;电磁式仪表主要用作工频交流电流表、电压表;电动式仪表主要用作功率表。

(4)万用表是一种多用途、多量程的常用电工仪表,特别适用于供电线路和电气设备的检修,有指针式和数字式两种。

使用万用表时应注意转换开关所选用的测量种类和量程,以免因误用而损坏。使用完毕后,应将转换开关转到高电压挡。数字式万用表还应将电源开关断开。

(5)兆欧表是用来测量电气设备绝缘电阻的仪表,它的特点是本身带有高压手摇发电机。一般应选兆欧表的额定电压略高于被测设备的额定电压。兆欧表上有三个接线端钮,一般应把被测绝缘电阻接于"E"、"L"端钮之间。测量时以 120r/min 左右的转速摇动手柄,并读取数据。在兆欧表没有停止转动,设备尚未放电前,不可用手去触及设备的测量部分或摇表接线柱,以防触电。

习　题　十

10.1　用电动式仪表测功率时,固定线圈应与负载＿＿＿＿＿,可动线圈应与负载＿＿＿＿＿。

10.2　一个量程为 5A 的电流表,内阻 $R_g＝0.2\Omega$,若误将该电流表接到电压为 220V 的电源上,电流表中将通过＿＿＿＿＿＿A 的电流,该表将被＿＿＿＿＿＿。

10.3 使用万用表测量电流前,若无法估计,电流的范围应将万用表的电流量程置于_____;用表笔搭测直流电流时,电流应从_____流入;从_____流出;使用中不允许_____量程开关,也不允许用手触摸_____,以防触电。

10.4 使用万用表测量电阻时首先应该_____,测量完毕应将转换开关拨到交流电压_____挡上或_____挡位置。

10.5 测量电流时,通常要求电流表的内阻越小越好,故应_____联于被测电路中。

10.6 测量电压时,要求电压表的内阻越大越好,故应_____联于被测电路中。

10.7 测量某实际值为 10V 的电压时,电压表的指示值为 9.9V,则该测量结果的绝对误差为( ),相对误差为 -1%。

      A. $+1$ B. -1 C. 0.5

10.8 交流电压表及电流表指示的数值是( )

      A. 平均值   B. 有效值   C. 最大值

10.9 兆欧表有三个接线端,分别标有 L,E 和 G 字母,测量电缆的对地绝缘电阻时,其屏蔽层应接( )

      A. L   B. E   C. G

10.10 有一只万用表头、额定电流 $I_N = 100\mu A$,内阻 $R = 2k\Omega$。

(1)要使此表测量电压的量程扩大到 100V,需串一只多大的电阻?

(2)若将表改为可测 5A 的电流表,需并联一个多大的分流电阻?

模块二　电工技术基础训练

11　项目一　直流电路的探究

11.1　任务一　基尔霍夫定律

11.1.1　训练目标

（1）学会使用实验来探究基尔霍夫定律，加深对基尔霍夫定律的理解。

（2）熟练使用电工仪器、仪表。

11.1.2　训练器材

（1）电源：直流稳压电源两台（0～20V）。

（2）元件：100Ω 电阻 1 个，200Ω 电阻 2 个，300Ω 电阻 1 个，500Ω 电阻 1 个（注：也可采用实验台或实验箱上的直流电路单元板）。

（3）仪表：万用表一块、直流电流表一块（0～50mA）和直流电压表一块（0～20V）。

（4）工具：电工刀、尖嘴钳、螺丝刀等。

（5）自制实训线路板 1 块。

（6）导线若干。

11.1.3　相关知识

1. 基尔霍夫电流定律（KCL）

对于电路中的任意节点，在任意瞬间流入该节点的电流之和等于流出该节点的电流之和，即

$$\sum I = 0 \tag{11-1}$$

2. 基尔霍夫电压定律（KVL）

在任意瞬间，沿电路中的任一回路，各元件两端电压的代数和恒为零，即

$$\sum U = 0 \tag{11-2}$$

11.1.4　操作训练

1. 连接电路

在实训线路板上按图 11-1 所示接好电路，将稳压电源 U_{S1} 的输出电压调到 10V，U_{S2} 的输出电压调到 8V。

注意：稳压电源的极性要连接正确。

2. 探究基尔霍夫电流定律

（1）由电路的已知参数及电流的参考方向，计算各支路电流 I_1, I_2, I_3，并填入表

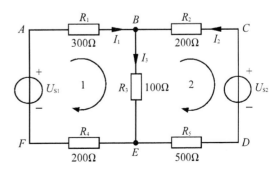

图 11-1　基尔霍夫定律操作训练电路图

11-1 中(计算值的求解可在课前预习中完成)。

(2)将直流电流表串联在电路中,依次测出 I_1, I_2, I_3 的电流,并填入表 11-1 中,根据 KCL 定律算出 B 节点电流的代数和。

表 11-1 探究基尔霍夫电流定律记录表

电流/mA	计算值	测量值	误差
I_1			
I_2			
I_3			
$\sum I$			

(3)将实际测量值与计算值进行比较,如有误差,请分析误差产生的原因。

注意:在测量过程中,如遇电流表指针反偏,应立即交换电流表的正负极性,使指针正偏,这时的读数应取负值。

3. 探究基尔霍夫电压定律

(1)由电路的已知参数,分别计算出 U_{AB}, U_{BE}, U_{EF}, U_{FA}, U_{BC}, U_{CD}, U_{DE}, U_{EB},填入表 11-2 中。

(2)取回路 1 作为探究对象,用电压表依次测出 U_{AB}, U_{BE}, U_{EF}, U_{FA};取回路 2 作为探究对象,依次测出 U_{BC}, U_{CD}, U_{DE}, U_{EB},将测量结果填入表 11-2 中,并计算出回路的电压代数和 $\sum U$。

(3)将实际测量值与计算值进行比较,如有误差,请分析误差产生的原因。

表 11-2 探究基尔霍夫电压电律记录表

电压/V	U_{AB}	U_{BE}	U_{EF}	U_{FA}	回路 1 $\sum U$	U_{BC}	U_{CD}	U_{DE}	U_{EB}	回路 2 $\sum U$
计算值										
测量值										
误差										

注意:①测量某元件两端电压时,电压表应与该元件并联;②当电压表的正负极性与选取电压的参考方向一致时,取正值,反之,取负值。

11.1.5 思考与实践报告

(1)训练中,若用指针式万用表直流毫安挡测各支路电流,在什么情况下可能出现指针反偏,应如何处理?

(2)改变电流或电压的参考方向,对探究基尔霍夫定律有影响吗? 为什么?

(3)根据训练相关要求完成实践报告。

11.2 任务二 叠加原理

11.2.1 训练目标

(1)学会用实验来探究叠加原理,加深对线性电路叠加性和齐次性的理解。

（2）熟练使用电工仪器、仪表。

11.2.2 训练器材

（1）电源：直流稳压电源两台（0～20V）。

（2）元件：100Ω 电阻 1 个，200Ω 电阻 2 个，300Ω 电阻 1 个，500Ω 电阻 1 个（注：也可采用实验台或实验箱上的直流电路单元板）。

（3）仪表：万用表一块、直流电流表一块（0～50mA）和直流电压表一块（0～20V）。

（4）工具：电工刀、尖嘴钳、螺丝刀等。

（5）自制实训线路板 1 块。

（6）导线若干。

11.2.3 相关知识

叠加定理：对于任一线性电路的任一支路，其电压或电流都可以看成电路中各个独立电源（电压源或电流源）单独作用时，在该支路所产生的电压或电流的代数和。

线性电路的齐次性是指当激励信号（某独立电源的值）增加或减小 k 倍时，电路的响应（即在电路其它各电阻元件上所建立的电流和电压值）也将增加或减小 k 倍。

11.2.4 操作训练

1. 连接电路

在实训线路板上按图 11-2 所示接好电路，将稳压电源 U_{S1} 的输出电压调到 10V，U_{S2} 的输出电压调到 8V。

注意：稳压电源的极性要连接正确。

2. 探究叠加定理

（1）当 U_{S2} 单独作用时，此时 U_{S2} 用导线代替，用电流表依次测出各支路电流，电压表测出电阻元件两端的电压，将测量结果记入表 11-3 中。

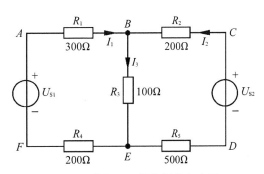

图 11-2 叠加原理操作训练电路图

（2）当 U_{S2} 单独作用时，此时 U_{S1} 用导线代替，重复训练步骤（1）的测量，并记录。

（3）U_{S1}，U_{S2} 共同作用时，重复上述测量，并记录。

（4）将 U_{S2} 调至 +16V，重复训练步骤（2）的测量并记录。

表 11-3 探究叠加原理记录表

测量项目	I_1/mA	I_2/mA	I_3/mA	U_{AB}/V	U_{BC}/V	U_{BE}/V	U_{DE}/V	U_{EF}/V
U_{S1} 单独作用								
U_{S2} 单独作用								
U_{S1}，U_{S2} 共同作用								
$2U_{S2}$ 单独作用								

注意：单个电源作用时，其它的电压源短路，电流源开路。

11.2.5 思考与实践报告

(1)训练中,对不起作用的电压源和电流源应如何处理?

(2)训练中,若将一个电阻换成二极管,试问叠加定理的叠加性和齐次性还成立吗?

(3)根据训练相关要求完成实践报告。

11.3 任务三 戴维南定理

11.3.1 训练目标

(1)用实验方法探究戴维南定理的正确性。

(2)学习线性有源电阻性二端网络等效电路参数的测量方法。

11.3.2 训练器材

(1)电源:直流稳压电源两台(0~20V)。

(2)元件:300Ω 电阻 1 个,200Ω 电阻 1 个,500Ω 电阻 1 个,0~9999.9Ω 电阻箱一个。(注:也可采用实验台或实验箱上的直流电路单元板)

(3)仪表:万用表一块、直流电流表一块(0~50mA)和直流电压表一块(0~20V)。

(4)工具:电工刀、尖嘴钳、螺丝刀等。

(5)自制实训线路板 1 块。

(6)导线若干。

11.3.3 相关知识

任何线性有源电阻性二端网络 N,可以用电压为 U_{OC} 的理想电压源与阻值为 R_0 的电阻串联的电路模型来替代。其电压 U_{OC} 等于该网络 N 端口开路时的端电压,R_0 等于该网络 N 中所有独立电源置零时从端口看进去的等效电阻。这就是戴维南定理。

关于戴维南定理,可用图 11-3 作进一步说明:设 N 为线性有源电阻性二端网络,N_0 为 N 中所有独立电源置零后的线性电阻网络。对 N,求出 a,b 间开路时的电压 U_{OC},如图 11-3(a)所示。对 N_0,求出 a,b 间等效电阻 R_0,如图 11-3(b)所示。则网络 N 被等效为图 11-3(c)所示的电压源模型。

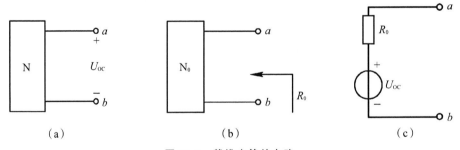

图 11-3 戴维南等效电路

11.3.4 操作训练

1. 测量有源电阻性二端网络的外特性

在实训线路板上按图 11-4 所示接好电路,将稳压电源 U_{S1} 的输出电压调到 10V。改变 R_L,测量对应的电流和电压值,数据填入表 11-4 中。

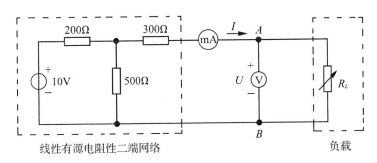

图 11-4 戴维南定理操作训练电路图

表 11-4 线性有源电阻性二端网络的外特性

R_L/Ω	0(短路)	100	200	300	500	700	800	∞(开路)
I/mA								
U/V								

注意:①电路中的负载 R_L 用电阻箱代替;②特别注意要测出 $R_L=0$ 和 $R_L=\infty$ 时的电压和电流。

2. 测量无源二端网络的等效电阻 R_0

将电压源去掉(短路),再将负载开路,用伏安法或直接用万用表电阻挡测量 A、B 两点间的总电阻 R_{AB},此电阻即为该网络的等效电阻 R_0,将测量结果填入表 11-5 中。

表 11-5 无源二端网络的等效电阻 R_0

电阻	1	2	3	平均值
R_0/Ω				

注意:测量无源二端网络的等效电阻 R_0 时,电路的独立源要去掉,电压源短路,电流源开路。

3. 验证戴维南定理

根据图 11-5 连接电路,测量其外特性,填入表 11-6 中,将步骤"3"和步骤"1"测量的结果相比较。

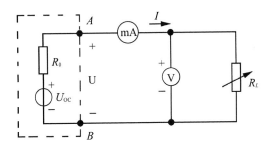

图 11-5 戴维南等效电路

表 11-6 戴维南等效电路

R_L/Ω	0(短路)	100	200	300	500	700	800	∞(开路)
I/mA								
U/V								

注意:图 11-5 中电压源的等效电压 U_{OC} 由步骤"1"测出。R_0 由步骤"2"测出。

五、思考与实践报告

(1)试说明有源电阻性二端网络等效电阻的测量方法,并定性说明它们的优缺点。

(2)根据步骤"1"和"3"测量结果,在同一张坐标纸上做它们的外特性曲线 $U = f(I)$,并分析比较。

(3)归纳总结训练结果。

12　项目二　交流电路的探究

12.1　任务一　日光灯电路及功率因数的提高

12.1.1　训练目标

（1）了解日光灯电路的结构和工作原理。

（2）学习日光灯电路的接线，并了解各元件的作用。

（3）了解提高功率因数的意义和方法。

12.1.2　训练器材

（1）电源：自耦调压器 1 台（0～250V）。

（2）元件：日光灯 1 套，电容 $2.2\mu F$，$4.7\mu F$，$6.8\mu F$ 各 1 个。

（3）仪表：万用表、交流电流表、交流电压表、功率表各 1 块。

（4）工具：电工刀、尖嘴钳、镊子、螺丝刀等。

（5）自制实训线路板 1 块。

（6）导线若干。

12.1.3　相关知识

1. 日光灯电路及各元件作用

日光灯电路见图 12-1 所示。它是由日光灯管、镇流器、启辉器和开关组成。

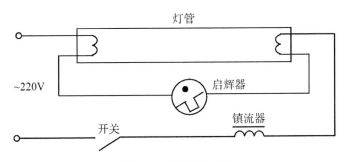

图 12-1　日光灯电路

（1）日光灯管。灯管是一个发光元件。灯管两端引脚插入灯头的金属插孔，灯管引脚在灯管两端各有一对，对外连接交流电源，对内安装有灯丝，灯丝在交流电源作用下发射电子。灯管内抽真空后充入少量的汞蒸汽和少量的惰性气体，例如氩、氖、氛等。

（2）镇流器。镇流器是电感量较大的铁心线圈。它串联在灯管和电源之间，其作用有两个，一是配合启辉器产生瞬间高压使灯管发光，二是在灯管正常发光后起到限制灯管电流的作用。

（3）启辉器。启辉器是一个自动开关。它是一个充满氖气的玻璃泡，其中装有一个固定的静触片和用双金属片制成 U 形的动触片。它的作用是使电路接通和自动断开。为避免启辉器两触片断开时产生火花将触片烧坏，所以在氖气管旁有一种纸质电容器与触片并联。

2. 日光灯工作原理

合上电源开关后，电压先加在启辉器的两个电极上，启辉器在进行辉光放电时产生大量的热量。U 形双金属片受热膨胀变形，将启辉器的两电极接通，此时电流通路见图 12-2（a）

所示,在此电流作用下,一方面灯丝被加热,发射大量电子。另一方面,启辉器两个电极闭合后,辉光放电消失,电极很快冷却,双金属片恢复原始状态而导致电极断开,这段时间实际是灯丝预热过程,一般日光灯约需 0.5～2s。

当启辉器中电极突然切断灯丝预热回路时,镇流器上产生很高的感应电压(800～1500V),叠加在电源电压上,使得灯管两端获得很高的电压,迫使日光灯进入发光工作状态。如果启辉器经过一次闭合、断开,日光灯管仍然不能点亮,启辉器将重复上述动作,直至将灯管点亮。

灯管点亮后,电路中的电流在镇流器上产生很大电压降,使灯管两端电压迅速降低,当其小于启辉器的启动电压,启辉器不再动作,灯管正常发光,此时电路电流通路如图 12-2(b)所示。

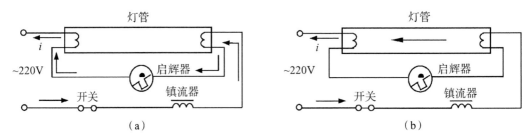

图 12-2 日光灯的电流通路

(a)灯丝预热时   (b)灯丝点燃后

3. 并联电容提高功率因数

对于一般的感性负载,可以通过并联合适电容的方法来提高整个电路的功率因数。日光灯电路由于其具有镇流器的原因,因而是一个功率因数较低的电感性负载,一般情况下 $\cos\varphi$ 约为 0.5。并联不同容量的电容器,可以改善日光灯电路的功率因数,并联电容器提高功率因数的电路图和相量图如图 12-3 所示。图中 L、r 等效为镇流器,R 等效为灯管。

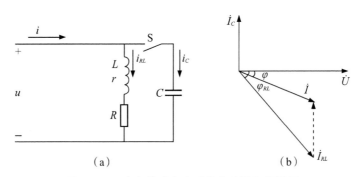

图 12-3   日光灯并联电容后的电路图和相量图

(a)电路图   (b)相量图

由相量图可见并联电容器前,日光灯电路功率因数为

$$\cos \varphi_{RL} = \frac{P}{I_{RL}U} \tag{12-1}$$

式中:P 为日光灯支路有功功率;I_{RL} 为日光灯支路电流;U 为电路总电压。

并联电容器以后,整个电路功率因数为

$$\cos \varphi = \frac{P}{IU} \tag{12-2}$$

式中:P 为整个电路有功功率;I 为整个电路总电流;U 为电路总电压。

并联电容器功率因数提高后,其功率因数角减少($\varphi < \varphi_{RL}$),整个电路所需的一部分无功电流分量由电容器提供,从而提高了整个电路的功率因数。

12.1.4   操作训练

1. 日光灯线路连接与测量

在实训线路板上按图 12-4 所示接好电路,经指导教师检查后接通交流市电 220V 电源,调节自耦调压器的输出,使其输出电压缓慢增大,直到日光灯启辉点亮为止,然后将电压调至 220V,记下三表的指示值,测量功率 P、功率因数 $\cos\varphi$,总电流 I,总电压 U,U_L(镇流器两端电压)、U_A(灯管两端电压)等值,将测量数据填入表 12-1 中。

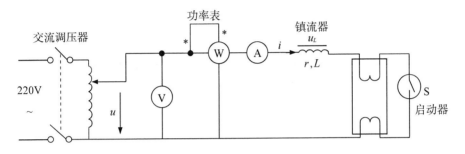

图 12-4   日光灯线路连接图

表 12-1   日光灯电路正常工作参数

参数	测量值						计算值	
	P/W	$\cos\varphi$	I/A	U/V	U_L/V	U_A/V	灯管电阻 R/Ω	$\cos\varphi$
正常工作值								

注意:本次实验用交流电 220V,务必注意用电和人身安全;功率表要正确连接。

2. 并联电容电路,改善电路的功率因数

(1)按图 12-5 连接实验线路。给电路并联电容 C,电容数值分别为 $2.2\mu F$,$4.7\mu F$ 和 $6.8\mu F$。

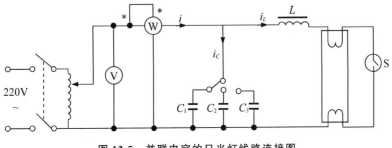

图 12-5   并联电容的日光灯线路连接图

(2)线路连接完毕,经指导老师检查正确后,接通市电220V,将自耦调压器的输出调至220V,记录功率表、电压表读数,通过一只电流表分别测得两条支路的电流和电路的总电流,改变电容值,进行三次重复测量,将结果填入表12-2中。

表12-2　功率因数提高测量参数

电容值/μF	测量值					计算值	
	P/W	$\cos\varphi$	I/mA	I_L/mA	I_C/mA	I/mA	$\cos\varphi$
$C=2.2$							
$C=4.7$							
$C=6.8$							

注意:电容选择高耐压电容。在接电容前,应检查电容是否完好,确保电容正常工作。

12.1.5　思考与实践报告

(1)在日常生活中,当日光灯上缺少了启辉器时,人们常用一根导线将启辉器的两端短接一下,然后迅速断开,使日光灯点亮,或用一只启辉器去点亮多只同类型的日光灯,这是为什么?

(2)为了提高电路的功率因数,常在感性负载两端并联电容器,此时增加了一条电流支路,试问电路的总电流是增大还是减小,此时感性元件上的电流和功率是否改变?

(3)提高线路功率因数为什么只采用并联电容器法,而不用串联法?并联的电容器是否越大越好?

(4)根据训练相关要求完成实践报告。

12.2　任务二　*RLC*串联谐振电路

12.2.1　训练目标

(1)学习用实验方法绘制 *RLC* 串联电路的幅频特性曲线。

(2)加深理解电路发生谐振的条件、特点,掌握电路品质因数(Q)的物理意义及其测定方法。

12.2.2　训练器材

(1)电源:低频信号发生器1台

(2)元件:电阻510Ω,1kΩ各1个、电容0.1μF1个、电感2.5mH1个

(3)仪表:交流毫伏表1台、频率计1台、双踪示波器1台

(4)工具:电工刀、尖嘴钳、镊子、螺丝刀等。

(5)自制实训线路板1块。

(6)导线若干。

12.2.3　相关知识

见本书5.1。

12.2.4　操作训练

(1)按图12-6组成监视、测量电路,选用正弦交流信号,用交流毫伏表测量电压,用示

波器监视信号源输出。其中：$U_i=2V$、$R=510\Omega$，$C=$
$0.1\mu F$，$L=2.5mH$。

（2）找出电路的谐振频率 f_0，其方法是，将毫伏表
接在电阻 $R(510\Omega)$ 两端，令信号源的频率由小逐渐变
大（注意要维持信号源的输出幅度不变），当 U_O 的读
数为最大时，读得频率计上的频率值即为电路的谐振
频率 f_0，并测量 U_O 与 U_L 值。

注意：注意及时更换毫伏表的量程。

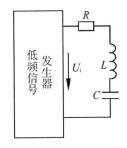

图 12-6 RLC 串联谐振电路测试图

（3）在谐振点两侧，按频率递增和递减 500Hz 或
1kHz，依次各取 4 个测量点，逐点测出 U_O，U_L，U_C 之值，记入数据于表 12-3 中。

表 12-3 幅频特性曲线参数记录表 1

f/kHz									
U_O/V									
U_L/V									
U_C/V									
$U_i=2V,R=510\Omega,f_0=$			,$Q=$			,$f_2-f_1=$			

（4）保持电源电压 U_S 和 L、C 不变，改变电阻 R 数值（即改变电路 Q 值），取 $R=1k\Omega$，重
复步骤（2），（3）的测量过程，并将测量数据记录于表 12-4 中。

表 12-4 幅频特性曲线参数记录表 2

f/kHz									
U_O/V									
U_L/V									
U_C/V									
$U_i=2V,R=1k\Omega,f_0=$			,$Q=$			,$f_2-f_1=$			

12.2.5 思考与实践报告

（1）改变电路的哪些参数可以使电路发生谐振，电路中 R 的数值是否影响谐振频率值？

（2）如何判别电路是否发生谐振？测试谐振点的方案有哪些？

（3）要提高 RLC 串联电路的品质因数，电路参数应如何改变？

（4）根据训练相关要求完成实践报告。

12.3 任务三 RC 一阶电路响应测试

12.3.1 训练目标

（1）测定 RC 一阶电路的零输入响应、零状态响应及完全响应。

（2）学习电路时间常数的测定方法。

（3）进一步学会用示波器测绘图形。

12.3.2 训练器材

(1)电源:函数信号发生器 1 台。

(2)元件:电阻 1k,10k 各 1 个。电容 3300pF、0.01μF 各 1 个。

(3)仪表:双踪示波器 1 台。

(4)工具:电工刀、尖嘴钳、镊子、螺丝刀等。

(5)自制实训线路板 1 块。

(6)导线若干。

12.3.3 相关知识

(1)动态网络的过渡过程是十分短暂的单次变化过程,对时间常数 τ 较大的电路,可用慢扫描长余辉示波器观察光点移动的轨迹。然而能用一般的双踪示波器观察过渡过程和测量有关的参数,必须使这种单次变化的过程重复出现。为此,我们利用信号发生器输出的方波来模拟阶跃激励信号,即令方波输出的上升沿作为零状态响应的正阶跃激励信号;方波下降沿作为零输入响应的负阶跃激励信号,只要选择方波的重复周期远大于电路的时间常数 τ,电路在这样的方波序列脉冲信号的激励下,它的影响和直流电源接通与断开的过渡过程是基本相同的。

(2)RC 一阶电路的零输入响应和零状态响应分别按指数规律衰减和增长,其变化的快慢决定于电路的时间常数 τ。

(3)时间常数 τ 的测定方法。如图 12-7(a)所示电路,用示波器测得零输入响应的波形如图 12-7(b)所示。根据一阶微分方程的求解得知

$$u_C = E \mathrm{e}^{\frac{-t}{RC}} = E \mathrm{e}^{\frac{-t}{\tau}} \tag{12-3}$$

当 $t = \tau$ 时,$U_C(\tau) = 0.368E$,此时所对应的时间就等于 τ,亦可用零状态响应波形增长到 $0.632E$ 所对应的时间测得,如图 12-7(c)所示。

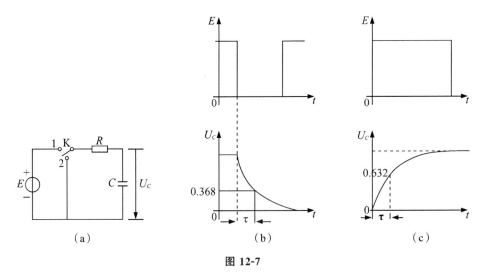

图 12-7

(a)RC 一阶电路　(b)零输入响应　(c)零状态响应

(4)微分电路和积分电路是 RC 一阶电路中较典型的电路,它对电路元件参数和输入信号的周期有着特定的要求。一个简单的 RC 串联电路,在方波序列脉冲的重复激励下,当满

足 $\tau=RC\ll\dfrac{T}{2}$ 时(T 为方波脉冲的重复周期),且由 R 两端的电压作为响应输出时,如图 12-8(a)所示,这就构成了一个微分电路,因为此时电路的输出信号电压与输入信号电压的微分成正比。

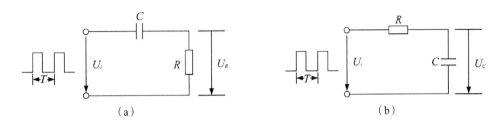

图 12-8
(a)微分电路　(b)积分电路

若将图 12-8(a)中的 R 与 C 位置调换一下,即由 C 两端的电压作为响应输出,且当电路参数的选择满足 $\tau=RC\gg\dfrac{T}{2}$ 条件时,如图 12-8(b)所示即构成积分电路,因为此时电路的输出信号电压与输入信号电压的积分成正比。

从输入、输出波形来看,上述两个电路均起着波形变换的作用,请在实验过程中仔细观察与记录。

12.3.4　操作训练

1. 电路的时间常数 τ 的测定,零输入响应、零状态响应曲线的测绘

(1)在实训线路板上选取 $R=10\mathrm{k}\Omega$,$C=3300\mathrm{pF}$,组成如图 12-7(a)所示的 RC 充放电电路,E 为函数信号发生器输出,取 $U_i=3\mathrm{V}$,$f=1\mathrm{kHz}$ 的方波电压信号,并通过两根同轴电缆线,将激励源 U_i 和响应 U_o 的信号分别连至示波器的两个输入口 Y_A 和 Y_B,这时可在示波器的屏幕上观察到激励与响应的变化规律,测定时间常数 τ,并描绘 U_i 及 U_o 波形。

(2)令 $R=10\mathrm{k}\Omega$,$C=0.01\mu\mathrm{F}$,再次测定时间常数 τ,并描绘 U_i 及 U_o 波形,继续增大 C 之值,定性观察对响应的影响。

注意:示波器使用方法要正确。

2. 微分电路激励与响应曲线的测绘

重新选取实训线路板上 R、C 元件,$C=0.01\mu\mathrm{F}$,$R=1\mathrm{k}\Omega$,组成如图 12-8(a)所示微分电路。在相同的方波激励信号($U_i=3\mathrm{V}$,$f=1\mathrm{kHz}$)作用下,观测并描绘激励与响应的波形。

12.3.5　思考与实践报告

(1)什么样的电信号可作为 RC 一阶电路零输入响应、零状态响应和完全响应的激励信号?

(2)已知 RC 一阶电路 $R=10\mathrm{k}\Omega$,$C=1000\mathrm{pF}$,试计算时间常数 τ,并根据 τ 值的物理意义,拟定测定 τ 的方案。

(3)何谓积分电路和微分电路,它们必须具备什么条件? 它们在方波序列脉冲的激励下,其输出信号波形的变化规律如何? 这两种电路有何功用?

(4)根据训练相关要求完成实践报告。

模块三　电工技术技能训练

13　项目一　常用电工仪表的使用

13.1　任务一　万用电表的使用

13.1.1　训练目标

(1)复习巩固有关万用表使用的理论知识。

(2)练习掌握指针式万用表和数字万用表的正确使用方法。

13.1.2　训练器材

(1)指针式万用表、数字万用表各1块。

(2)直流稳压电源、自耦调压器各1台。

(3)510Ω,1kΩ,10kΩ 电阻各1个,硅、锗二极管各1个,导线若干。

13.1.3　相关知识

见本书10.2万用电表。

13.1.4　操作训练

1. 直流电阻测量

分别用指针式、数字式万用表测量 510Ω,1kΩ,10kΩ 三个电阻。根据表的不同、选择量程不同等情况自拟表格记录测量结果。

注意:测量时手指不能同时接触电阻两端。

2. 直流电压、电流测量

按图 13-1 所示电路,将上述电阻连接成串并联电路。用指针式、数字式万用表分别测量直流电压 U_{AB} ,U_{BC} ,U_{AC} ,直流电流 I_1 ,I_2 ,I_3。根据表的不同、选择量程不同等情况自拟表格记录以上数据。

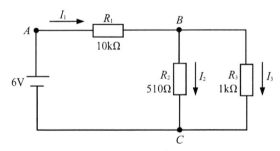

图 13-1　直流电压、电流测量图

注意:

(1)表笔的极性和仪表的接入方式;

(2)电流表不能并联接在被测电路中。

3. 交流电压测量

分别用指针式、数字式万用表测量自耦调压器的输出侧电压。调节自耦调压器,测量三次输出电压。根据表的不同、选择量程不同等情况自拟表格记录测量结果。

4. 二极管测量

用指针式万用表的电阻挡和数字式万用表的二极管挡分别测量两只二极管(1 只硅管、1 只锗管),根据表的不同,二极管类型的不同以及测量二极管正反向的不同等情况自拟表格记录测量结果。

13.1.5 思考与实践报告

(1)指针式万用表上各刻度线的使用分别在什么场合?

(2)在图 13-1 中,如果要正确测量电阻阻值必须怎么做? 在测量这三个不同阻值的电阻时要注意什么问题?

(3)在使用万用表进行电流测量时,必须要注意什么问题?

(4)数字式万用表和指针式万用表的红黑表笔与表内电池的连接有什么不同?

(5)根据训练相关要求完成实践报告。

13.2 任务二 兆欧表的使用

13.2.1 训练目标

(1)熟悉、巩固有关兆欧表的原理、使用知识。

(2)通过练习掌握兆欧表的正确操作方法。

13.2.2 训练器材

(1)三相鼠笼式异步电动机 1 台。

(2)兆欧表 1 块。

13.2.3 相关知识

见本书 10.5 兆欧表。

13.2.4 操作训练

将一台三相鼠笼式异步电动机接线盒拆开,取下所有接线桩之间的连接片,使三相绕组各自独立。用兆欧表按照正确方法测量三相绕组之间、各相绕组与机座之间的绝缘电阻,将测量结果记入表 13-1 中。

表 13-1 电动机绕组绝缘电阻

电动机			兆欧表		绝缘电阻/MΩ					
型号	功率/kW	接法	型号	规格	*U-V* 间	*U-W* 间	*V-W* 间	*U* 相对地	*V* 相对地	*W* 相对地

注意:

(1)兆欧表使用前要检查。

(2)电动机的电源一定要切断。

13.2.5 思考与实践报告

(1)兆欧表的作用是什么?

(2)常用的兆欧表有哪几种？它们分别由哪几部分组成？

(3)机电式兆欧表的接线柱有哪几个？使用时是如何连接的？

(4)数字式兆欧表和机电式兆欧表相比较,具有哪些优点？

(5)根据训练相关要求完成实践报告。

13.3 任务三 钳形电流表的使用

13.3.1 训练目标

(1)熟悉、巩固有关钳形电流表的原理、使用知识。

(2)通过练习掌握钳形电流表的正确操作方法。

13.3.2 训练器材

(1)三相四线交流电源1处。

(2)三相异步电动机1台。

(3)钳形电流表1块。

(4)电工工具1套。

(5)导线若干。

13.3.3 相关知识

见本书10.3钳形电流表。

13.3.4 操作训练

(1)测定三相电源的电流。用钳形电流表分别钳住实验室的三根配电电源线,分别测量三相电源各相线的电流。记录于表13-2中。

表 13-2 三相电源各相电流

量程	三相电源电流		
	读数		
	U	V	W

(2)判别三相回路是否平衡。将三相电源的三根相线同时钳入钳形电流表的钳口内,如指示为0,则表示三相电源处于平衡状态;若读数不为0,则表示出现了零序电流,说明三相电源不平衡。

(3)将三相异步电动机的三相绕组按出厂要求连接,然后接入三相交流电路,通电运行。用钳形电流表测量其启动电流和转速达额定值后的空载电流,测量结果记入表13-3中。

表 13-3 电动机启动电流和空载电流

钳形电流表		启动电流		空载电流	
型号	规格	量程	读数	量程	读数

注意:一定要注意人身安全。

13.3.5 思考与实践报告

(1)钳形电流表工作时的最大特点是什么?

(2)钳形电流表在选用时主要考虑的因素有哪些?

(3)钳形电流表在工作使用时应如何操作?

(4)根据训练相关要求完成实践报告。

14 项目二 安全用电技术

14.1 任务一 触电急救技术

14.1.1 训练目标

（1）掌握触电急救的有关知识。

（2）掌握人工呼吸法和胸外心脏按压法。

14.1.2 训练器材

（1）模拟橡皮人1具（或学生代替）。

（2）棕垫子1床。

（3）医用纱布1块。

（4）秒表1块。

14.1.3 相关知识

相关内容见9.3.4触电急救知识。

14.1.4 操作训练

1. 就地诊断训练

使触电者脱离电源后，马上将触电者移至通风、干燥的地方，使其仰卧，将其上衣与裤带放松，并立刻进行有效诊断，判断其意识、呼吸、脉搏、瞳孔的情况。

2. 施救方法的选择

根据诊断情况，选择合适的急救方法：口对口吹气的人工呼吸法、胸外按压心脏法或两种方法交替进行。

3. 施救方法训练

1）口对口吹气的人工呼吸法

实施步骤见9.3.4第5部分内容。

注意：

（1）吹气2s，触电者自由呼吸3s，每min做12～16次。

（2）口对口人工呼吸抢救过程中，若触电者胸部有起伏，说明人工呼吸有效，抢救方法正确；若胸部无起伏，说明气道不够畅通，或有梗阻，或吹气不足，（但吹气量也不宜过大，以胸廓上抬为准）抢救方法不正确等。

2）人工胸外按压心脏法

实施步骤见9.3.4第6部分内容。

注意：

（1）按压位置一定要准确，否则容易造成触电者胸骨骨折或其他伤害。

（2）两手掌不能交叉放置。

（3）胸外按压时，压力与操作频率要适当，不能作冲击式的按压，放松时应尽量放松，但手掌根部不要离开按压部位，以免造成下次错位。

3）交替进行

口对口人工呼吸和人工胸外按压心脏两种方法交替进行（不能同时进行）。

一人急救两种方法应交替进行,即吹气 2～3 次,再挤压心脏 10～15 次,且速度都应快些。

两人急救每 1s 吹气一次,每 1s 挤压一次,两人循环进行。

注意:

(1)在施行人工呼吸和心脏按压时,施救者应密切观察触电者的反应。只要发现触电者有苏醒现象,如眼皮闪动或嘴唇微动,就应终止操作几秒钟,让触电者自行呼吸和心跳。

(2)人工呼吸与心脏按压对于施救者来讲是非常劳累的,但必须坚持不懈,直到触电者苏醒或医生前来救治为止。

14.1.5　思考与实践报告

(1)发现有人触电,你可以用哪里些方法使触电者尽快脱离电源?

(2)怎样判断触电者呼吸和心跳是否停止?

(3)将触电者脱离电源后,怎样根据不同情况对其进行救治?

(4)口对口人工呼吸法在什么情况下使用?试述其动作要领?

(5)根据训练相关要求完成实践报告。

14.2　任务二　电气灭火技术

14.2.1　训练目标

1. 掌握电气灭火有关知识。

2. 学会使用二氧化碳(CO_2)、四氯化碳(CCl_4)、干粉或 1211 灭火器。

14.2.2　训练器材

1. 二氧化碳(CO_2)。

2. 四氯化碳(CCl_4)。

3. 干粉或 1211 灭火器等。

14.2.3　相关知识

电气火灾的两大特点:一是电气设备着火后仍然带电;二是有些电气设备充有大量油,一旦着火,可能发生喷油甚至爆炸事故。因此,电气灭火必须根据具体情况采取相应的措施。

(1)电气设备发生火灾时,应立即拨打 119 火警电话报警,并及时切断火场电源。

(2)变压器和油断路器等充油设备发生火灾时,切断电源后的扑救方法与扑救可燃液体火灾相同。如果油箱没有破损,可以用干粉、1211、二氧化碳灭火器等进行扑救;如果油箱已经破裂,大量变压器油燃烧或流散,切断电源后可用喷雾水或泡沫扑救,若流散的油量不多时,也可用砂土压埋。

(3)因生产或其他原因不能断电而必须带电灭火时,必须选择不导电的灭火剂,如 CO_2 灭火器、1211 灭火器、四氯化碳(CCl_4)灭火器等进行灭火。灭火时救护人员必须穿绝缘鞋和戴绝缘手套,人与带电体要保持一定的距离,若是 10kV 电压,喷嘴至带电体的最短距离不应小于 0.4m;若是 35kV 电压,喷嘴至带电体的最短距离不应小于 0.6m。若用喷雾水枪灭火,电压在 110kV 及以上喷嘴与带电体之间必须保持 3m 以上距离,电压在 220kV 及以上喷嘴与带电体之间的距离应大于 5m,还要防止带电导线触地时跨步电压伤人。

(4)常用国产灭火器的使用和保管方法见表 14-1。

表 14-1 常用国产灭火器的使用、保管方法

种类	使用方法	保管方法
二氧化碳	离火点 3m 远,一手拿喇叭筒,另一手打开开关	1. 定点安放和定时更换,冬季防冻,夏天防晒,防止喷嘴堵塞 2. 每月检查二氧化碳灭火器,重量小于原重的 90% ,应充气 3. 按时检查四氯化碳灭火器,小于规定压力时应充气
四氯化碳	打开开关,液体即可喷出	
干粉	提起圈环,干粉即可喷出	1. 放于干燥通风处,防晒,每年检查一次干粉是否受潮结块 2. 每半年检查一次钢瓶气压,重量小于原重的 90% 时,应充气
1211	拔下铅封或横锁用力压下压把即可	放于干燥通风处,不得摔撞,每年测重一次

14.2.4 操作训练

1. 模拟电气火灾现场,先断开火场电源。

2. 分别用 CO_2 灭火器、1211 灭火器、四氯化碳(CCl_4)灭火器等进行灭火。

注意:

① 切断电源时要用绝缘工具操作,以免触电。

② 切断电线时,不同相的电线应在不同部位剪断,以免造成短路。

③ 带电灭火应穿绝缘鞋,戴绝缘手套;人和消防器材应与带电部分保持足够的距离。

④ 变压器和油断路器等充油设备发生火灾时有喷油或爆炸可能,最好先断电源再灭火。

⑤ 用 CCl_4,CO_2,干粉及 1211 灭火器灭火时,人应站在上风位置,以防中毒。

14.2.5 思考与实践报告

(1)带电设备着火,为什么不能用泡沫灭火器?

(2)充油设备着火应怎样进行灭火?

(3)根据训练相关要求完成实践报告。

模块四 电工技术岗位训练

15 项目一 一般电气线路及照明电路的安装

15.1 任务一 线头的加工工艺

15.1.1 训练目标

(1)学会使用电工刀和钢丝钳或剥线钳剖削各种导线。

(2)学会单股、多股导线的直线连接和 T 形分支连接。

(3)学会导线的绝缘层恢复。

15.1.2 训练器材

(1)电工刀、剥线钳、钢丝钳各 1 把。

(2)1.2m 长的芯线截面积为 BV2.5mm²(1/1.76mm)和 BV4mm²(1/2.24mm)的单股塑料绝缘铜芯线各 2 根。

(3)1.2m 长的芯线截面积为 BV10mm²(7/1.33mm)和 BV16mm²(7/1.7mm)的 7 股塑料绝缘铜芯线各 2 根。

(4)多种规格的塑料硬线、软线、护套线

(5)绝缘胶带(黄蜡带、黑胶布)各 1 卷

15.1.3 相关知识

1. 导线的认识(如图 15-1 所示)

(1)BV:聚氯乙烯绝缘铜芯线,单芯线。

(2)BVV:聚氯乙烯护套铜芯线,两芯线。

(3)BLV:聚氯乙烯护套铝芯线,两芯线。

(4)BVVB:聚氯乙烯护套铜芯线,三芯线。

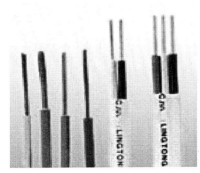

图 15-1 图中分别是 BV、BV、BV、BV、BVV、BVVB 型导线

2. 导线绝缘层的剖削

1）塑料硬线绝缘层的剖削

（1）线芯截面在 4mm² 及以下的塑料硬线用钢丝钳剖削。根据线头所需长短，先用钢丝钳刀口轻轻切破绝缘层，然后用左手拉紧导线，右手适当用力捏住钢丝钳头部，用力向外勒去绝缘层，如图 15-2 所示。

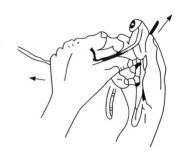

图 15-2 钢丝钳剖削塑料硬线绝缘层

（2）线芯面积大于 4mm² 的塑料硬线可用电工刀剖削绝缘层。根据所需长度用电工刀以 45° 角倾斜切入塑料绝缘层，如图 15-3（a）所示，接着刀面与导线成 25° 角左右向外削去上面一层，如图 15-3（b）所示。再将未削去的绝缘层向后扳翻并齐根切去。如图 15-3（c）所示。

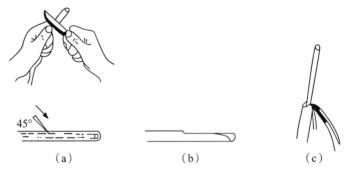

（a）　　　　　　　（b）　　　　　　　（c）

图 15-3 电工刀剖削塑料硬线绝缘层

2）塑料软线绝缘层的剖削

塑料软线绝缘层只能用剥线钳或钢丝钳剖削，不可用电工刀剖削，其剖削方法同上。

3）塑料护套线的护套层和绝缘层的剖削

用电工刀剖削塑料护套线的护套层。根据所需长度，将刀尖对准两股芯线的中缝划开护套层，如图 15-4（a）所示。然后向后扳翻护套层，用电工刀齐根切去，如图 15-4（b）所示。在距离护套层 5～10mm 处，用电工刀以 45° 角倾斜切入绝缘层，其他剖削方法与塑料硬线剖削方法相同。

（a）　　　　　　　　　　　　　　　（b）

图 15-4 塑料护套线绝缘层的剖削

3. 导线的连接

1）单股铜芯导线的直线连接

单股导线的直线连接有绞接和缠卷两种方法。截面积较小（6mm²）的导线，一般多用绞接法；截面积较大（10mm²）的导线，因绞接困难，则多用缠卷法。

(1)绞接法。把去除绝缘层及氧化层的两根线头的芯线成 X 相交,互相绞绕 2～3 圈,如图 15-5(a)所示,再扳直两线头,如图 15-5(b)所示,然后将每根线头在芯线上缠绕 6 圈,多余的线头用钢丝钳剪去,并钳平芯线的末端及切口的毛刺,如图 15-5(c)所示。

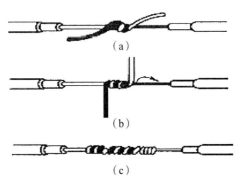

图 15-5 单股铜芯导线的绞接

(2)缠卷法。缠卷法也称绑线连接法。先将两线端用钢丝钳稍作弯曲,相互并合,然后用直径约为 1.6mm 的裸铜线紧密地缠绕在两根导线的并合部分。缠卷长度视导线的粗细而定:导线直径在 5mm 以下时,缠卷约 60mm;导线直径在 5mm 以上时,缠卷约 90mm,如图 15-6 所示。

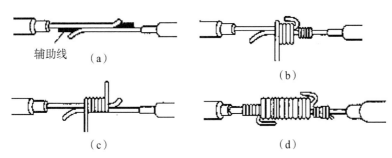

图 15-6 单股铜芯导线的缠卷连接

2)单股铜芯导线的 T 字分支连接

(1)绞接法。把去除绝缘层及氧化层的支路线芯的线头与干线线芯十字相交,使支路线芯根部留出 3～5mm 裸线,如图 15-7(a)所示,接着将支路线芯按顺时针方向紧贴干线线芯密绕 6～8 圈,如图 15-7(b)所示,然后用钢丝钳切去余下线芯,并钳平线芯的末端及切口毛刺。如图 15-7(c)所示。

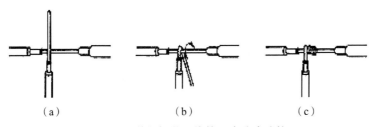

图 15-7 单股铜芯导线的 T 字分支连接

（2）缠卷法。先将分支线做直角弯曲，并在其端部稍作弯曲，然后将两线合并，用裸铜导线紧密缠卷，缠卷 5 圈同直线连接，如图 15-8 所示。

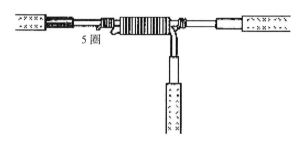

5 圈

图 15-8　单股铜芯导线分支连接缠卷法

3）多股铜芯导线的直线连接

多股导线一般分为 7 股和 19 股。首先把除去绝缘层和氧化层的芯线线头分成单股散开并拉直，在线头总长（离根部距离的）1/3 处顺着原来的扭转方向将其绞紧，余下的 2/3 长度的线头分散成伞形，如图 15-9(a) 所示。将两股伞形线头相对，隔股交叉直至伞形根部相接，然后捏平两边散开的线头，如图 15-9(b) 所示。接着 7 股铜芯线按根数 2,2,3 分成三组，先将第一组的两根线芯扳到垂直于线头的方向，如图 15-9(c) 所示，按顺时针方向缠绕两圈，再弯下扳成直角使其紧贴芯线，如图 15-9(d) 所示。第二组、第三组线头仍按第一组的缠绕办法紧密缠绕在芯线上，如图 15-9(e) 所示；最后一组线头应在芯线上缠绕三圈，在缠到第三圈时，把前两组多余的线端剪除，使该两组线头断面能被最后一组第三圈缠绕完的线匝遮住，最后用钢丝钳钳平线头，修理好毛刺，如图 15-9(f) 所示。用同样方法做另一端。

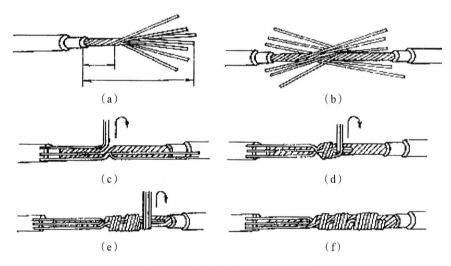

（a）　　　　　　　　　　　　　　　（b）

（c）　　　　　　　　　　　　　　　（d）

（e）　　　　　　　　　　　　　　　（f）

图 15-9　7 股铜芯导线的直线连接

4）多股铜芯导线的 T 字分支连接

先把除去绝缘层和氧化层的两根线头分别散开并拉直，在靠近绝缘层 1/8 处将该段线芯绞紧，把余下部分的线芯分成两组（7 股线分为一组 4 股，一组 3 股；19 股线分为一组 9 股，一组 10 股）排齐，然后用螺丝刀把去除绝缘层的干线线芯撬分成两组，把支路线芯中 4

股的一组插入干线两组线芯中间,把支线的 3 股线芯的一组放在干线线芯的前面,如图 15-10(a)所示。接着把 3 股线芯的一组往干线一边按顺时针方向紧紧缠绕 3~4 圈,如图 15-10(b)所示。最后把 4 股线芯的一组按逆时针方向往干线的另一边缠绕 4~5 圈,剪去多余线头,钳平线端,如图 15-10(c)、(d)所示。

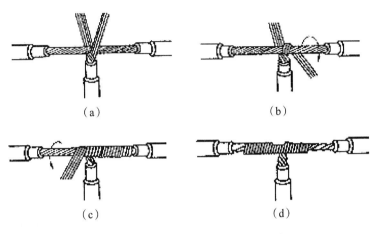

图 15-10 7 股铜芯导线的 T 字分支连接

4. 导线绝缘层的恢复

在线头连接完工后,导线连接前所破坏的绝缘层必须恢复,且恢复后的绝缘强度一般不应低于剖削前的绝缘强度,方能保证用电安全。电力线上恢复线头绝缘层常用黄蜡带、涤纶薄膜带和黑胶带(黑胶布)三种材料。绝缘带宽度选 20mm 比较适宜。包缠时,先将黄蜡带从线头的一边在完整绝缘层上离切口 40mm 处开始包缠,使黄蜡带与导线保持 55 度的倾斜角,后一圈压叠在前一圈 1/2 的宽度上,常称为半迭包,如图 15-11(a)、(b)所示。黄蜡带包缠完以后将黑胶带接在黄蜡带尾端,朝相反方向斜叠包缠,仍倾斜 55 度,后一圈仍压叠前一圈 1/2,如图 15-11(c)、(d)所示。

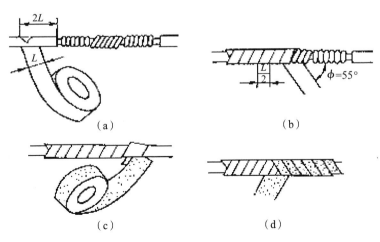

图 15-11 绝缘带的包缠

15.1.4 操作训练

1. 导线线头绝缘层的剖削

(1)用电工刀剖削废塑料硬线、塑料护套线绝缘层。

(2)用钢丝钳剖削塑料硬线和塑料软线绝缘层。

注意:①塑料软线不可用电工刀剖削。使用电工刀剖削时,刀口向外不要伤手;②用钢丝钳剖削刀口切破绝缘层,注意掌握刀口力度,不要伤及线芯。

2. 导线的连接

(1)2 根长 1.2m 的 BV2.5mm²(1/1.76mm)塑料铜芯线作直线连接。

(2)2 根长 1.2m 的 BV4mm²(1/2.24mm)塑料铜芯线作 T 字分支连接。

(3)2 根长 1.2m 的 BV10mm²(7/1.33mm)塑料铜芯线作直线连接。

(4)2 根长 1.2m 的 BV16mm²(7/1.7mm)塑料铜芯线作 T 字分支连接。

注意:导线连接缠绕方法要正确。缠绕后导线要保持平直光滑、紧密整齐。

3. 绝缘层的恢复

(1)2 根长 1.2m 的 BV10mm²(7/1.7mm)塑料铜芯硬线直线连接的绝缘层恢复。

(2)2 根长 1.2m 的 BV16mm²(7/1.7mm)塑料铜芯硬线 T 字分支连接的绝缘层恢复。

注意:①380V 导线绝缘层恢复,应先包缠 2 层黄蜡带,再包缠一层黑胶带。220V 电压的导线绝缘层恢复,可先包一层黄蜡带,再包一层黑胶带;②包缠绝缘带时,要适当用力,不能太松,更不能露出芯线,以免造成事故;③恢复绝缘层后,浸入常温水中 30min,应不渗水;④存放绝缘带时,不可放在温度很高的地方,也不可被油类浸蚀。

15.1.5 思考与实践报告

(1)电工操作常用电工工具分为几类?通用电工工具有哪几种?

(2)怎样剖削塑料硬线、塑料软线、塑料护套线的绝缘层?

(3)试绘草图说明:单股铜芯线、七股铜芯线进行直线连接和 T 形连接的工艺过程。

(4)在 380V 和 220V 的线路上,要恢复线头的绝缘层各有哪些要求?

(5)根据训练相关要求完成实践报告。

15.2 任务二 室内电气照明基本电路

15.2.1 训练目标

(1)掌握常用照明灯具、开关及插座的安装原则和要求。

(2)掌握常用照明灯具、开关及插座的安装方法和步骤。

(3)熟悉日光灯的原理。

(4)掌握白炽灯、日光灯照明电路的安装方法。

15.2.2 训练器材

(1)自制木台 1 块。

(2)双联开关 2 只。

(3)常用灯具、灯座、插座、开关 1 套。

(4)白炽灯 1 个,日光灯 1 个。

(5)电工工具 1 套。

(6)导线若干。

15.2.3　相关知识

1. 常用照明附件

常用照明附件包括灯座、开关、插座。

1)灯座

灯座又称为灯头,大致可分为插口式和螺旋式两种,常用的灯座如图 15-12 所示,可按使用场所进行选择。

图 15-12　常用灯座

2)开关

开关是在照明电路中接通或断开照明灯具的器件。按其安装形式分明装式和暗装式,按其结构分单联开关、双联开关和旋转开关等,常用开关如图 15-13 所示。

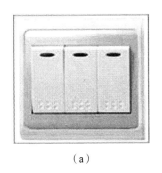
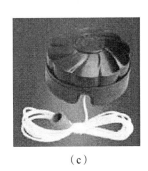

(a)　　　　　　　　　　　(b)　　　　　　　　　　　(c)

图 15-13　常用开关

(a)暗装开关　(b)台灯开关　(c)拉线开关

(1)单联开关的安装方法:开关不能安装在零线上,必须安装在灯具电源侧的相线上(即一端进相线,一端进灯头),确保开关断开时灯具不带电。

(2)双联开关的安装方法:双联开关一般用于两地控制一盏灯的电路,安装方法与单联开关类似。具体连接方法见图 15-14。

3)插座

插座是为各种可移动用电器提供电源的器件。其安装形式可分为明装式和暗装式,按结构可分为单相双极插座、单相带接地线的三极插座及带接地的三相四极插座等,如图

15-15所示。

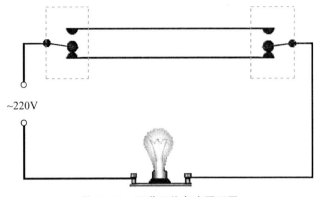

~220V

图 15-14　双联开关电路原理图

图 15-15　常用插座

2. 白炽灯照明线路的安装

(1)根据安装要求,准备好所需材料。

(2)按照布线工艺,定位后布线。

(3)安装灯座。

(4)安装开关。

(5)安装插座。

3. 日光灯照明线路的安装

1)电路的结构

日光灯主要由灯管、镇流器和启辉器等部分组成。

2)日光灯的安装

首先对照电路图连接线路,组装灯具,然后在建筑物上固定,并与室内的主线接通。安装前应检查灯管、镇流器、启辉器等有无损坏,是否互相配套,然后按下列步骤安装,日光灯的接线装配方法如图 15-16 所示。

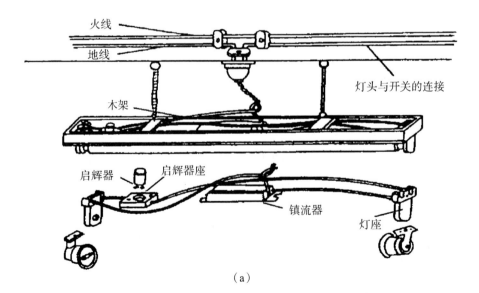

火线
地线
灯头与开关的连接
木架
启辉器
启辉器座
镇流器
灯座

(a)

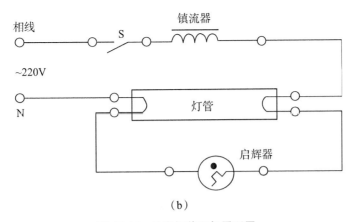

（b）

图 15-16 日光灯装配与原理图

（a）日关灯电路的装配 （b）日光灯原理图

（1）用导线把启辉器座上的两个接线桩分别与两个灯座中的任一个接线桩连接。

（2）把一个灯座中余下的一个接线桩与电源的中性线连接，另一个灯座中余下的接线桩与镇流器的一个线头相连。

（3）镇流器的另一个线头与开关的一个接线桩连接。

（4）开关另一个接线桩与电源的相线连接。

接线完毕后，将灯架安装好，把启辉器旋入底座，日光灯管装入灯座。检查无误后，即可通电试用。

15.2.4 操作训练

1. 双控照明线路的安装

（1）按图 15-14 所示正确连接电路。

（2）接通电源，操作两只双联开关、观察白炽灯亮暗变化情况。

注意：

①相线和零线应严格区分，将零线直接接到灯座上，相线经过两只双控开关后，再接到灯头上。对螺口灯座，相线必须接在螺口灯座中心的接线端上，零线接在螺口的接线端上，否则就容易发生触电事故；

②用双股棉织绝缘软线时，有花色的一根导线接相线，没有花色的导线接零线；

③导线与接线螺钉连接时，先将导线的绝缘层剥去合适的长度，再将导线拧紧以免松动，最后环成圆扣。圆扣的方向应与螺钉拧紧的方向一致，否则旋紧螺钉时，圆扣就会松开；

④当灯具需接地（或零）时，应采用单独的接地导线（如黄绿双色）接到电网的零干线上，以确保安全。

2. 日光灯线路的安装

（1）将日光灯底座、拉线开关等固定在木台上，按图 15-16（b）所示正确连接线路。

（2）接通电源，操作开关，观察日光灯的变化情况。

注意：

①镇流器、起辉器和日光灯管的规格应相配套，不同功率不能互相混用，否则会缩短灯管寿命造成启动困难。

②接线时应使相线进开关。

15.2.5　思考与实践报告

(1)插座的安装有哪些安全要求?

(2)日光灯由哪些部件组成? 各部件的主要结构和作用是什么?

(3)试述日光灯启辉器的工作原理。

(4)日光灯通电后完全不亮,可能由哪些原因造成? 怎样检查?

(5)日光灯通电后灯管两头发红,但不启辉,可能由哪些原因造成? 怎样检查?

(6)根据训练相关要求完成实践报告。

15.3　任务三　电度表的安装

15.3.1　训练目标

(1)了解单相电度表、三相电度表接线方式,接线要求。

(2)了解单相电度表、三相电度表的工作原理。

(3)掌握电度表的安装。

15.3.2　训练器材

(1)三相电度表 1 块,3×380V/220V,3×5(20A)。

(2)三相闸刀开关 1 个,380V/15A。

(3)方木板:45cm×60cm,20cm×25cm。

(4)接线柱 6 个(三红三黑)。

(5)接线端三组(XT)5 挡。

(6)白炽灯:220V/25W,6 盏。

(7)灯座、导线等。

15.3.3　相关知识

1. 单相电度表

见第十章第四节。

2. 三相电度表

1)三相电度表的结构

三相电度表是按两表法测功率的原理,采用两只单相电度表组合而成的,其结构如图 15-17 所示。

2)三相电度表的接线方法

对于直接式三相三线制电度表,从左至右共 8 个接线桩,1,4,6 接进线,3,5,8 接出线,2,7 可空着。

对直接式三相四线制电度表,从左至右共有 11 个接线桩,1,4,7 为 A,B,C 三相进线,10 为中性线进线,3,6,9 为 3 根相线出线,11 为中性线出线,2,5,8 可空着。对于大负荷电路,必须采用间接式三相电度表,接线时需配 2～3 个同规格的电流互感器。

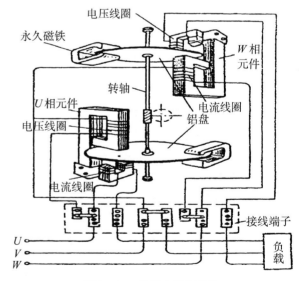

图 15-17　三相电度表结构

3)三相电度表的安装

三相电度表可分为用于三相三线制电路电能测量的三相二元件电度表和用于三相四线制电路电能测量的三相三元件电度表。如图 15-18 所示。

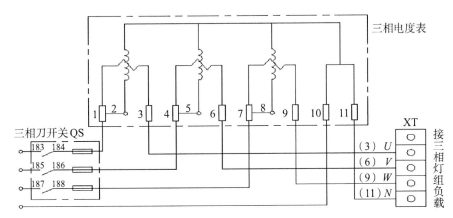

图 15-18 三相电度表的接线

15.3.4 操作训练

(1)三相三元件电度表的接线方式如图 15-18 所示,将三相电度表,三相闸刀开关以及接线端子排 XT5 挡等固定在方木板上。打开三相电度表盒盖,共有 11 个接线端子,1,4,7,10 接三相电源,3,6,9,11 接三相灯组负载。

(2)将 6 个灯座与 6 个接线柱按图 15-19(a)作为三相灯组负载在方木板上安装好。红的接线柱分别为 $U1,V1,W1$;黑的接线柱分别为 $U2,V2,W2$。

(3)在接好三相灯组负载的方木板上,按图 15-19(b)Y 形联结接好,然后接到 XT 接线端子的对应位置,插上白炽灯,合上三相刀开关,接通三相电源,改变负载的大小,观察白炽灯的亮度和铝盘转速情况。

(4)在接好三相灯组负载的方木板上,按图 15-19(c)△形联结接好,然后接到 XT 接线端子的对应位置,插上白炽灯,合上三相刀开关,接通三相电源,改变负载的大小,观察白炽灯的亮度和铝盘转速情况。

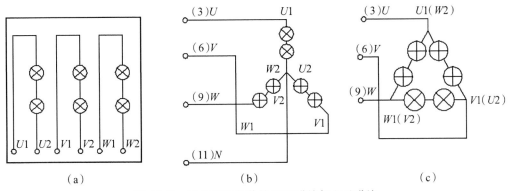

(a) (b) (c)

图 15-19 三相灯组负载的 Y 形联结与△形联结

(a)三相灯组负载 (b)Y 形联结 (c)△形联结

(5)改变电度表的倾斜角度,观察铝盘转速情况。

注意：

①选用电度表的额定电流应大于室内所有用电器的总电量；

②电度表电压线圈与负载并联，电流线圈与负载串联；

③电度表本身应装得平直，纵横方向均不应发生倾斜；

④电度表进线在左、出线在右，不得装反，不得穿入同一管内；

⑤刀开关不许倒装。

15.3.5 思考与实践报告

(1)观察三相灯组负载，当 Y 形联结与 △ 形联结时，灯光亮度有何变化，为什么？

(2)三相四线制电路中，中性线的作用是什么？

(3)根据训练相关要求完成实践报告。

*15.4 任务四 低压动力配电装置的安装

15.4.1 训练目标

(1)掌握配电箱的工作原理。

(2)了解配电箱中各种仪表和器件的作用及安装原则。

(3)掌握配电箱的布线工艺和安装工艺。

15.4.2 训练器材

(1)单相电度表、三相电度表各 1 只。

(2)空气开关、普通刀开关、插座、熔断器等各 2 只。

(3)木制工作台 2 块。

(4)交流电流表、电压表、频率表各 1 只。

(5)电工工具 1 套。

(6)导线若干。

15.4.3 相关知识

1. 配电板(箱)的作用和基本组成

1)作用

一种连接在电源和多个用电设备之间的电气装置，主要起分配电能和控制、测量、保护用电电器作用。

2)基本组成

一般由进户总熔断器、电度表、电流互感器、控制开关、过载或短路保护电器等组成，容量较大的还装有隔离开关。

3)分类

(1)按用途分：有照明配电箱和动力配电箱。

(2)按材质分：有木质、铁质和塑料等。

(3)按安装方式分：有明装和暗装。

(4)按制造方式分：有自制配电箱和成品配电箱。

2. 组成配电板(箱)的主要器件和作用

1)交流电度表

(1)作用：累计记录用户一段时间内消耗电能的多少。

(2)分类:按结构和工作原理分为:电气机械式和电子数字式;按其测量的相数分为:单相电度表和三相电度表。

单相电度表的接法:串联在电路中,①1,3 接进线,2,4 接出线;②1,2 接进线,3,4 接出线。

单相电度表的安装:一般装在配电盘的左方或上方,开关装在右边或下方;电度表在安装时必须与地面垂直。

三相电度表:主要用于动力配电线路中。

三相电度表的接法:三相四线制和三相三线制。

2)闸刀开关

作用:控制电路接通或分断的手动低压开关。

分类:有二极胶盖闸刀开关和三极胶盖闸刀开关两种,二极胶盖闸刀开关常应用在家用电路中,三极胶盖闸刀开关常应用在动力配电线路中;

闸刀开关的接线规定:开关底座上端的一对接线桩接电源进线,底座下端的一对接线桩通过熔断丝与动触头相连,接电源出线,闸刀安装时,手柄要朝上,不能倒装或平装;

3)熔断器

在电路短路或过载时能自动熔断从而切断电路,对电路起到保护作用;

熔断器的选用:根据熔丝负载电流和电路总电流大小来选用;注意:装换熔丝时不能任意加粗,更不能用其他金属丝代替。

安装:

①用于保护电器的熔断器应安装在总开关的后面;用于线路隔离的熔断器应安装在总开关的前面;

②插入式熔断器和管式熔断器必须垂直于地面安装,不能横装或斜装;

③安装旋入式熔断器,电源进线应与中心簧片接线桩相接,出线与同螺口相连的接线桩相接。

4)电流互感器

应用于工作电流较大的电力系统中,起电流变换和电路隔离作用;

5)漏电保护器

用于防止因触电、漏电引起的人身伤亡事故、设备损坏及火灾的安全保护电器。

分类:按动作原理分:有电压动作型和电流动作型;按内部结构分:有电磁式和电子式。

漏电保护器的使用:选用漏电保护器时,首先应使其额定电压和额定电流大于或等于线路的额定电压和负载工作电流,其次应使其脱扣器的额定电流大于或等于线路负载工作电流。

3. 配电板(箱)的制作与组装

1)盘面板的组装

盘面板的作用:固定在配电箱中,用于安装电器元件。

盘面板的组装:

①面板的制作:一般用铁皮制作,尺寸由板上安装的仪表和器件的多少及配电箱的大小决定(一般为成品);

②电器排列:一般是将仪表放在上方,各回路开关及熔断器相互对应;

③排列间距:按规定;

④盘面板的加工;

⑤电器的固定。

2)盘面板的配线

(1)导线选择:根据仪表和电器的规格、容量及安装位置,按设计要求选取导线截面和长度。

(2)导线敷设:有明敷和暗敷两种。

(3)导线的连接。

3)盘面板的安装要求

(1)电源连接:垂直装设的开关或熔断器的上端接电源,下端接负载;横装的设备左侧接电源,右侧接负载。

(2)接零母线。

(3)相序分色:相线用黄、绿、红色,中性线用紫色,接地线用紫底黑色。

(4)箱体制作。

(5)配电箱安装。

安装方式:有悬挂式、嵌墙式和落地式三种。

安装注意事项:

①挂墙式的配电箱可采用膨胀螺栓固定在墙上,但空心砖或砌块墙上要预埋燕尾螺栓或采用对拉螺栓进行固定;

②安装配电箱应预埋套箱,安装后面板应与墙面平。

4. 小型配电箱的安装及要求

小型配电箱的安装按照电源引入、安装三相表、安装总开关、安装起动器、安装三相电机的顺序进行,如图 15-20 所示。

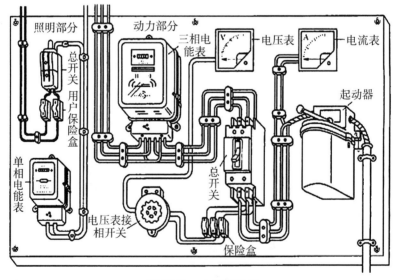

图 15-20　小型配电箱

1)布线规则

(1)左零右相布线。

(2)灯头开关和螺口灯座的内触头均接相线。

(3)配电盘背面布线应横平竖直,分布均匀,避免交叉,导线转角应圆成90°,圆角呈圆弧形自然过渡；

2）元件摆放顺序

按电源相线流经的顺序，确定元器件的摆放顺序：三眼插头→单相电度表→单相闸刀→漏电保护器→保险丝盒→两眼插座→灯头开关→灯头座。

3）外观要求

(1)元器件中仪表应放于上方，整体布局均匀美观。

(2)采用暗敷方式，正面放置元器件，反面统一布线。

(3)与有垫圈的接线桩连接时，线头应弯成羊眼圈，大小略小于垫圈。

(4)导线下料长短适中，裸露部分要少，线头应紧固到位。

15.4.4 操作训练

1. 参观本校的供配电系统，请校电工房的师傅或老师介绍配电房的功能和日常工作，然后画出本校的电力配置示意图，并填入表15-1。

表 15-1

名称	规格	电路

2. 请为某三相电动机(功率小于 7kW，照明负载功率小于 1kW)配电。试选择总保险盒、铁壳开关、闸刀、三相及单相插座和导线的规格，并配线，画出其线路图。

注意：

①开关安装的位置：既要考虑操作方便，又要安全、美观；

②电阻性负载可选用胶盖闸刀开关或其它普通开关；电感性负载应选用负荷开关或自动空气开关；

③开关的载流量应大于被控制负载最大的分断负荷电流；

④电源进线必须与开关的静触头接线桩相接，出线与动触头接线桩相接。进出线规格要一致；

⑤采用负荷开关，内部已有熔断器；采用自动空气开关，内部装有短路、过载的保护脱扣器，后面电路可不再装熔断器。

15.4.5 思考与实践报告

(1)配电板(箱)的一般组成有哪几部分？

(2)交流电度表的作用是什么？一般是如何分类的？

(3)闸刀开关的作用是什么？如何进行接线的？

(4)熔断器的作用是什么？安装和替换时应注意哪些事项？

(5)电流互感器的作用是什么？

(6)漏电保护器的作用是什么？如何正确的使用？

(7)为什么采用负荷开关后面电路可不再装熔断器？

(8)根据训练相关要求完成实践报告。

16 项目二 电动机控制线路的安装

16.1 任务一 三相异步电动机直接启动

16.1.1 训练目标

（1）了解交流接触器、热继电器的用途、型号含义及符号。

（2）掌握交流接触器、双联按钮、低压断路器、热继电器的结构原理和使用方法。

（3）了解控制电路对电动机的控制原理。

（4）学会直接启动控制电路的安装和操作方法。

16.1.2 训练器材

训练器材如表 16-1 所示。

表 16-1

代号	名称	型号	规格	数量	备注
M	三相异步电动机		380V	1	
QS	低压断路器	DZ47	5A/3P	1	
KM	交流接触器	CJX2-9/380	AC380V	1	
SB	双联按钮			1	SB1(绿)SB2(红)
FR	热继电器	JR-36	整定电流 0.63A	1	
FU	螺旋式熔断器	RL1-15	3A	2	
	控制板、导线				自定
	万用表及相关工具				自定

16.1.3 相关知识

图 8-28(c)是三相异步电动机直接启动控制原理图，控制过程分析如下。

启动时先合上电源开关 QS。

1. 启动过程

按下 SB1 ——→KM 线圈得电 $\begin{cases} \text{KM 主触头闭合} \\ \text{KM 常开辅助触头闭合自锁} \end{cases}$ 电动机 M 自动连续运转

2. 停止过程

按下 SB2 ——→KM 线圈失电 $\begin{cases} \text{KM 主触头断开} \\ \text{KM 自锁触头断开} \end{cases}$ 电动机 M 失电停转

3. 保护过程

当电动机过载时——→FR 常闭触头断开——→电动机停转

16.1.4 操作训练

1. 电器检测

配齐所用元器件并按表 16-2 所示的要求进行校验。

2. 操作与观察

(1)根据图 8-28(c)所示原理图设计实物布件图。

(2)根据布件图在控制板上安装电器元件,再根据电路原理图布线、套编码管并接线。安装好后对照图 16-1 电路实物接线图检查接线是否正确。

(3)牢固平稳地安装电动机,并连接电动机和按钮金属外壳的保护接地线。

(4)连接电源、电动机等控制板外部的接线。

(5)检查无误后,经指导教师同意方能通电试车,同时观察电动机启动、运转和停止的情况。

(6)试车完毕后,停机断开电源,先拆除三相电源线,再拆除电动机负载线。

表 16-2

电器	检测内容(要求)
电动机	了解异步电动机的铭牌数据,看接线柱是否完好,转子转动是否灵活,绝缘等级是否符合要求
接触器	1. 检查接触器的铭牌与线圈的技术数据是否符合实际使用要求 2. 检查接触器外观,应无机械损伤;用手推动接触器可动部分时,接触器应动作灵活,无卡阻现象,灭弧罩应完整无损,牢固可靠 3. 将铁心极面上的污垢用煤油擦净,以免多次使用后衔铁被粘住,造成断电后不能释放 4. 用万用电表电阻挡检查接触器的线圈电阻、绝缘电阻和常开、常闭触头
热继电器	用万用电表电阻挡检查发热元件的通路和常开、常闭触头
低压断路器	用万用电表电阻挡检查触头的接触情况
双联按钮	用万用电表电阻挡检查常开、常闭触头

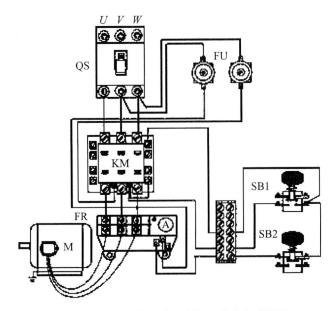

图 16-1　三相异步电动机直接启动实物联接图

注意：

①设计实物布件图时要注意到各元器件的安装位置应整齐匀称、间距合理,便于元器件的更换;

②安装电器元件时用力要匀称,紧固程度适当;

③布线应做到横平竖直、整齐,分布均匀、紧贴安装面、走线合理;套编管要正确;严禁损伤线芯和导线绝缘;

④热继电器的热元件应串接在主电路中,常闭触头应串接在控制电路中。整定电流应按电动机的额定电流自行调整,绝对不允许弯折双金属片。在一般情况下,热继电器应置于手动复位的位置上。若需要自动复位时,可将复位调节螺钉沿顺时针方向向里旋足;

⑤实训电路较复杂,相与相触头距离近,因此接线要求安全可靠;

⑥通电后不要改动电路,避免发生短路事故。

16.1.5 思考与实践报告

(1)双联按钮在安装过程中应注意哪些事项?

(2)如何根据三相异步电动机直接启动控制电路中故障现象对主、控电路进行分析维修?

(3)根据训练相关要求完成实践报告。

16.2 任务二 三相异步电动机正反转控制

16.2.1 训练目标

(1)熟悉三相异步电动机接触器联锁正反转控制电路的控制原理。

(2)掌握三相异步电动机接触器联锁正反转控制电路的安装和操作方法。

16.2.2 训练器材

训练器材如表 16-3 所示。

表 16-3

代号	名称	型号	规格	数量	备注
M	三相异步电动机		380V/120W	1	
QS	低压断路器	DZ47	5A/3P	1	
KM1,KM2	交流接触器	CJX2-9/380	AC380V	2	
SB	三联按钮			1	SB1,SB2,SB2
FR	热继电器	JR-36	整定电流 0.63A	1	
FU	螺旋式熔断器	RL1-15	3A	2	
	控制板、导线				自定
	万用表及相关工具				自定

16.2.3 相关知识

正转控制电路只能使电动机朝一个方向运转,但在许多情况下要求电动机能向正反两个方向运转。当改变通入电动机定子绕组的三相电源相序,即把接入电动机三相电源进线中的任意两相对调接线时,就可使三相电动机改变转向。

16.2.4 操作训练

（1）配齐所用电器元件，并根据各电器元件的技术指标要求进行质量检测。

（2）根据图 8-29 所示原理图先设计实物布件图。

（3）根据布件图在控制板上安装电器元件，再根据电路原理图布线和套编码管并接线。然后对照图 16-2 三相异步电动机正反转控制实物接线图进行检查。

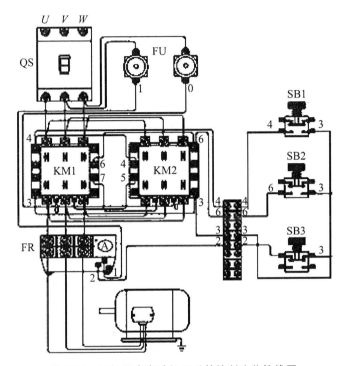

图 16-2　三相异步电动机正反转控制实物接线图

（4）安装电动机，并连接电动机和按钮金属外壳的保护接地线。

（5）连接电源、电动机等控制板外部的接线。

（6）检查无误后，经指导教师同意方能通电试车，观察电动机正转、反转和停止情况。

（7）试车完毕后，停机切断电源，先拆除三相电源线，再拆除电动机负载线。

注意：

①设计实物布件图时要注意到各元器件的安装位置应整齐匀称、间距合理，便于元器件的更换；

②安装电器元件时用力要匀称，紧固程度适当。电动机安装要牢固平稳，以防止在换向时产生滚动而引起事故；

③布线应做到横平竖直、整齐，分布均匀、紧贴安装面、走线合理；套编码管要正确；严禁损伤线芯和导线绝缘；

④热继电器的热元件应串接在主电路中，常闭触头应串接在控制电路中。整定电流应按电动机的额定电流自行调整，绝对不允许弯折双金属片。在一般情况下，热继电器应置于手动复位的位置上。若需要自动复位时，可将复位调节螺钉沿顺时针方向向里旋足；

⑤按钮及接触器联锁触头的接线必须正确，否则将会造成主电路中两相电源短路事故；

⑥通电后不要改动电路,避免发生短路事故。

16.2.5 思考与实践报告

(1)分析电动机正反转控制电路原理并说明自锁、联锁的作用。

(2)如何根据三相异步电动机正、反转控制电路中故障现象对主、控电路进行分析维修?

(3)根据训练相关要求完成实践报告。

16.3 任务三 三相异步电动机"Y/△"启动控制

16.3.1 训练目标

(1)进一步提高按照电路原理图连接实际电路的能力。

(2)掌握三相异步电动机 Y/△降压启动的控制原理。

(3)学会三相异步电动机 Y/△降压启动控制电路的安装和操作方法。

16.3.2 训练器材

表 16-4

代号	名称	型号	规格	数量	备注
M	三相异步电动机		380V	1	
QS	低压断路器	DZ47	5A/3P	1	
KM	交流接触器	CJX2-9/380	AC380V	3	
SB	双联按钮			1	SB1(绿)SB2(红)
FR	热继电器	JR-36	整定电流 0.63A	1	
KT	时间继电器			1	
FU	瓷插式熔断器	RC1-15	3A	2	
	控制板、导线				自定
	万用表及相关工具				自定

16.3.3 相关知识

对于小容量电动机可采用直接启动方式,但较大容量的电动机应采用降压启动方式。Y/△启动就是降压启动的方法之一。图 16-3 是时间继电器控制的异步电动机 Y/△启动原理图,其控制电路原理分析如下:

按下停按钮 SB2 控制电路失电,电动机 M 失电停转。

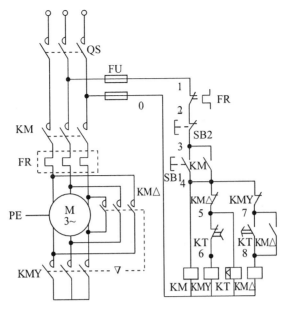

图 16-3 异步电动机 Y/△降压启动的控制原理图

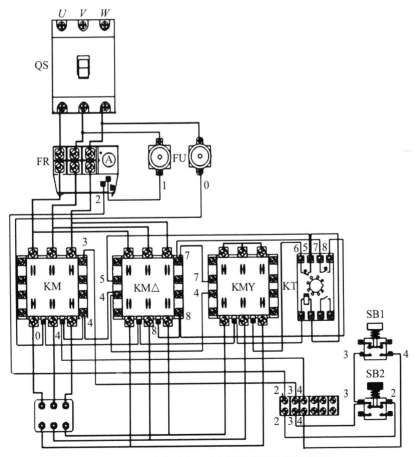

图 16-4 异步电动机 Y/△降压启动实物接线图

16.3.4 操作训练

(1)配齐所用电器元件,并根据各电器元件的技术指标要求进行质量检测。

(2)根据图 16-3 所示原理图先设计实物布件图。

(3)根据布件图在控制板上安装电器元件,再根据电路原理图布线和套编码管并接线。安装好后对照图 16-4 三相异步电动机 Y/△降压启动实物接线图进行检查。

(4)安装电动机,并连接电动机和按钮金属外壳的保护接地线。

(5)连接电源、电动机等控制板外部的接线。

(6)检查无误后,经指导教师同意后通电试车,观察电动机的启动、运转和停止情况。

(7)试车完毕,按下 SB2,电动机停转,断开总电源,将电路拆开,把各器材放回原处。

注意:

①要合理安排电器元件位置,用 Y/△减压启动控制的电动机必须有 6 个出线端子,接线时要保证正确性、牢靠、整齐、清楚、安全可靠;

②操作时要胆大、心细、谨慎,不许用手触及各电器元件的导电部分及电动机的转动部分,以免触电及意外损伤;

③通电后不要改动电路,避免发生短路事故。

16.3.5 思考与实践报告

(1)设计一个用接触器控制的手动 Y/△降压启动控制线路。(不用时间继电器)

(2)采用 Y/△降压启动对鼠笼式异步电动机有何要求?说明电机 Y/△启动的动作原理。

(3)控制电路中的互锁触头有何作用?若取消这对触头对 Y/△降压启动有何影响,

(4)如何根据三相异步电动机 Y/△启动控制电路中故障现象对主、控电路进行维修?

(5)降压启动的自动控制线路与手动控制线路比较有哪些优点?

(6)根据相关要求完成实践报告。

17 项目三 变压器与电动机的维修

17.1 任务一 小型变压器的故障检修

17.1.1 训练目标

(1)了解小型变压器常见故障现象。

(2)掌握小型单相变压器一般故障的判断方法。

17.1.2 训练器材

(1)小型电源变压器一台(3~10W 单相变压器)。

(2)220V/100W 灯泡一个。

(3)47 型万用表一块。

(4)兆欧表一块。

17.1.3 相关知识

对于小型电力变压器,为了保证变压器的安全运行,应对它进行经常维护和定期检查。

1. 检查和清洁变压器

(1)检查瓷套管是否清洁,有无裂纹与放电痕迹,螺纹有无损坏及其它异常现象,如果发现应尽快更换。

(2)检查各密封处有无渗油和漏油现象,严重的应及时处理。

(3)检查储油柜的油位高度及油色是否正常,若发现油面过低应加油。

(4)检查箱顶油面温度计的温度与室温之差是否低于 55℃。

(5)定期进行油样化验及观察硅胶是否吸潮变色,需要时进行更换。

(6)注意变压器的声响与原来相比是否正常。

(7)察看防爆管的玻璃是否完整,或压力释放阀的膜盘是否顶开。

(8)检查油箱接地情况。

(9)观察瓷管引出电缆头接头处有无发热变色,火花放电及异状,如有此现象,应停电检查,找出原因后修复。

(10)察看高、低压侧电压及电流是否正常。

(11)冷却装置是否正常,油循环是否破坏。

另外,要注意变电所门窗和通道的封闭情况,以防小动物进入变压器室,造成电气事故。

2. 故障检查

1)观察法

变压器的故障如过载、短路、接触不良、打火等通常都反映在发热上,变压器油温上升,有气体、油冲出,有焦味,有爆裂声、打火声等,可以观察变压器上的保护装置是否动作;防爆膜是否冲破;喷出油的颜色是否变黑或有焦味(变黑、有焦味说明故障严重);上层油温是否超过 85℃;液面是否正常;各连接部位是否漏油;箱内有无不正常声音。总之通过看、闻、听就可大致判断变压器是否有问题。

2)测试法

对于观察无法进一步判断的问题,必须用仪表测试才能作出正确的判断。

(1)2500V 兆欧表测相间和每相对地的绝缘电阻可以发现绝缘破坏的情况。

对于 6～10kV 电力变压器绝缘电阻要求如下:

①10℃～20℃时应该为 600～300MΩ;

②30℃～40℃时应为 150～80MΩ;

③50℃～60℃时应为 13～8MΩ。

(2)绕组的直流电阻测量　绕组的直流电阻往往测量的是两根相线之间的线电阻,小容量变压器可用单臂电桥(惠斯登电桥)测量,电桥精度 0.5 级;大容量变压器可用双臂电桥(开尔文电桥,可测 1Ω 以下电阻)测量,电桥精度为 0.2 级。三相线电阻值相差不超过 2%,其公式为。

$$\frac{R_D - R_C}{R_P} \times 100\% \leqslant 2\%$$

式中,R_D 为最大线电阻,R_C 为最小线电阻,R_P 为三相电阻平均值。

当分接开关在不同位置,测得的电阻值相差很大时,就可能是分接开关接触有问题。绕组的直流电阻测量可查出匝间短路、断路、引线与套管接触不良等。

17.1.4　操作训练

1. 小型变压器的常见故障

(1)一次侧绕组开路或烧毁。

(2)二次侧绕组开路。

(3)绕组内部短路或绕组与铁心短路。

2. 开路性故障的检测

对于开路性故障,可用万用表欧姆挡测其通断进行判断。

有些小功率电源变压器设有内置温度保险管,若保险管熔断,可取消保险管后继续使用。

图 17-1　小型变压器实物图

3. 短路性故障的检测

1)空载通电法

按图 17-2 连接电路,切断变压器的负载、通电,看其空载温升,若温度较高(烫手),说明内部有局部短路,若通电 15～30min,温升正常,则说明变压器无故障。

2)串灯试验法

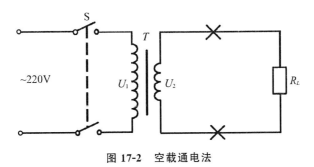

图 17-2　空载通电法

按图 17-3 连接电路,在变压器电源回路串接一只 220V/100W 灯泡,接通电源时,若灯泡微红,说明变压器正常,若灯泡很亮或较亮,说明变压器存在局部短路故障,且灯泡越亮、短路越严重。

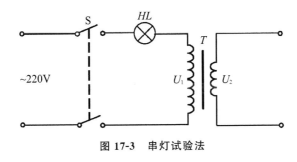

图 17-3　串灯试验法

4.仪器仪表检测法

仪器仪表检测法适用于各种类型变压器的检测。

绝缘电阻的测量。测量绝缘电阻是判断绕组绝缘状况的比较简单而有效的方法。测量绝缘电阻通常采用兆欧表,3kV 以上的高压变压器一般采用 2500V 的兆欧表。

测量项目:测量绕组的绝缘电阻应测量高压绕组对低压绕组及地、低压绕组对高压绕组及地、高压绕组对低压绕组等三个项目。这里的"地"实际上指的是变压器金属外壳。

绝缘电阻合格值:绝缘电阻与变压器的容量、电压等级有关,与绝缘受潮情况等多种因素有关。所测结果通常不低于前次测量数值的 70% 即认为合格,绝缘电阻参考值参阅相关手册。

17.1.5　思考与实践报告

(1)变压器常见故障有哪些?

(2)变压器一般故障的常用判断方法有哪几种?

(3)绝缘电阻的测量项目有哪些?

(4)根据实训过程及要求完成实训报告。

17.2　任务二　三相异步电动机的检查

17.2.1　训练目的

(1)学会三相异步电动机的检查与判定各相绕组始末端的方法。

(2)提高用兆欧表测量绝缘电阻的技能。

17.2.2 训练器材

(1)JO2-31-4 型三相异步电动机 1 台。

(2)万用表一块。

(3)ZC11-3 型兆欧表 1 块。

(4)6V 灯泡 1 个。

17.2.3 相关知识

1. 绕组始末端的测定

三相异步电动机的定子绕组对称地嵌放在铁芯槽中,三相绕组的始端(或末端)之间相隔 120°电角度。接通三相电源,便产生旋转磁场。每相绕组的始末端分别用 U_1-U_2、V_1-V_2、W_1-W_2 标记并引至接线盒上。根据电动机的额定电压与电源电压相符的原则,选择 Y 接法或 △ 接法。

在没有标记的情况下,必须首先判别三相绕组的始末端,然后才能接成合适的联接形式使用。判别始末端的方法是:

(1)灯泡法。先用灯泡或万用表检查出各个同相的两个线头,再把任意两相串接,余下一相接 6~220 伏灯泡,然后将交流低压单相电源(36~220 伏)接入两相串接的绕组。如果灯泡是亮的,表示串接的两相是始端、末端相接,如图 17-4(a)所示(假定 U_2 为始端,则 V_1 为末端)。如果灯泡不亮,表示串接的两相是始端与始端或末端与末端相接,如图 17-4(b)所示。

(2)万用电表法。如图 17-4(c)所示,首先将万用表旋钮置电阻挡,分别测出各相绕组。然后将旋钮置直流毫安挡,两表笔分别接任意某一相的两个出线端,而电池正负极则接到另一相的两个出线端,合上开关的瞬间,如表针右摆,则电池负极所接的线端与万用表正表笔所接的线端是同极性的(即始端或末端)。如此类推,就可以试出其他两相的始端或末端。

(3)万用电表法(不用电池)。首先区分各相绕组并假定其始末端,将三相绕组的始端与始端、末端与末端分别连接在一起。然后将万用表置直流毫安挡,正、负表笔分别接始、末端,用手转动电动机轴,如果表针摆动,表示接线中假定的始末端有误,可把某一相的两个出线端对调后再转动电动机轴,看表针有无摆动,按此规律进行测试,直至表针不摆动为止。这时说明一组线端为始端(输入端),另一组线端为末端(中线点)。

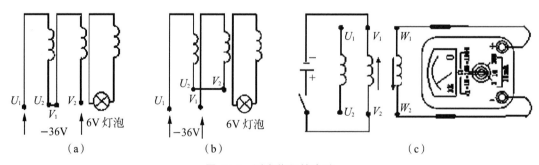

图 17-4 测定绕组始末端

(a)串接绕组始末端相接　(b)串接绕组末端相接　(c)用万用电表法测定

2. 绝缘电阻的测量

绝缘电阻一般是指电气设备导电部分与外壳之间或相互绝缘的绕组之间的总电阻。由于各种电气设备都在一定的电压下工作,所以绝缘电阻都在略高于工作电压的直流试验电压下测试.试验电压分为 100V,500V,1000V,2500V 等。

绝缘电阻是绝缘材料性能的标志,绝缘材料常因发热、受潮、老化、污染等原因绝缘电阻值下降,造成电气设备的漏电或短路事故。

绝缘电阻的测试是电气设备绝缘检验的重要项目之一,须定期进行检查,绝缘电阻常用兆欧表(俗称摇表)测量,绝缘电阻越大,绝缘性能越好。

测试电压由兆欧表产生,不同规格的兆欧表产生的试验电压等级不同,应根据被测设备的额定电压选用兆欧表的规格(详见有关资料)。

测量异步电动机的绝缘电阻时,应分别测量每相绕组对机壳的绝缘电阻。对于绕线转子异步电动机,应分别测量定子绕组及转子绕组的绝缘电阻。

根据国家标准规定:额定电压为 500V 以下的中小型电机,在热态时,绕组的绝缘电阻应不低于 0.5MΩ。

电机的绝缘电阻不符合规定,说明电机有受潮或其他故障,必须采取相应措施,以提高其绝缘电阻。在此以前,不能进行实验或投入运行,否则将会造成人身和设备事故。

本次实训所用电机的额定电压为 380V,用 500V 的兆欧表测量绝缘电阻。

3. 电机的检查

在上述检查(始末端判定,绝缘电阻)之前,应对电机的机械方面进行全面检查,其主要内容有:①外观检查,观察电机有无破损、裂纹、紧固螺钉、螺母是否松动;②用手拨动转子,看转动是否灵活,有无撞击和不正常的摩擦声,轴承是否缺油。

只有没有机械缺陷的电机,才能进行其他项目的检查。

17.2.4　操作训练

(1)抄录电动机的铭牌。

(2)对电动机进行机械检查。

(3)测定三相绕组的始末端(采用万用表法)。

①用万用表的欧姆挡判别每相绕组的出线端,并且暂时标出 U_1-U_2、V_1-V_2、W_1-W_2;

②把 U_1,V_1,W_1 用导线连接为一个星形点,把 U_2,V_2,W_2 用导线连接成另一个星形点,将万用表拨到毫安挡。两表笔分别接触两星形点,并慢慢转动电机转子,如万用表指针基本不动,则 U_1,V_1,W_1,U_2,V_2,W_2 标记为正确的始末端;如万用表针摆动(且幅度较大),则表示接线分组不正确,可把两组中某一相的两个出线端对调后再试,看表针有无摆动,按此方法进行测试,直至表针不摆动为正确。

(4)测量绝缘电阻。

注意:

①做电动机实训时,有辫子的女同学要将头发妥为扎好,以免被转动部分所卷,危及人身安全。

②注意安全操作。

③接线时应注意导线截面的大小是否适当。

17.2.5　思考与实践报告

(1)抄录电动机铭牌。

(2)按照实践报告单上的要求填写各项。

参 考 文 献

［1］ 石生.电路基本分析[M].北京:高等教育出版社,2007.

［2］ 马世豪.电路原理[M].北京:科学出版社,2005.

［3］ 秦曾煌.电工学[M].北京:高等教育出版社,2004.

［4］ 刘南平.电路分析[M].北京:人民邮电出版社,2006.

［5］ 杜振玉、葛廷友.电工基础[M].北京:北京航空航天大学出版社,2007.

［6］ 戴月根、费新华.中级维修电工技能操作与考核[M].北京:电子工业出版社,2008.

［7］ 王建、杜诗超.电工操作实训[M].北京:机械工业出版社,2008.

［8］ 王兆晶.维修电工(中级)[M].北京:机械工业出版社,2007.

［9］ 边长禄.电工技能与训练[M].北京:人民邮电出版社,2008.

［10］ 梅开乡、徐滤非.电工职业技能实训[M].北京:人民邮电出版社,2006.

［11］ 陆国和.电工实验与实训[M].北京:高等教育出版社,2006.

［12］ 陈学平.电工技术基础与技能实训教程[M].北京:电子工业出版社,2006.

［13］ 徐国华.电工技能实训教程[M].北京:北京航空航天大学出版社,2007.

附录 A　电工仪表面板符号

分类	符号	名称	分类	符号	名称
电流种类	——	直流表	工作原理		磁电式仪表
	∼	交流表			电磁式仪表
	∼	交直流两用表			电动式仪表
					电磁式仪表（有磁屏蔽）
测量对象	Ⓐ	电流表			电动式仪表（有磁屏蔽）
	Ⓥ	电压表			磁电式整流式仪表
	Ⓦ	功率表	绝缘实验	⚡ 2kV	实验电压
	KW·h	电度表		☆	
工作位置	——	水平使用	防御能力	Ⅱ ┆Ⅱ┆	Ⅱ级防外磁场及电场
	⊔			Ⅲ ┆Ⅲ┆	Ⅲ级防外磁场及电场
	↑	垂直使用	准确度	1.5	1.5级（以标度尺量限百分数表示的准确度等级）
	⊥			∨	1.5级（以标度尺量限百分数表示的准确度等级）
端钮	—	负端钮		①.5	1.5级（以指示值百分数表示的准确度等级）
	+	正端钮	使用条件	△A	A组仪表
	✳	公共端钮（多量程仪表或万用电表）		△B	B组仪表在 -20℃∼50℃条件下工作
	⊥	接地端钮		△C	C组仪表

附录 B 维修电工的工作要求与知识结构

1. 工作要求

《维修电工国家标准》对初级、中级、高级的技能要求依次递进,高级别包括低级别的要求,见表 B-1～表 B-3。

表 B-1 初级工作要求

职业功能	工作内容	技能要求	相关知识
一、工作前准备	劳动保护与安全文明生	1. 能够正确准备个人劳动保护用品 2. 能够正确采用安全措施保护自己,保证工作安全	
	工具、量具及仪器、仪表	能够根据工作内容合理选用工具、量具	常用工具、量具的用途和使用、维护方法
	材料选用	能够根据工作内容正确选用材料	电工常用材料的种类、性能及用途
	读图与分析	能够读懂 CA6140 型车床、Z35 型钻床、5t 以下起重机等一般复杂程度机械设备的电气控制原理及连线图	一般复杂程度机械设备的电气控制原理图、接线图的读图知识
二、装调与维修	电气故障检修	1. 能够检查、排除动力和照明线路及接地系统的电气故障 2. 能够检查、排除 CA6140 型车床、Z35 型钻床等一般复杂程度机械设备的电气故障 3. 能够拆卸、检查、修复、装配、测试 30KW 以下三相异步电动机和小型变压器 4. 能够检查、修复、测试常用低压电器	1. 动力、照明线路及接地系统的知识 2. 常见机械设备电气故障的检查、排除方法及维修工艺 3. 三相异步电动机和小型变压器的拆装方法及应用知识 4. 常用低压电器的检修及调试方法
	配线与安装	1. 能够进行 19/0.82 以下多股铜导线的连接并恢复其绝缘 2. 能够进行直径 19mm 以下的电线铁管煨弯、穿线穿明、暗线的安装 3. 能够根据用电设备的性质和容量,选择常用电器元件及导线规格	1. 电工操作技术与工艺知识机床配线、安装工艺知识 2. 机床配线、安装工艺知识

续表

职业功能	工作内容	技能要求	相关知识
二、装调与维修	配线与安装	4. 能够按图样要求进行一般复杂程度机械设备的主、控线路配电板的配线及整机的电气安装工作 5. 能够检验、调整速度继电器、温度继电器、压力继电器、热继电器等专用继电器 6. 能够焊接、安装、测试单相整流稳压电路和简单的放大电路	3. 电子电路基本原理及应用知识 4. 电子电路焊接、安装、测试工艺方法
	调试	能够正确进行 CA6140 型车床、Z35 型钻床等一般复杂程度的机械设备或一般电路的试通电工作。能够合理应用预防和保护措施，达到控制要求，并记录相应的电参数	1. 电气系统的一般调试方法和步骤 2. 试验记录的基本方法

表 B-2 中级工作要求

职业功能	工作内容	技能要求	相关知识
一、工作前准备	工具、量具及仪器、仪表	能够根据工作内容正确选用仪器、仪表	常用电工仪器、仪表的种类、特点及适用范围
	读图与分析	能够读懂 X62W 铣床、MGB1420 磨床等较复杂机械设备的电气控制原理图	1. 常用较复杂机械设备的电气控制线路图 2. 较复杂电气图的读图方法
二、装调与维修	电气故障检修	1. 能够正确使用示波器、电桥、晶体管图示仪 2. 能够正确分析、检修、排除 55kW 以下的交流异步电动机、60kW 以下的直流电动机及各种特种电机的故障 3. 能够正确分析、检修、排除交磁电机扩大机、X62W 铣床、MGB1420 磨床等机械设备控制系统的电路及电气故障	1. 示波器、电桥、晶体管图示仪的使用方法及注意事项 2. 直流电动机及各种特种电机的构造、工作原理和使用与拆装方法 3. 交磁电机扩大机的构造、原理、使用方法及控制电路方面的知识 4. 单相晶闸管交流技术
	配线与安装	1. 能够按图样要求进行较复杂机械设备的主、控线路电板的配线（包括选择电器元件、导线等），以及整台设备的电气安装工作 2. 能够按图样要求焊接晶闸管调速器、调功器电路，并用仪器、仪表进行测试	明、暗电线及电器元件的选用知识
	测绘	能够测绘一般复杂程度机械设备的电气部分	电气测绘基本方法
	调试	能够独立进行 X62W 铣床、MGB1420 磨床等较复杂机械设备的通电工作，并能正确处理调试中出现的问题，最后达到控制要求	较复杂机械设备电气控制调试方法

表 B-3　高级工作要求

职业功能	工作内容	技能要求	相关知识
一、工作前准备	读图与分析	能够读懂经济型数控系统、中高频电源、三相晶闸管控制系统等复杂机械设备控制系统和装置的电气控制原理图	数控系统基本原理 中高频高源电路基本原理
二、装调与维修	电气故障检修	能够根据设备资料,排除 B2010A 龙门刨床、经济型数控、中高频电源、三相晶闸管、可编程序控制器等机械设备控制系统及装置的电气故障	1. 电力拖动及自动控制原理基本知识及应用知识 2. 经济型数控机床的构成、特点及应用知识 3. 中高频炉或淬火设备的工作特点及注意事项 4. 三相晶闸管交流技术基础
	配线与安装	能够按图样要求安装带有 80 点以下开关量输入输出的可编程序控制器的设备	可编程序控制器的控制原理、特点、注意事项及编程器的使用方法
	测绘	1. 能够测绘 X62W 型铣床等较复杂机械设备的电气原理图、接线图及电元件明细表 2. 能够测绘晶闸管触发电路等电子线路并绘出其原理图 3. 能够测绘固定板、支架、轴、套、联轴器等机电装置的零件图及简单装配图	1. 常用电子元器件的参数标识及常用单元电路 2. 机械制图及公差配合知识 3. 材料知识
	调试	能够调试经济型数控系统等复杂机械设备及装置的电气控制系统,并达到说明书的电气技术要求	有关机械设备电气控制系统的说明书及相关技术资料
	新技术应用	能够结合生产应用可编程序控制器改造较简单的继电器控制系统,编制逻辑运算程序,绘出相应的电路图,并应用于生产	1. 逻辑代数、编码器、寄存器、触发器等数字电路的基本知识 2. 计算机基本知识
	工艺编制	能够编制一般机械设备的电气修理工艺	电气设备修理工艺知识及其编制方法
三、培训指导	指导操作	能够指导本职业初、中级工进行实际操作	指导操作的基本方法

2. 知识结构

《维修电工国家职业标准》对初级、中级、高级的理论知识和技能操作要求,见表 B-4、表 B-5。

表 B-4　理论知识

项目			初级(%)	中级(%)	高级(%)
基本要求		职业道德	5	5	5
		基础知识	22	17	14
相关知识	一、工作前准备	劳动保护与安全生产	8	5	5
		工具、量具及仪器、仪表	4	5	4
		材料选用	5	3	3
		读图与分析	9	10	10
	二、装调与维修	电气故障检修	15	17	18
		配线与安装	20	22	18
		调试	12	13	13
		测绘	—	3	4
		新技术应用	—	—	2
		工艺编制	—	—	2
		设计	—	—	—
	三、培训指导	指导操作	—	—	2
		理论培训	—	—	—
	四、管理	质量管理	—	—	—
		生产管理	—	—	—
合计			100	100	100

注:中级以上"劳动保护与安全文明生产"与"材料选用"模块内容按初级标准考核;高级以上"工具量具及仪器、仪表"模块内容按中级标准考核。

表 B-5　技能操作

项目			初级（%）	中级（%）	高级（%）
技能要求	一、工作前准备	劳动保护与安全生产	10	5	5
		工具、量具及仪器、仪表	5	10	8
		材料选用	10	5	2
		读图与分析	10	10	10
	二、装调与维修	电气故障检修	25	25	25
		配线与安装	25	25	15
		调试	15	18	19
		测绘	—	2	7
		新技术应用	—	—	3
		工艺编制	—	—	4
		设计	—	—	—
	三、培训指导	指导操作	—	—	2
		理论培训	—	—	—
	四、管理	质量管理	—	—	—
		生产管理	—	—	—
合计			100	100	100

　　注：中级以上"劳动保护与安全文明生产"与"材料选用"模块内容按初级标准考核；高级以上"工具量具及仪器、仪表"模块内容按中级标准考核。

参 考 答 案

习 题 一

1.1　$I=1A$

1.2　(1) 元件 1 吸收功率 9W,是负载。　　元件 2 发出功率 5W,是电源。

元件 3 发出功率 8W,是电源。　　元件 4 发出功率 6W,是电源。

元件 5 吸收功率 10W,是负载。

(2) 电源发出的功率 $P_{发出}=19W$;负载吸收的功率 $P_{吸收}=19W$;电源发出的功率和负载吸收的功率平衡。

1.3　$U_A=60V,U_B=40V,U_C=10V$

1.4　$U_{ab}=-2V$

1.5　(1) $U_{ab}=7V$　(2) $I=0.4A$

1.6　(a) 4Ω　(b) $10V$　(c) $0.6A$

1.7　$u=1000\cos(5000t)V$

1.8　(a) $I=-6A$　(b) $I_1=1A,I_2=3A$

1.9　$U_3=15V,U_{CA}=-10V$

1.10　$U_S=-1V$

1.11　(a) $I=-23A$　(b) $I_1=11A,I_2=23A$。

1.12　$U_x=6V$

1.13　$I_3=0.31A,I_4=9.3A,I_6=9.6A$

1.14　(a) $I=-3A$　(b) $U=10V$

1.15　$0A,-2V,-20W,20W$

1.16　$I=0.4A,U_{ab}=0V,U_{ac}=10V$

习 题 二

2.1　$U_1=4V,U_2=-6V$

2.2　$I_1=-6A,I_2=4A$

2.3　(1) 11.6V　(2) 10.6V

2.4　(a) $0.5R$　(b) $0.615R$

2.5　$R_{ab}=12\Omega,R_{cd}=4\Omega$

2.6　(1) 通过 $2k\Omega,10k\Omega$ 的电流强度为 0.75mA,通过 $1k\Omega,5k\Omega$ 的电流强度为 1.5mA

(2) $1k\Omega,2k\Omega$ 电阻两端的电压为 1.5V,$10k\Omega,5k\Omega$ 电阻两端的电压为 7.5V

2.7　$I=2A$

2.8　$4k\Omega,6k\Omega$

2.9　(1) $R_{ab}=8\Omega$　(2) $U_{ab}=72V$

2.10　$I=4A$

2.11　(1) 5V　(2) 150V

2.13 (a) 2A,5Ω (b) 7A,2Ω (c) 20V,4Ω (d) 20V,2Ω

2.14 (a) 2A 电流源,方向向上 (b) −2A 的电流源,方向向下

2.15 (a) 4V,4Ω 或 1A,4Ω (b) 4V,3Ω 或 1.33A,3Ω

2.16 0.125A

2.17 (a) 30V (b) −5V

2.18 (a) $R_2+(1-\mu)R_1$ (b) $R_1+(1+\beta)R_2$

习 题 三

3.1 $I_1=1\text{A},I_2=2\text{A},U=16\text{V}$

3.2 $U_{ab}=80\text{V}$,如果 U_{S2} 极性反向,$U_{ab}=0\text{V}$

3.3 $U=10.5\text{V}$

3.4 $I=0.25\text{A}$

3.5 (a) $U_{OC}=-0.5\text{V},I_{SC}=-0.25\text{A},R_0=2\Omega$

    (b) $U_{OC}=5\text{V},I_{SC}=0.5\text{A},R_0=10\Omega$

    (c) $U_{OC}=30\text{V},I_{SC}=1\text{A},R_0=30\Omega$

    (d) $U_{OC}=5\text{V},I_{SC}=0.83\text{A},R_0=6\Omega$

3.6 $I=3\text{A}$

3.7 $I=\dfrac{(R_1+R_2)I_S+U_S}{R_1+(1-\alpha)R_2+R_3}$

3.8 $R_L=20\Omega$ 时,输出功率最大。最大输出功率 $P_{\max}=5\text{W}$

3.9 $R_L=9\Omega$ 时能取得最大功率,其取得最大功率 $P_{\max}=0.44\text{W}$

3.10 $i_1=-\dfrac{1}{15}\text{A},i_2=\dfrac{2}{15}\text{A},i_3=\dfrac{3}{15}\text{A}$

3.11 $I_1=6\text{A},I_2=2\text{A},I_3=4\text{A},I_4=4\text{A},I_5=-8\text{A}$。

3.12 $I_1=3\text{A},I_2=1\text{A},I_3=2\text{A},I_4=1\text{A},I_5=-3\text{A},I_6=4\text{A}$。

3.13 $I_1=2.375\text{A},I_2=2.625\text{A},I_3=0.25\text{A},I_4=1.375\text{A},I_5=1.625\text{A}$

3.14 $U_1=2.5\text{V},U_2=3\text{V},U_3=0.5\text{V}$。

3.15 $I_1=4\text{A},I_2=2\text{A},I_3=2\text{A}$。

3.16 $I_1=0.33\text{A},I_2=5.67\text{A},I_3=2\text{A}$

3.17 $I=2\text{A}$

3.18 $U=9\text{V}$

3.19 $I=0.3\text{A}$

3.20 $U=11.2\text{V}$

3.21 $U=\dfrac{2}{3}\text{V}$

3.22 $I=-1\text{A},U=13\text{V}$

习 题 四

4.1 (1) 0.01s,100Hz,0,10,7.07 (2) 0.5s,2Hz,16°(或 −74°),120,84.85

4.2 (1) $u=220\sqrt{2}\cos(314t+53.12°)\text{V}$ (2) 186.68V

4.3 $\dot{U}_1=100\angle120°,\dot{U}_2=200\angle-40°$

4.4 (1) $i_1=14.1\sqrt{2}\cos(\omega t+60°)$ (2) $i_2=70.7\cos(\omega t-30°)$

4.5 (1) $\dot{U}_1=35.36\angle-110°\text{V}$ (2) $\dot{U}_2=21.21\angle60°\text{V}$

4.6 (1) 0.45A (2) 100W

4.7 (1) $I=2.76A, \dot{I}=2.76\angle135°, i=3.9\cos(314t+135°)$

(2) $P=0W, Q=608var$

(3) 无

4.8 (1) $Z=300-520.8j, |Z|=601\Omega$

(2) $I=0.1666A, \dot{I}=0.166\angle90°A$

4.9 $Z=4+3j, \dot{I}=2\angle27°A, \dot{U}=4\angle37°V, \dot{U}=7.2\angle19.3°V$

4.10 (a) $10\sqrt{2}V$ (b) $10\sqrt{2}V$ (c) 10V

4.11 (1) $L=0.159H$ (2) $i_L=\frac{\sqrt{2}}{5}\cos(100\pi t-\frac{\pi}{6})A$ (3) $Q_L=2var$

4.12 (1) $u_c=220\sqrt{2}\cos(628t+30°)V$ (2) $Q_C=303var$

4.13 (1) 1.2Ω (2) $\dot{I}=264\angle-30°A$ $\dot{I}_1=220\angle-83°A$ $\dot{I}_2=220\angle23°A$

4.14 (1) $\dot{I}_R=\frac{\sqrt{2}}{6}\angle20°A, \dot{I}_L=\frac{\sqrt{2}}{8}\angle-70°A, \dot{I}_C=\frac{\sqrt{2}}{10}\angle110°A, i_R=\frac{1}{3}\sin(1000t+20°)A,$

$i_L=0.25\sin(1000t-70°)A, i_C=0.2\sin(1000t+110°)A$

(2) $Y=0.003-0.05j$

4.15 $18.67-24.59j$ $12.45-9.34j$ $31.12-34.23j$

4.16 (1) 90.9A (2) 2500 90.9A (3) 50.5A $821\mu F$

4.17 $R=31.3\Omega, L=99mH, P=777.5W$

4.18 $\frac{8}{7}jA$ $-\frac{24}{7}V$

4.19 $(17+24.6j)A$

习 题 五

5.1 20V,10

5.2 $\frac{1}{2\pi\sqrt{LC}}, \frac{5}{R}\sqrt{\frac{L}{C}}mV, \frac{5}{R}\sqrt{\frac{L}{C}}mV, \frac{2\pi f_0 L}{R}$

5.3 $1.58\mu F, 74$

5.4 $1\Omega, 0.1H, 10\mu F$

5.5 $10\Omega, 5.007\times10^{-5}H, 2.003\times10^{-10}F, 50, 199704rad/s$

5.6 504Hz,0.95

5.7 489pF,22.6

5.8 43.5

5.9 1000rad/s 2236rad/s

5.10 $4.5\cos(200t+7.07°)V$

5.11 0.1H,0.2H

5.12 $0.362\angle-49.4°A, 0.362\angle-94°A$

5.13 $8\angle0°V$

5.14 $0.9998\angle0°V$

5.15 2.236

5.16 $2.25\angle0°A, 57.5\angle0°V, 25.4W$

5.17 $-50\cos(10t)V$

习 题 六

6.1 $i_L(0_+)=0,i(0_+)=i_C(0_+)=1\text{A},u_C(0_+)=0,u_{L(0_+)}=8\text{V}$

6.2 $i_1(0_+)=8\text{A},i_2(0_+)=6\text{A},i_3(0_+)=2\text{A},u_C(0_+)=12\text{V},u_L(0_+)=6\text{V}$

6.3 $i_1(0_+)=3\text{A},i_1(0_+)=2\text{A},i_2(0_+)=-1\text{A},u_L(0_+)=-6\text{V}$

6.4 $i_L=2\text{e}^{-10t}\text{A},u_L=-18\text{e}^{-10t}\text{V} \quad t\geqslant0$

6.5 $u_C(t)=6(1-\text{e}^{-\frac{t}{6}})\text{V},i_C=3\text{e}^{-\frac{t}{6}} \quad t\geqslant0$

6.6 $u_C(t)=10(1-\text{e}^{-10^6t})\text{V},i_C(t)=5\text{e}^{-10^6t}\text{A} \quad t\geqslant0$

6.7 $u_C(t)=4(1-\text{e}^{-5\times10^5t})\text{V} \quad t\geqslant0$

6.8 $i_L=(2+1.6\text{e}^{-450t})\text{A},i_3=(8-0.8\text{e}^{-450t})\text{A} \quad t\geqslant0$

6.9 $i_L=(6-1.5\text{e}^{-15t})\text{A},u=(18+9\text{e}^{-15t})\text{V} \quad t\geqslant0$

6.10 $u_C=(6+9\text{e}^{-50t})\text{V},i=(3+4.5\text{e}^{-50t})\text{A} \quad t\geqslant0$

6.11 $i_L(t)=(9-3\text{e}^{-t})\text{A},u_L(t)6\text{e}^{-t}\text{V},i(t)=\text{e}^{-t}\text{A}$

6.12 零输入响应:$i_{Lf}=3\text{e}^{-2t},u_f=9\text{e}^{-2t}$;

零状态响应:$i_{LX}=(1-\text{e}^{-2t})\text{A},u_X=(3-6\text{e}^{-2t})\text{V}$

6.13 $i_L(t)=0.4\text{e}^{-6t}\text{A},i(t)=(1-0.2\text{e}^{-6t})\text{A}$

6.14 $v_0=625\text{m/s}$

6.15 $u_C(t)=12(1-\text{e}^{-\frac{1}{3}\times10^3t})\text{V},i(t)=6(1+\text{e}^{-\frac{1}{3}\times10^3t})\text{mA}$

6.16 $i_L(t)=1-\text{e}^{1-2e}\text{A},u_L(t)=L\dfrac{\text{d}i_L}{\text{d}t}=6\text{e}^{-2t}\text{V}$

习 题 七

7.1 $u_{AN}=240\cos(\omega t-40°)\text{V};u_{CN}=240\cos(\omega t+70°)\text{V};u_{AB}=240\sqrt{3}\cos(\omega t-15°)\text{V};u_{BC}=240\sqrt{3}\cos(\omega t-135°)\text{V};u_{CA}=240\sqrt{3}\cos(\omega t+105°)\text{V}$

7.2 $\dot{I}_A=22\angle-53.1°\text{A};\dot{I}_B=22\angle-150°\text{A};\dot{I}_C=22\angle66.9°\text{A}$

7.3 $44\angle36.9°\text{A};22\angle0°\text{A};10\angle-150°\text{A};53\angle23.79°\text{A}$

7.4 $\dot{U}_{B'C'}=450\angle-90°\text{V},\dot{U}_{C'A'}=450\angle150°\text{V},\dot{I}_A=55.11\angle-45°\text{A},\dot{I}_B=55.11\angle-165°\text{A},\dot{I}_C=55.11\angle75°\text{A},\dot{I}_{A'B'}=31.82\angle-15°,\dot{I}_{B'C'}=31.82\angle-135°\text{A},\dot{I}_{C'A'}=31.82\angle105°\text{A}$

7.5 $30.08\text{A},17.37\text{A}$

7.6 $3.508\text{A},6.076\text{A}$

7.7 (1) $6.64\text{A},1537\text{W}$ (2) $19.92\text{A},11.5\text{A},4761\text{W}$

7.8 $3107\text{W},2201\text{VAR},3808\text{VA},0.816$

7.9 $22\text{A},1228\text{V}$

7.10 (1) $64.66\text{A},49.05,41.9\text{A}$ (2) $107.44\text{A},53.5\text{A},25.76\text{A}$

习 题 八

8.1 (C) 8.2 (C) 8.3 (C) 8.4 (A) 8.5 (C) 8.6 (A)

8.7 (1) $\eta_N=\dfrac{P_N}{\sqrt{3}U_NI_N\cos\varphi}=0.715$

$T_N=9550\dfrac{P_N}{n_N}=2.54(\text{N}\cdot\text{m})$

（2）电源线电压为220V,应采用 $\triangle$ 形接法才能正常运转 $I\triangle l=\sqrt{3}I_{Yl}=3.3A$

8.8 $\quad I_N=\dfrac{P_N}{\sqrt{3}U_N\eta_N\cos\varphi}=21.53A$

$I_{stY}=\dfrac{1}{3}I_{st\triangle}=\dfrac{1}{3}\times7I_N=50.25A$

$T_{stY}=\dfrac{1}{3}T_{st\triangle}=\dfrac{1}{3}\times1.6T_N=0.53T_N$

显然,对于 $T_{L1}=0.4T_N$,可以采用 Y-$\triangle$ 启动法;

对于 $T_{L2}=0.7T_N$,不可以采用 Y-$\triangle$ 启动法。

8.9　电动机 Y 接, $I_1=I_p=I_N=\dfrac{P_N}{\eta_N\sqrt{3}U_N\lambda_N}=4.91A$

$T_N=9550\dfrac{P_N}{n_N}=7.07N\cdot m$

因为电动机在额定运行时的定子绕组连接方式为 Y 接,所以不能采用 Y-$\triangle$ 启动法降低启动电流。

8.10　（1）已知 $n_N=1450r/min$　则 $n_0=1500r/min$

$p=\dfrac{60f_1}{n_0}=2(对)$

（2）电动机的额定转矩

$T_N=9550\dfrac{P_N}{n_N}=9550\times\dfrac{10}{1450}N\cdot m=65.8N\cdot m$

三角形形连接时的启动转矩

$T_{st}=1.8T_N=1.8\times65.8=118.44(N\cdot m)$

$I_{st}=7I_N=7\times19.9=139.3(A)$

星形—三角形降压启动时

$T_{stY}=\dfrac{1}{3}T_{st\triangle}=\dfrac{1}{3}\times118.44=39.5(N\cdot m)<75(N\cdot m)$

$I_{stY}=\dfrac{1}{3}I_{st\triangle}=\dfrac{1}{3}\times139.3=46.4(A)<70(A)$

可以采用 Y-$\triangle$ 方法启动

（3）$T_{st}=1.8T_N=1.8\times9550\dfrac{P_N}{n_N}=118.6(N\cdot m)$

习 题 十

10.1　串联　并联

10.2　1100　烧坏

10.3　最大　"正"端　"负"端　转换　表笔

10.4　调零　最高挡　OFF

10.5　串

10.6　并

10.7　B

10.8　B

10.9　C

10.10　（1）98kΩ　（2）0.04Ω